JN232916

MONOGRAPHS OF THE PREHISTORIC VERTEBRATE

古脊椎動物図鑑

普及版

鹿間時夫 著
薮内正幸 画

朝倉書店

はじめに

　地質時代に生きていた過去の古生物それも恐竜やマンモスのような巨大動物がどのような形態をし，どのような生態をもっていたかについては専門家も含め一般人の関心と興味は少なくない．近時恐竜の名を冠する普及書が非専門家によって多く出版され，その方面の知識は普及しているが，組織的でないため俗的興味に走りがちであり，復元体の絵図は多いが実際の要求には応じていない．専門家の研究の上をマスコミの潮流が奔流のように流れ，論文の出ないうちから通俗出版物がその絵図を出そうとすることもあって，脊椎動物以外の古生物学者に奇異の感をあたえかねない．これは日本の最近の俗流としても，専門家の方も研究の促進にはげみ自省が必要であって，むやみと宣伝に走らぬようにつとめたいものである．一般に古生物学といっても実際は化石学であり．化石記載学である場合が少なくなく，層位学的古生物学が生層位学の観点に立っている専門家が多いわが国では古脊椎動物学に対する認識が乏しいので，マンモスの復元図を見てもただちに小中学生相手の手すさび仕事のように見なし軽視しがちである*．　エール大学の Peabody 博物館の有名な壁画は記念切手にまで採用されているが，その優秀な恐竜復元図も専門家の指導と協力があったればこそ出来たのであり，恐竜復元の開拓者 O. MARSH の活動したエール大学なればこそとうなずかれる．

　1812 年 G. CUVIER が大著四肢動物骨化石の研究 "*Recherches sur les ossemepts fassiles de quadrupedes*" を著したとき，魚竜，長頭竜をはじめ，各種哺乳類の骨格の精緻な復元図を掲載した．もちろん彼の比較解剖学的素養に立脚した古生物復元の永年の作業の集大成であったわけである．復元 Restoration は何も脊椎動物に限ったことでなく，植物でも無脊椎動物でも行われるが，骨格の組立 Mounting は脊椎動物で最も重要でまた効果的に行われている．この種の作業はニューヨーク，ワシントン，ボストン，シカゴ，ロスアンゼルス，バークレーなど北米の大博物館やロンドン，パリ，フランクフルト，モスクワ，レニングラード，チューリッヒ，フィレンツェなどヨーロッパの博物館で日常行われているし，東京の国立科学博物館でも行っているから関心のある人は見学も可能であろう．北京でもその他の都市でも同様であろう．わが国の大学は欧米と異りこの方面が非常に弱いか無いに等しい．学史的にみて，この方面を無視してきた結果である．骨格組立は純粋に専門的であり地味な作業であり，工房の内でこつこつと行われ，職人芸に支えられる．この方面の組立工，石工が働いている真剣な光景は案外知られず，組立骨格が脚光を浴びマスコミが好奇的に注目するのである．

　化石骨格を組立てる第1次復元**に次いで，筋肉系・皮膚などの外皮をかぶせる第2次復元があるが，これとて比較解剖学的には不可能でなくかなりデリケートな作業というにすぎない．毛髪・鱗・羽根などはまだしも，色彩・斑紋はかなり困難である．このような第2次復元をへて生時の姿に戻った古生物が生活体としてどのような生活をしたか，例えば音声，運動，食物，生殖，育児，闘争，敵，社会生活などの探究になると，各個古生態学の領域になってしまう．陸上生活の四肢動物では走駈の速度も知りたいし，魚や鯨などの水中生活者では游泳速度，鳥や翼竜では飛翔速度が知りたい．

これについても現生種の運動が科学的・力学的に研究されていなければならない．餌については歯や頭骨の口蓋部の研究から類推出来る．音声も舌の動きを口蓋部よりつきとめ得るし，卵生か胎生かは化石より直接知り得る．古生物の生活がうかび上ってきて初めて古生物学 Paleobiology の対象になるわけである．古生物は地質時代という時間的背景をもっているから，歴史的移り変りの四次元的姿をもっており，生物進化の実態を示すが，これは古生物学独自の領域であっても，本書はわざとふれないでおく．

近時古生態学を口にする専門家が少なくないが，無脊椎動物方面の人が多いせいか，古生物による古環境追求に終始しており，古生態学は古環境学と同意になっているようなことが多い．単一群集 Population より発し混合群集 Community などの古生態にいきなり興味を示すのは古環境（地質学的に研究可能）が頭にぴんときているためで，例えば鼠や雉や穴熊など個々の生活体とその生物的環境なり物理的環境との関係に無関心に近いのはそれがあくまで動物学や植物学の応用であって地質学畑でないからかもしれない．したがって恐竜やマンモスの生活となると，まるでマスコミの芝居みたいにうけとっている．その方面の専門家の活動がほとんどないためであろう．

チェコの Z. BURIAN*** をはじめアメリカの KNIGHT, HORSFALL やソビエトの ORLOV などすばらしい古生物の復元絵図があり，紹介書も少なくない．それらを参考とし具体的で正確精緻な復元図を紹介するのも無意味でないので藪内正幸の協力で図鑑として出版することにした．わが国では初めての作業なので苦心が多く，藪内はとくに BURIAN によるところが多かった．ここに敬意と謝意を表しておく．

魚からダート人まで見渡してみてまず骨格復元図の知られているものか，各種生体図の発表されているものを優先的にとりあげた．魚類でも蛙，亀，蛇，トカゲなどでも古生態はあまり探究効果がなく現生種と大差ないのは思い切って省略した．また歯その他の断片的化石だけでも分類学的に重要なのがあるが体格や生態の不明なのも紹介出来なかった．反対に化石人や鹿，羚羊など頭部だけから体格を復元したのもある．生態の主人公は生物自体であり，群集も個体あっての群集である．まず個体の古生態が充分追求されねばならず，科学的に正確な復元図が要求されねばならないのである．本書がその方面の要求に応えられれば幸甚である．なお本書の姉妹本『新版 古生物学III』（朝倉書店 1975）を参照されることを希望する．本書の成果の大半は藪内画伯によるもので多大の労に敬意と感謝をささげたい．出版に当り種々協力を得た長谷川善和・大塚裕之・尾崎公彦諸氏や朝倉書店の方々に謝意を表する．

* 専門的研究の引出物か余興のように見なし，真面目に真剣に取り組まない．大学の職業教育のコースからはずれていると思っている．
** 骨格の欠落部を補修するには個々の骨の造形が必要であり，また脊柱のカーブや四肢の配列にも造形のセンスが必要である．彫塑家の手腕を必要とする．
*** J. Augusta & Z. Burian: Prehistoric Animals, 1960.

1978 年 11 月

鹿 間 時 夫

目 次

無羊膜亜門 ANAMNIA

無顎超綱 Agnatha

〈無　顎　綱〉Agnatha

【骨甲目】Osteostraci (=Cephalaspidamorpha)… 2
1. ケファラスピス　*Cephalaspis lyelli*
2. ヘミキクラスピス　*Hemicyclaspis murchisoni*
3. ヤモイティウス　*Jamoytius Kerwoodi*

【異甲目】Heterostraci …………………………… 2
4. プテラスピス　*Pteraspis rostrata toombsi*
5. ドレパナスピス　*Drepanaspis gemuendensis*
6. フラエンケラスピス　*Fraenkelaspis heintzi*

【歯鱗目】Thelodontida ………………………… 4
7. テロダス　*Thelodus scoticus*
8. ラナルキア　*Lanarkia spinosa*

【欠甲目】Anaspida (Birkeniiformes) ………… 4
9. プテロレピス　*Pterolepis nitidus*
10. ビルケニア　*Birkenia elegans*

【フレボレピス目】Phlebolepida ……………… 4
11. フタボレピス　*Phlebolepis elegans*

顎口超綱 Gnathostomata

〈板　皮　綱〉Placodermi

【胴甲目】Antiarchi ……………………………… 6
12. プテリクチス　*Pterichthys milleri*
13. ボスリオレピス　*Bothriolepis canadensis*

【節頸目】Arthrodira …………………………… 6
14. コッコステウス　*Coccosteus decipiens*
15. ディニクチス（恐魚）　*Dinichthys intermedius*
16. クテヌレラ　*Ctenurella gladbachensis*

〈レ　ナ　綱〉Rhenanida

17. ゲムエンディナ　*Gemuendina stuertzi* ……… 8

〈棘　魚　綱〉Acanthodii

18. クリマチウス　*Climatius reticulatus* ………… 8

〈軟　骨　魚　綱〉Condrichthyes

【魚切目】Ichthyotomi …………………………… 8
19. プレウラカンタス　*Pleuracanthus senilis*
20. クセナカンタス　*Xenacanthus decheni*

【鮫　目】Selachii ……………………………… 10
21. ヒボダス　*Hybodus hauffianus*
22. スクアチナ（ムカシカスザメ）　*Squatina minor*

【エイ目】Batoidei ……………………………… 10
23. リノバチス（ムカシサカタザメ）　*Rhinobatis bugesiacus*
24. キクロバチス　*Cyclobatis major*

【完頭目】Holocephali ………………………… 12
25. イスキオダス　*Ischyodus schübleri*

〈硬　骨　魚　綱〉Osteichthyes

条鰭亜綱 Actinopterygii

【軟質上目】Chondrostei ……………………… 12
【パレオニスクス目】Palaeonisciformes ……… 12
26. エロニクチス　*Elonichthys robisoni intermedia*
27. ディケロピゲ　*Dicellopyge* sp.
28. アンヒケントルム　*Amphicentrum granulosum*

【タラシウス目】Tarrasiiformes ……………… 14
29. タラシウス　*Trarasius problematicus*

【ペルトプリユルス目】Peltopleuriformes …… 14
30. ケファロクセナス　*Cepholoxenus macropterus*

【ペルライダス目】Perleidiformes …………… 14
31. クレイトロレピス　*Cleithrolepis minor*
32. トラコプテルス　*Thoracopterus niederristi*

【レドフィルディユス目】Redfieldiiformes
33. アトポケファラ　*Atopocephara natsoni*

【サウリクチス目】Saurichthyiformes ………… 16
34. サウリクチス　*Saurichthys ornatus*

【全骨上目】Holostei …………………………… 16
【セミオノクス目】Semionotiformes …………… 16
35. ダペディウス　*Dapedius pholidotus*

iv　目　次

36. レピドタス　*Lepidotus elevensis*
　【ピクノダス目】　Pycnodontoidea ……………18
37. ミクロドン　*Microdon wagneri*
　【アミア目】　Amiiformes ……………………18
38. オフィオプシス　*Ophiopsis serrata*
　【フォリドフォラス目】　Pholidophoriformes……18
39. フォリドフォラス　*Pholidophorus bechli*
　【真骨上目】　Teleoski ……………………………18
　【レプトレピス目】　Leptolepidiformes ………18
40. レプトレピス　*Leptolepis dubia*
　【オステオグロッスム目】　Osteoglossiformes …20
41. リコプテラ　*Lycoptera middendorfi*
　【ハダカイワシ目】　Clupeiformes ……………20
42. サルジニオイデス　*Sardinioides crassicaudus*
43. ホウライミズウオ　*Polymerichthys magurai*
　【ダツ目】　Beloniformes ………………………20
　〔チエルファチア亜目〕　Tselfatoidei …………20
44. チエルファチア　*Tselfatia formosa*
　【キンメダイ目】　Beryciformes ………………22
45. ホプロプテリクス　*Hoplopteryx lewesiensis*
46. ベリコプシス　*Berycopsis elegans*
　【スズキ目】　Perciformes ……………………22
47. プラタクス　*Platax altissimus*
48. エクセリア　*Exellia velifer*

　　　　　肺魚亜綱　Dipnoi

　【肺魚目】　Dipteriformes ……………………22
49. ディプテルス　*Dipterus valisnciennesi*
50. スカウメナキア　*Scaumenacia curta*
51. リンコディプテルス　*Rhynchodipterus elginensis*

　　　　　総鰭亜綱　Crossopterygii

　【オステオレピス目】　Osteolepiformes ………24
52. オステオレピス　*Osteolepis macrolepidotus*
53. ユーステノプテロン　*Eustenopteron* sp.
　【シーラカンス目】　Coelacanthiformes ………24
54. ホロプチクス　*Holoptychius flemingi*
55. ウンデイナ　*Undina penicillata*

両生超綱　Amphibia (Batra chomorphoidea)

　　　　　〈堅　頭　綱〉　Stegocephalia

　　　　　空椎亜綱　Lepospondyli

　【細竜目】　Microsauria ………………………26

56. ミクロブラキス　*Microbrachis pelikani*
　【ネクトリド目】　Nectridia ……………………26
57. ウロコルディルス　*Urocordylus scalaris*
58. ディプロカウルス　*Diplocaulus magnicornis*
　【欠脚目】　Aistopoda …………………………26
59. オフィデルペトン　*Ophiderpeton amphiuminus*
　【有尾目】　Urodela (Caudata)…………………26
60. アンドリアス　*Andrias scheuchzeri*

　　　　　楯椎亜綱　Aspidospondyli

　【イクチオステガ目】　Ichthyostegalia…………28
61. イクチオステガ　*Ichthyostega* sp.
　【煤竜目】　Anthracosauria……………………28
62. エオギリヌス　*Eogyrinus wildi*

　　　　　分椎亜綱　Temnospondyli

　【分椎目】　Temnospondyli……………………28
63. エリオプス　*Eryops megacephalus*
64. カコプス　*Cacops aspidephorus*
65. マストドンサウルス　*Mastodonsaurus giganteus*
66. ブットネリア　*Buttneria perfecta*
67. ゲロトラックス　*Gerrothorax shaeticus*
68. ブランキオサウルス　*Branchiosaurus amblystomus*
69. ミクロホリス　*Micropholis stowi*
　【セイムリア目】　Seymouriamorpha
70. セイムリア　*Seymouria baylorensis*
71. コトラシア　*Kotlassia prima*
72. ディプロベルテブロン　*Diplovertebron punctatum*

　　　　　〈蛙　　　綱〉　Anura

　【始蛙目】　Eoanura ……………………………32
73. ミオバトラクス　*Miobatrachus roneri*
　【原蛙目】　Proanoura …………………………32
74. トリアドバトラクス　*Triadobatrachus massinoti*
　【跳躍目】　Salientia ……………………………32
75. ムカシアカガエル　*Rana architemporaria*

有羊膜亜門　AMNIA

　　　　　爬型超綱　Reptiliomorpha

　　　　　〈亀　　　綱〉　Testudinata

　【頬竜目】　Cotylosausia ………………………34

〔ディアデクテス亜目〕Diadectomorpha
76. 77. ディアデクテス *Diadectes phaseolinus*
〔プロコロホン亜目〕Procolophonia
78. プロコロホン *Procolophon trigoniceps*
〔パレイアサウルス亜目〕Pareiasauria
79. パレイアサウルス *Pareiasaurus baini*
80. スクトサウルス *Scutosaurus karpinskii*
〔カプトリナス亜目〕Captorhinidia
81. ラビドサウルス *Labidosaurus homatus*
【亀　目】Chelonia ································36
〔ユーノトサウルス亜目〕Eunotosauria
82. ユーノトサウルス *Eunotosaurus africanus*
〔真正亀亜目〕Chelonia
83. トリアソケリス *Triassochelys dux*
84. プロガノケリス *Proganochelys quenstedti*
85. センリュウガメ（潜竜亀）*Senruemys kiharai*
86. ミヤタマルガメ（宮田丸亀）*Cyolemys miyatai*
87. ゾウガメ *Testudo sp.*
88. アルケロン（恐亀）*Archelon ischyros*

〈魚　竜　綱〉Ichthyopterygia

【中竜目】Mesosauria ································38
89. メソサウルス *Mesosaurus brasiliensis*
90. ブラジロサウルス *Brasilosaurus sanpauloensis*
【魚竜目】Ichthyosauria ································40
91. ウタツサウルス（歌津魚竜）*Utatsusaurus hataii*
92. キンボスポンディルス *Cymbospondylus petrinus*
93. ミキソサウルス *Mixosaurus cornalianus*
94. オフタルモサウルス *Ophthalmosaurus icenicus*
95. ステノプテリジウス *Stenopterygius quadiscissus*
96. ユウリノサウルス *Eurhinosaurus longirostris*

〈鰭　竜　綱〉Sauropterygia

【原竜目】Protorosauria ································42
97. トリロポサウルス *Trilophosaurus buettneri*
98. プロトロサウルス *Protorosaurus speneri*
99. アレオスケリス *Areoscelis gracilis*
100. ブルーミア *Broomia perplexa*
【孽子竜目】Nothosauria ································42
101. パラノトサウルス *Paranothosaurus amsleri*
102. ケレシオサウルス *Ceresiosaurus calcagnii*
103. ラリオサウルス *Lariosaurus*
【長頸竜目】Plesiosauria ································44

104. クリプトクライダス *Cryptocleidus oxoniensis*
105. プレシオサウルス *Plesiosaurus*
106. ムラエノサウルス *Muraenosaurus leedsi*
107. クロノサウルス *Kronosaurus*
108. エラスモサウルス *Elasmosaurus platyurus*
109. ヒドロテロサウルス *Hydrotherosaurus alexandrae*
【板歯目】Placodontia ································48
110. プラコダス *Placodus gigas*
111. プラコケリス *Placochelys placodonta*
112. ヘノーダス *Henodus chelyops*

竜 型 超 綱 Sauromorphoidea

〈有　鱗　綱〉Lepidosauria

【喙頭目】Rhynchocephalia ································50
113. ホメオサウルス *Homoeosaurus jourdani*
114. ケハロニア *Cephalonia lotziana*
【有鱗目】Squamata ································50
〔トカゲ亜目〕Lecertilia
115. テドロサウルス（手取竜）*Tedorosaurus asuwaensis*
116. ヤベイノサウルス（矢部竜）*Yabeinosaurus tenuis*
117. タニストロフェウス *Tanystropheus langobardicus*
〔蟒形亜目〕Phytonomorpha
118. プロトサウルス *Plotosaurus bennisoni*
119. チロサウルス *Tylosaurus dyspelor*

〈槽　歯　綱〉

【擬鰐目】Pseudosuchia ································54
120. サルトポスクス *Saltoposuchus longipes*
121. スクレロモクルス *Scleromochlus taylori*
122. カスマトサウルス *Chasmatosaurus ranhoepeni*
123. エリスロスクス *Erythrosuchus africanus*
124. デスマトスクス *Desmatosuchus haplocerus*
125. ミストリオスクス *Mystriosuchus planirostris*

〈鰐　　綱〉Crocodilia

【鰐　目】Crocodilia ································56
126. プロトスクス *Protosuchus richardsoni*
127. メトリオリンクス *Metriorhynchus jackeli*
128. アリガトレラス *Alligatorellas beaumonti*
129. トミストマ（マチカネワニ）*Tomistoma*

machikanense

130. テレオサウルス　*Teleosaurus cadomensis*
131. ミストリオサウルス　*Mystriosaurus bollensis*
132. リビコスクス　*Libycosuchus brevirostris*
133. ホボスクス　*Phobosuchus hatcheri*

〈竜盤綱〉Saurischia

【獣脚目】Theropoda……………………58

134. プロコムプソグナタス　*Procompsognathus triassicus*
135. コムプソグナタス　*Compsognathus longipes*
136. ギポサウルス　*Gyposaurus sinensis*
137. ユンナノサウルス（雲南竜）　*Yunnanosaurus furangi*
138. オルニトレステス　*Ornitholestes hermanni*
139. ストルティオミムス（駝鳥竜）　*Struthiomimus altus*
140. アロサウルス　*Allosaurus fragilis*
141. ケラトサウルス　*Ceratosaurus nasicornis*
142. ゴルゴサウルス　*Gorgosaurus libratus*
143. チランノサウルス（暴君竜）　*Tyrannosaurus rex*
144. プラテオサウルス　*Plateosaurus eslenbergiensis*
145. スピノサウルス　*Spinosaurus aegyptiacus*

【竜脚目】Sauropoda……………………68

146. テコドントサウルス　*Thecodontosaurus antiquus*
147. ブラキオサウルス　*Brachiosaurus brancei*
148. ケチオサウルス　*Cetiosaurus oxoniensis*
149. カマロサウルス　*Camarosaurus lentus*
150. ブロントサウルス（雷竜）　*Brontosaurus excelsus*
151. ディプロドクス　*Diplodocus carnegii*
152. ヘロープス　*Helops zdanskyi*
153. マメンキサウルス（建設馬門溪竜）　*Mamenchisaurus constructus*
154. ティエンシャノサウルス（奇台天山竜）　*Tienshanosaurus chitaiensis*

〈鳥盤綱〉

【鳥脚目】Ornithopoda（とり竜類）……………76

155. ヒプシロホドン（きのぼり竜）　*Hypsilophodon foxi*
156. キャンプトサウルス　*Camptosaurus dispar*
157. イグアノドン（とかげ竜）　*Iguanodon bernissartensis*
158. バクトロサウルス　*Bactrosaurus johnsoni*
159. マンチュロサウルス（満州竜）　*Mandschurosaurus amurensis*
160. ニッポノサウルス（日本竜）　*Nipponosaurus sachalinensis*
161. プロサウロロフス　*Prosaurolophus maximus*
162. エドモントサウルス　*Edmontosaurus regalis*
163. プシッタコサウルス（おうむ竜）　*Psittacosaurus mongoliensis*
164. プロトイグアノドン　*Protiguanodon mongoliensis*
165. トラコドン（鴨嘴竜，かも竜）　*Trachodon mirabilis*
166. コリトサウルス（かんむり竜）　*Corythosaurus casuarius*
167. パラサウロロフス（ながかんむり竜）　*Parasaurolophus walkeri*
168. ステゴケラス（こぶ竜）　*Stegoceras validus*
169. パキケハロサウルス（いぼこぶ竜）　*Pachycephalosaurus grangeri*

【剣竜目】Stegosauria（けん竜類）……………88

170. ステゴサウルス（けん竜）　*Stegosaurus stenops*
171. ケントルロサウルス（とげ竜）　*Kentrurosaurus aethiopicus*

【鎧竜目】Ankylosauria（よろい竜類）……………90

172. ポラカンタス　*Polacanthus foxii*
173. アンキロサウルス　*Ankylosaurus*
174. スコロサウルス（よろい竜）　*Scolosaurus cutleri*
175. スケリドサウルス　*Scelidosaurus*

【角竜目】Ceratopsia（つの竜類）……………92

176. プロトケラトプス（かぶと竜）　*Protoceratops andrewsi*
177. モノクロニウス（いっかくつの竜）　*Monoclonius nasicornrus*
178. トリケラトプス（さんき竜）　*Triceratops prorsus*
179. スチラコサウルス（しちかく竜）　*Styracosaurus albertensis*
180. ペンタケラトプス　*Pentaceatops*

〈翼竜綱〉Pterosauria（翼竜類）

【嘴口竜目】Rhamphorhynchoidea……………96

181. ランホリンクス　*Rhamphorhynchus gemmingi*
182. ディモルホドン　*Dimorphodon macronyx*

【翼手竜目】Pterodactyloidea……………98

183. プテロダクチルス（こうもり竜）　*Pterodactylus spectabilis*
184. プテラノドン（ペリカン竜）　*Pteranodon occidentalis*

185. ニクトサウルス　*Nyctosaurus gracilis*

〈鳥　綱〉Aves

古鳥亜綱　Archaeornithes

【始祖鳥目】Archaeopterygiformes ………… 100
186. アルカエオプテリクス（始祖鳥）
　　　Archaeopteryx lithographica
【古鳥目】Palaeognathae (Dromaeognathae) … 100
〔ダチョウ亜目〕Struthiones
187. ディノルニス（恐鳥）*Dinornis maximus*

新鳥亜綱　Neornithes

【歯嘴趣目】Odontognathae …………… 102
【イクチオルニス目】Ichthyornithiformes …… 102
188. イクチオルニス　*Ichthyornis victor*
【ヘスペロルニス目】Hesperornithiformes … 102
189. ヘスペロルニス　*Hesperorunis regalis*
【真鳥目】Euornithes ……………… 104
〔ディアトリマ亜目〕Diatrymae
190. ディアトリマ　*Diatrima steini*
〔ツル亜目〕Gruiformes
191. ホルスラコス　*Phorusrhacos inflatus*
〔ワシタカ亜目〕Accipitres
192. テラトルニス　*Teratornis merriami*

獣形超綱　Thermorphoidea

〈盤竜綱〉Pelycosauria

【盤竜目】Pelycosauria ……………… 106
193. オフィアコドン　*Ophiacodon mirus*
194. バラノプス　*Varanops brevirostris*
195. ハプトダス　*Haptodus saxonicus*
196. カセア　*Casea broili*
197. ディメトロドン（帆竜）*Dimetrodon limbatus*
198. エダホサウルス　*Edaphosaurus pogonias*

〈獣形綱〉Therapsida

【獣形目】Therapsida ……………… 108
〔獣歯亜目〕Theriodontia
199. チタノホネウス　*Titanophoneus potens*
200. ジョンケリア　*Jonkeria vonderbyli*
201. リカエノプス　*Lycaenops ornatus*
202. スキムノグナタス　*Scymnognathus whaitsi*
203. ディアデモドン　*Diademodon mastacus*
204. ツリナクソドン　*Thrinaxodon liorhinus*
205. アネウゴンヒウス　*Aneugomphius ictidoceps*
206. エリキオラケルタ　*Ericiolacerta parva*
〔双牙亜目〕Anomodontia
207. モスコプス　*Moschops capensis*
208. ガレキルス　*Galechirus scholtzi*
209. エソロドン　*Esoterodon angusticeps*
210. カンネメリア　*Kannemeyeria vonhoepeni*
211. スタレケリア　*Stahleckeria potens*
212. リストロサウルス　*Lysirosaurus murrayi*
【イクチドサウルス目】Ictidosauria ………… 116
213. キノグナタス　*Cynognathus crateronotus*
214. オリゴキフス　*Oligokyphus minor*

〈哺乳綱〉Mammalia

異獣亜綱　Allotheria

【梁歯目】Docodonta ……………… 118
215. モルガヌコドン　*Marganucodon watsoni*

獣亜綱　Theria

【後獣上目】Metatheria ……………… 118
【有袋目】Marspialia ……………… 118
216. ディプロトドン　*Diprotodon australis*
【正獣上目】Eutheria ……………… 118
【食虫目】Insectivora ……………… 118
217. エンドテリウム（遠藤獣）*Endotherium niinomii*
218. シカマイノソレックス（鹿間尖鼠）
　　　Shikhamainosorex densiciqulata
219. アノウロソレックス（日本モグラ地鼠）
　　　Anourosorex japonicus
【霊長目】Primates ……………… 120
220. メガラダプシス　*Megaladapsis insignis*
221. メソピテクス　*Mesopithecus pentelici*
222. プロコンスル　*Proconsul africanus*
223. オレオピテクス　*Oreopithecus bamboli*
224. アウストラロピテクス（猿人，ダート人）
　　　Australopithecus africanus
225. パラントロパス　*Patanthropus robustus*
【貧歯目】Edentata ……………… 124
226. ノスロテリウム　*Nothrotherium shastense*
227. メガテリウム　*Megatherium americanum*
228. グロソテリウム　*Glossotherium robustum*
229. ステゴテリウム　*Stegotherium tessellatum*
230. メガロクナス　*Megalocnus rodens*

231. グリプトドン　*Glyptodon asper*
232. プロパラエホプロホルス　*Propalaechoplophorus auslalis*
233. スクレロカリプトゥス　*Sclerocalyptus ornatus*
234. ドエディクルス　*Doedicurus clavicaudatus*
　【齧歯目】　Rodentia ………………………… 130
235. ステネオフィベル　*Steneofiber fossor*
236. パラミス　*Paramys dericatus*
　【鯨　目】　Cetacea ………………………… 130
237. バシロサウルス（原鯨）　*Basilosaurus cetoides*
238. ジゴリザ　*Zygorhiza kochii*
　【食肉目】　………………………… 132
239. ハイエノドン　*Hyaenodon horridus*
240. オキシエナ　*Oxyaena lupina*
241. パトリオヘリス　*Patriofelis ulta*
242. トリテムノドン　*Tritemnodon agilis*
243. プセウドキノディクチス　*Pseudocynodictis gregarius*
244. ホラアナグマ（洞穴熊）　*Ursus spelaeus*
245. イクチテリウム　*Ictitherium robustum*
246. ホラアナハイエナ　*Crocuta crocuta spelaea*
247. ディニクティス　*Dinictis felina*
248. ホラアナシシ（洞穴獅子）　*Panthera spelaea*
249. アキノニクス　*Acinonyx pardinensis*
250. スミロドン（剣歯虎）　*Smilodon neogaeus*
251. アロデスムス　*Allodesmus kellogi*
　【踝節目】　Condylarthra ………………… 138
252. フェナコダス　*Phenacodus primaevus*
253. エクトコヌス　*Ectoconus majusculus*
　【滑距目】　Litopterna ………………………… 140
254. ディアディアホラス　*Diadiaphorus majusculus*
255. トアテリウム　*Thoatherium minusculum*
256. テオソドン　*Theosodon garrettorum*
257. マクラウケニア　*Macrauchenia patachonica*
　【南蹄目】　Notoungulata ………………… 142
258. トーマスハックスレア　*Thomashuxleya* sp.
259. ホマロドンテリウム　*Homalodontherium cunninghami*
260. スカリッチア　*Scarittia canquelensis*
261. アジノテリウム　*Adinotherium ovinum*
262. トクソドン（弓歯獣）　*Toxodon platense*
263. プロチポテリウム　*Protypotherium australe*
264. インテラテリウム　*Interatherium robustum*
265. ミオコキリュウス　*Miocochilius anomopadus*
266. パキルコス　*Pachyrukhos magani*
　【雷獣目】　Astrapotheria ………………… 148
267. アストラポテリウム　*Astrapotherium magnum*
　【汎歯目】　Pantodonta ………………………… 148
268. パントランブダ（汎歯獣）　*Pantolambda bathmodon*
269. コリホドン（鈍脚獣）　*Coryphodon testis*
270. バリランブダ　*Barylambda faleri*
　【恐角目】　Dinocerata ………………………… 150
271. ウィンタテリウム（恐角獣）　*Uintatheirum milabile*
272. モンゴロテリウム（蒙古獣）　*Mongolotherium plantigradum*
　【火獣目】　Pyrotheria ………………………… 152
273. ピロテリウム（火獣）　*Pyrotherium rorandei*
　【長鼻目】　Proboscidea ………………………… 152
274. メリテリウム（アケボノゾウ，暁象）　*Moeritherium andrewsi*
275. パレオマストドン　*Palaeomastodon beadnelli*
276. フィオミア　*Phiomia*
277. トリロホドン（三稜象）　*Trilophodon angustidens*
278. ステゴマストドン　*Stegomastodon arizonae*
279. マストドン・アメリカヌス　*Mastodon americanus*
280. プラチベロドン（へら象）　*Platybelodon grangeri*
281. アメベロドン　*Amebelodon fricki*
282. シンコノロプス　*Synconolophus dhokpathanensis*
283. セリデンチヌス　*Serridentinus taoensis*
284. コルジレリオン（アンデス象）　*Cordillerion andium*
285. アナンクス　*Anancus arvernensis*
286. ステゴドン（東洋象）　*Stegodon orientalis*
287. シネンシス　*Stegodon sinensis*
288. ガネサ（ガネサゾウ）　*Stegodon ganesa*
289. アーキディスコドン（メリデオナリス象）　*Archidiskodon meridionalis*
290. アーキディスコドン・インペラトル（インペリアルマンモス）　*Archidiskodon imperator*
291. パレオロクソドン（欧州旧象）　*Palaeoloxodon antiquus*
292. パルエレファス（ジェファーソンマンモス）　*Parelephas jeffersoni*
293. マンモンテウス（マンモス）（北方マンモス，ケナガマンモス）　*Mammonteus primigenius*
294. デイノテ.リウム（恐獣）　*Deinotherium giganteum*

【重脚目】 Embrithopoda ……………… *170*
295. アルシノイテリウム　*Arsinoitherium zitteli*
　　【海牛目】 Sirenia ……………………… *170*
296. ハリテリウム　*Halitherium schinzi*
297. ハリアナッサ　*Halianassa cuvieri*
　　【束柱目】 Desmostylia ………………… *170*
298. デスモスチルス(束歯獣)　*Desmostylus hesperus japonicus*
　　【奇蹄目】 Perissodactyla ……………… *172*
299. パレオテリウム　*Palaeotherium magnum*
300. ヒラコテリウム（アケボノウマ，暁馬）*Hyracotherium venticolum*
301. メソヒップス　*Mesohippus bairdi*
302. ヒッパリオン（三趾馬）*Hipparion gracile*
303. メノダス　*Menodus higonoceras*
304. ブロントプス　*Brontops robustus*
305. エンボロテリウム　*Embolotherium andrewsi*
306. モロプス　*Moropus elatum*
307. カリコテリウム（綺獣）*Chalicotherium sansaniense*
308. ヒラキュウス　*Hyrachyus eximinus*
309. バルキテリウム　*Baluchitherium grangeri*
310. テレオケラス　*Teleoceras fossiper*
311. メトアミノドン　*Metamynodon planifrons*
312. コエロドンタ（毛犀，ケブカサイ）*Coelodonta antiquitatis*
313. ヘラレテス　*Helaletes nanus*
　　【偶蹄目】 Artiodactyla ………………… *184*
314. アルケオテリウム（朔獣）*Archaeotherium scotti*
315. アノプロテリウム　*Anoplotherium commune*
316. エロメリクス　*Elomeryx brachyshynchus*
317. カイノテリウム（晦獣）*Cainotherium laticurvatuns*
318. プロメリコケルス　*Promerycocherus carikeri*
319. エポレオドン　*Eporeodon major cheki*
320. レプタウケニア　*Leptauchenia decora*
321. アグリオカエルス　*Agriochaerus antiquus*
322. ペブロテリウム　*Poëbrotherium labiatum*
323. アルチカメルス　*Alticamelus altus*
324. オキシダクチルス　*Oxydactylus longipes*
325. シンディオケラス　*Syndyoceras cooki*
326. シンテトケラス　*Synthetoceras*
327. レプトメリックス　*Leptomeryx eansi*
328. ステファノケマス　*Stephanocemas thomsoni*
329. ニッポニケルバス（昔鹿，日本昔鹿）*Cervus (Nipponicervus) praenipponicus*
330. ユウクテノケロス　*Cervus (Euctenoceros) renezensis*
331. メガロケロス（巨角鹿，オオツノジカ）*Megaloceros hibernicus*
332. シノメガケロイデス（矢部巨角鹿）*Sinomegaceroides yabei*
333. エラフルス（四不像，安陽四不像）*Elaphurus menziesianus*
334. シバテリウム（シバノツカイ，シバ獣）*Sivatherium giganteum*
335. ヘランドテリウム　*Hellandotherium duvernoyi*
336. トラゴケラス　*Tragoceras amaltheus*
337. ネモルハエドゥス（ニキチンカモシカ）*Nemorhaedus nikitini*
338. ビソン（ムカシヤギュウ）*Bison occidentalis*

索引 ……………………………………………… 203
INDEX（学名索引）……………………………… 207

分　類　大　綱

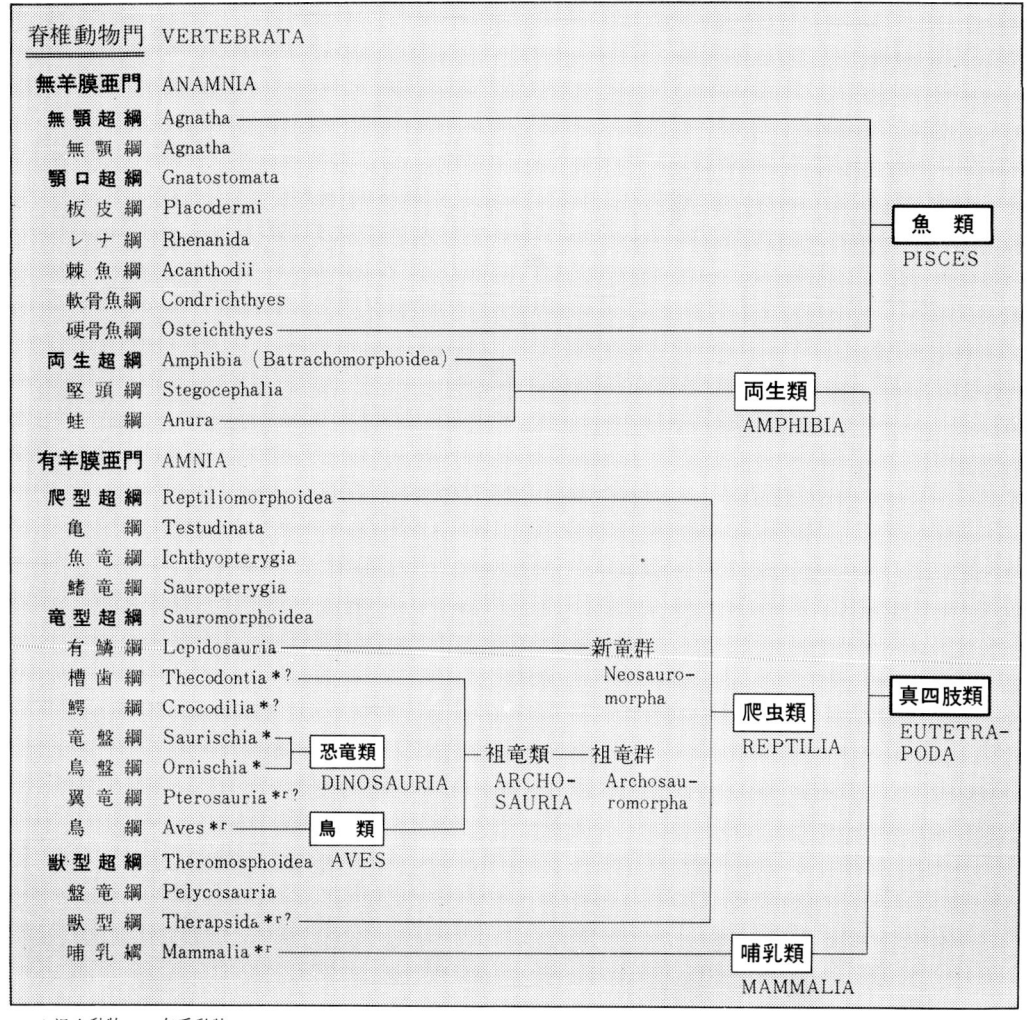

```
脊椎動物門  VERTEBRATA
  無羊膜亜門  ANAMNIA
    無顎超綱  Agnatha ──────────────────────────────┐
      無顎綱  Agnatha                                │
    顎口超綱  Gnatostomata                           │
      板皮綱  Placodermi                             ├─ 魚　類
      レナ綱  Rhenanida                              │  PISCES
      棘魚綱  Acanthodii                             │
      軟骨魚綱  Condrichthyes                        │
      硬骨魚綱  Osteichthyes ────────────────────────┘
    両生超綱  Amphibia (Batrachomorphoidea) ────────┐
      堅頭綱  Stegocephalia                          ├─ 両生類
      蛙　綱  Anura ─────────────────────────────────┘  AMPHIBIA
  有羊膜亜門  AMNIA
    爬型超綱  Reptiliomorphoidea ──────────────────┐
      亀　綱  Testudinata                           │
      魚竜綱  Ichthyopterygia                       │
      鰭竜綱  Sauropterygia                         │
    竜型超綱  Sauromorphoidea                       │
      有鱗綱  Lepidosauria ──────── 新竜群           │
                                    Neosauro-       ├─ 爬虫類     ┐
                                    morpha          │  REPTILIA   │
      槽歯綱  Thecodontia *? ──┐                    │             │
      鰐　綱  Crocodilia *?    │                    │             │
      竜盤綱  Saurischia * ──┐ ├─祖竜類 ─ 祖竜群     │             ├─ 真四肢類
      鳥盤綱  Ornischia *    ├─恐竜類 ARCHO-  Archosau-│            │  EUTETRA-
                              │ DINOSAURIA  SAURIA   romorpha      │  PODA
      翼竜綱  Pterosauria *r? │                      │             │
      鳥　綱  Aves *r ────────┘─ 鳥類                │             │
                                 AVES               │             │
    獣型超綱  Theromosphoidea                                      │
      盤竜綱  Pelycosauria                                         │
      獣型綱  Therapsida *r? ──────────────────────── 哺乳類        │
      哺乳綱  Mammalia *r ─────────────────────────── MAMMALIA     ┘
```

* 温血動物, r 有毛動物.
門, 亜門, 超綱, 綱が分類単位の階段系で, 群と類はそれらとは別枠である.

無羊膜亜門　ANAMNIA

〖魚　　類〗Pisces

無顎超綱　Agnatha

＜無　顎　綱＞　Agnatha

【骨　甲　目】Osteostraci (=Cephalaspidomorpha)
1. ケファラスピス　*Cephalaspis lyelli* AGASSIZ
2. ヘミキクラスピス　*Hemicyclaspis murchisoni* (EGERTON)

　　前者は全長* 20 cm. 体扁平でエイ形に近い．半円形の頭部は硬い骨質の頭甲で被われ，中央縦稜が高く中央に 1 対の目が相接して位置する．また目の間の縦稜に鼻孔と松果窩 pineal opening の小孔がある．縦稜頂部と頭甲周縁にやや凹んだ溝状部があり，感覚器が一種の発電器**とみなされる．頭甲腹面は柔らかく，前方に口があるが，顎も歯もない．左右に鰓孔が並んでいる．胴は細長い骨板が並列し，尾は非対称的な異形尾で細骨板で被われる．胸鰭は葉状で体に比し小さい．臀稜三角状で小さく背に竜骨板が並ぶ．スコットランドやスピッツベルゲンのデボン紀旧赤砂岩層より産し，化石魚研究の開拓者 L. AGASSIZ が命名した．

　　後者は前者よりもやや背高く，体の骨板細かく，尾が大である．スコットランドやノールウェーのデボン系最下部 Downtonian より産する．いずれも淡水の底生魚で泥中の生物を食ったらしい．この類は *Trematapsis*, *Didymaspis*, *Mimetaspis*, *Boreaspis*, *Hoelaspis*, *Benneviaspis*, *Kiaeraspis*, *Pattenaspis* 等種類が多く，いずれも頭甲の形種々に異る．MOY-THOMAS, OBRUCHEV, MÜLLER, STENSIÖ, ROMER 等研究者により目の分類は互いに異る．現生のヤツメウナギ *Petromyzon* はこの類の残存者が二次的に変化したとする意見もある．現生ヤツメ類の成魚は他魚に吸着して血を吸うが，幼魚は泥中の微生物を食うとされる．祖先型の骨甲類も泥中の藻類とか微生物を食っていたらしい．ヤツメ成魚が寄生的生活をするようになったのは，退行進化の一例かもしれない．ヤツメの化石は知られないので相互関係は不明である．STENSIÖ は頭部の連続切断法により脳の構造を詳細に研究した．雲南省曲靖廖角山のデボン系より *Galeaspischongi* LIU, *Polybranchiaspis lecijaishonensis* LIU の類似種が知られるが，日本からは知られていない．

　　骨甲目は最も原始的な魚類とはいえ，*Cephalaspis* の発電器らしい器官からみても，進化的には生態系の相当進んだ段階のものであり，化石記録はむしろ異甲目の方が古い．現生最も原始的なヤツメウナギ類の発生がむしろ問題であって二次的な退行進化かもしれない．

　　　　* 顎を含めた体の最前端より尾端までの長さ．
　　　** 現生の電気ナマズの例もあり，餌場に侵入する魚に対するテリトリー宣言のためかもしれない．

3. ヤモイティウス　*Jamoytius kerwoodi* WHITE

　　全長 18 cm. 紡錘形で細長い骨板で被われる．1846 年，WHITE がノールウェーのシルル系より報告し，ビルケニア目 Birkeniiformes (=Anaspida) に入れる人もある．化石の保存不充分で全形よくわからぬが，背鰭・胸鰭とも長く，異形尾も大きいとみなされている．骨甲目に入れる人もあり，ヤツメウナギ類に接近しているともみなされ，もしこれが正しいならヤツメウナギの系統を知るのに有力なものと思われる．

【異　甲　目】Heterostraci
4. プテラスピス　*Pteraspis rostrata toombsi* WHITE

　　全長 20 cm 大．細長く紡錘形頭胸部は数個の骨板で被われ吻部突出する．嗅嚢を有するといわれ，1 対の鰓孔がある．口の顎部には鋸歯を具える．

　　目は小さい．頭頂眼もある．棒状突起の基部に口が開く．体は紡錘形に近く，背板の後端に長い棘がある．鰭は不等形の尾鰭以外いちじるしくない．胴は多数の細鱗に被われる．甲板は多くの細かい溝が密に走る．断面でみると 3 層よりなっている．

　　淡水を自由に泳いだらしいが，食性ははっきりしない．イギリス，ドイツ，フランス，ベルギー，ソビエト等ヨーロッパ各地のデボン紀前期 Downtonian に多く，旧赤砂岩層を特徴づける化石である．北アメリカのデボン紀前期にも見出される．この類は 9 科あって，オルドビス紀後期よりデボン紀後期にわたる．WALCOTT がコ

〖魚　類〗　3

◀ 1. ケファラスピス

2. ヘミキクラスピス ▶

◀ 3. ヤモイティウス

4. プテラスピス ▶

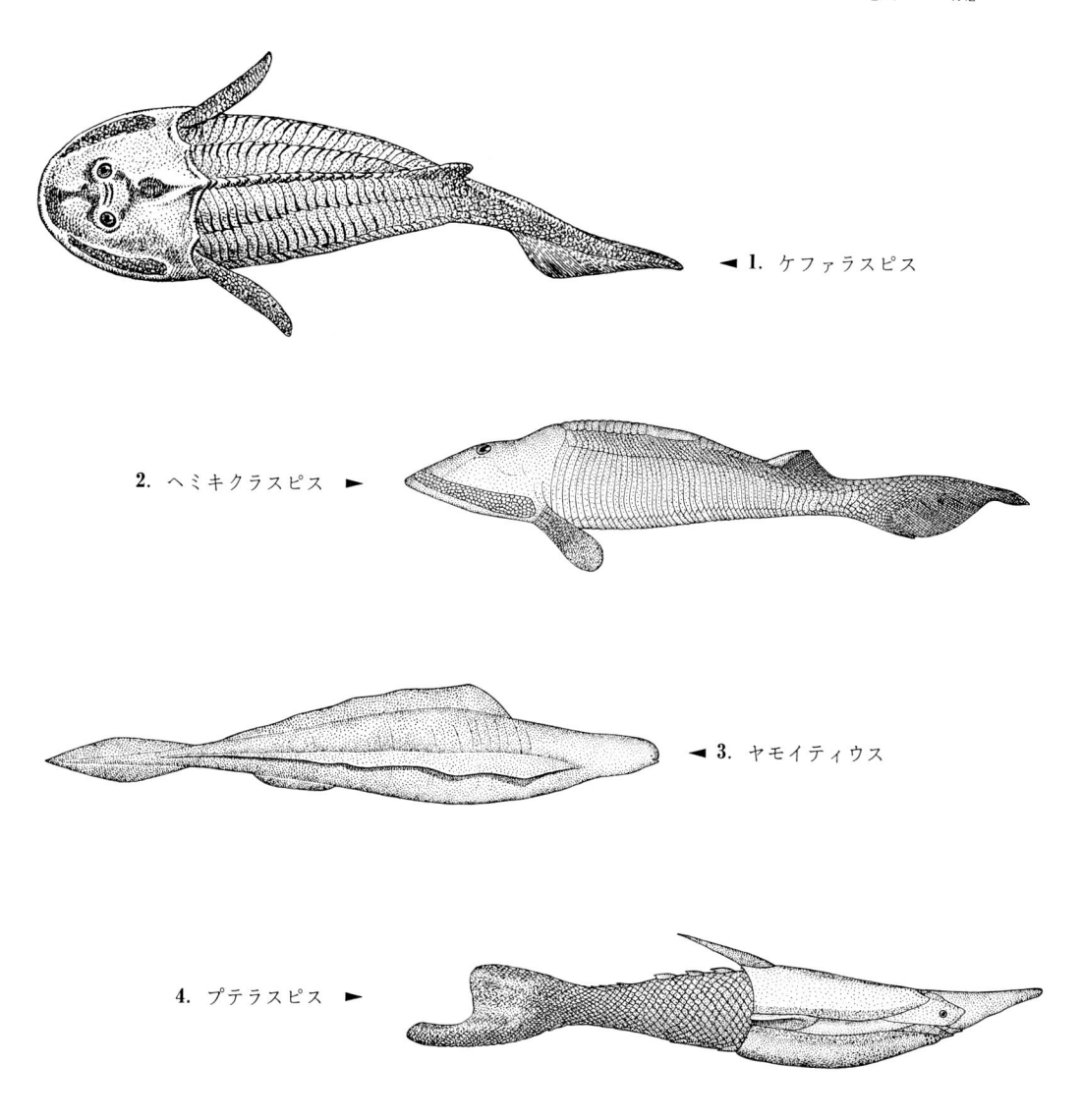

ロラド州のオルドビス紀後期砂岩層中より報告した魚の背板は，粒状突起が多く，数列の稜があり，もっとも原始的な異甲類の化石とされる．*Astraspis desiterata* WALCOTT で体長約 10 cm. 世界最古の魚の化石であろう．同様のものが南ダコタ州やカナダの南部，さらにエストニア等のオルドビス紀層より発見されている．エストニアのは下部オルドビス系で，脊椎動物の発生はカンブリア紀以前にあったことを暗示している．こうした最古の魚化石の含まれる地層がかりに非海成層としても，その環境分析は古生態学的に重要である．魚は海で出発したのではなく淡水で出発したことになろう．

5. ドレパナスピス　*Drepanaspis gemuendensis* Schlüter
6. フラエンケラスピス　*Fraenkelaspis heintzi* (Kiaer)

　異甲類は種類が多く，頭部甲板の構造や形態がさまざまであり，少なくとも8型が区別されている．

　Drepanaspis は体長 16 cm 大．吻部は突出しない．体は一見ヒラメ状．巨大な背板が2個，腹板が1個，側面は多数の細かい板がウニの殻のようにしきつめられる．その一つに目鰓孔がある．口は先端にあって比較的大きく横に長い．胴と尾は多数の細鱗に被われ，背に一列の棘がある．尾は不等形．甲板の表面は多数のいぼが密集しており，*Astraspis* のものと似ている．西ドイツのライン地方のデボン紀後期（Bundenbach 頁岩層）より産する．

　Fraenkelaspis は全長約 9 cm 大．全形 *Pteraspis* に似るが，胴は背・中・腹3列に比較的大形の甲板が並び，尾鰭は等形に近い．背と腹の板は棘状となり重り合う．吻部は *Pteraspis* ほど突出しない．目は前方にかたより，鰓孔は頭甲板の中ほどにある．甲板表面は比較的あらい溝が多数並走する．スピッツベルゲンのシルル紀後期の意．1932年ノールウェーの Kiaer が報告した比較的新しく知られた種類である．*Anglaspis* の属名も有する．

　本類は魚類の進化を考察する上にかなり重要であろう．頭索類の化石は知られず，現生頭索類とは形態のへだたり大で，系統進化の断絶がある．棘皮動物と脊索動物の類縁関係を云々する古生物学者もいるが，魚類の進化以前の問題である．原始脊索動物の化石はカンブリア紀以前であってその追求は大変困難である．

【歯鱗目】 Thelodontida
7. テロダス　*Thelodus scoticus* Traquair
8. ラナルキア　*Lanarkia spinosa* Traquair

　以前は異甲目に入れていたが，Müller, A. H. は独自の目に入れている．全長 8～30 cm 大．ある種のサメに似たような形で，扁平に近く頭部はふくれる．体全面，細かな棘で被われる．尾は不等形で背側が大きい．

　Thelodus には小形の背鰭がある．胸鰭に相当する部分は突出している．口の状態は不明．イギリスとバルチック海のエーゼル島のシルル紀後期より知られ，1899年 Traquair が報告した時は甲皮類と原始的鮫類の中間型のものとした．イギリスのラナーク州より 30 cm 長の保存のよい化石が知られるようになり，今日では無顎類の特異な一群であるとされている．*Lanarkia* はラナーク州 Ludlow bone bed の有名な化石層より産する．オルドビス紀の *Astraspis* も以前はこの類に入れられていたこともあった．

【欠甲目】 Anaspida (Birkeniiformes)
9. プテロレピス　*Pterolepis nitidus* Kiaer
10. ビルケニア　*Birkenia elegans* Traquair

　全形イワシ形．胴と尾は数列の鱗が規則正しく並び，頭は鱗板が複雑に組合される．尾は不等形で下方が大きく腹側に曲る．前端に口が開き，鼻孔と頭頂眼がある．*Pterolepis* は全長 10.5 cm，ノールウェーのシルル紀後期産，10対の鰓孔あり，臀鰭小さく背側に多くの竜骨板が一列に並ぶ．胸鰭は小形の棘状板となっている．*Birkenia* は全長 6 cm．イギリスのシルル紀後期産．3対の鰓孔あり，臀鰭長めで，その前方に3対の棘がある．背の竜骨板は *Pterolepis* より少ないが大きく発達する．

　欠甲類は淡水*の自由遊泳魚で藻類を食ったようであり，その生態はアユやフナに似たものであった．1899年 Traquair, R. H. が南スコットランドより報告して以来，10属が知られるが，いずれも体長 20 cm 以下の小形魚で，シルル紀前期よりデボン紀後期まで分布し，シルル紀後期にもっとも栄えた．尾の形はヤツメウナギの幼生のが似ている．

　　* 初期の魚が淡水生か海水生かは進化と生態上重要な問題である．このことは産出地層の共産化石を調べる必要がある．

【フレボレピス目】 Phlebolepida
11. フレボレピス　*Phlebolepis elegans* Pander

　全形歯鱗類に似るが，棘はなく，かわりに体全面が多数の鱗により被われる．全長 7 cm 大．ドジョウ形．尾は不等形．臀鰭はあるが胸鰭も背鰭も確認されない．エーブル島のシルル紀後期に発見され，1856年ロシアの Pander がロシア領バルチック地方のシルル系化石魚を報じた時，初めて紹介され，1949年 Bystrov の復元図が知られる．多分歯鱗類と隣接する特異な群であろう．

〖魚　類〗　5

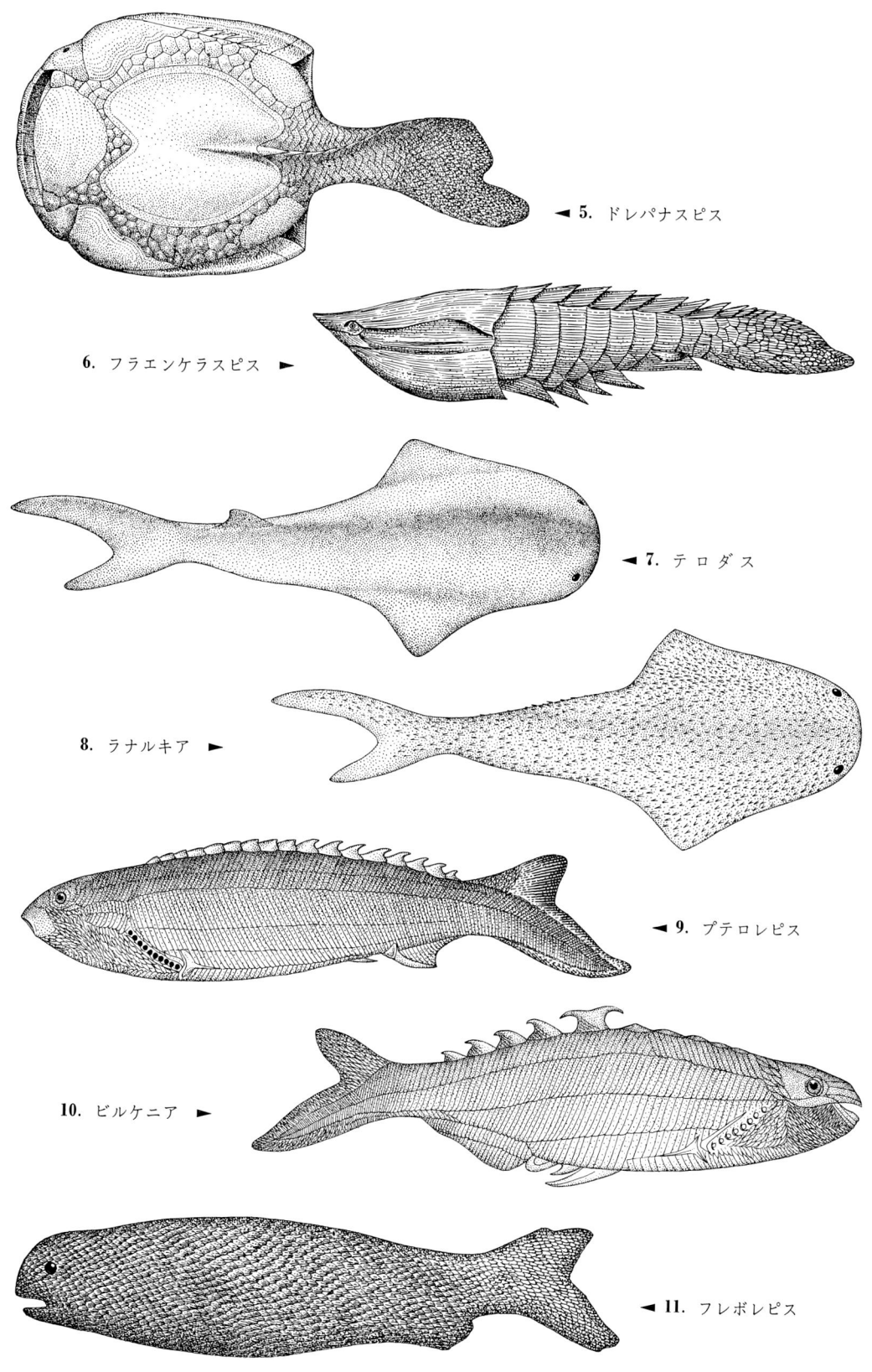

◀ 5. ドレパナスピス

6. フラエンケラスピス ▶

◀ 7. テロダス

8. ラナルキア ▶

◀ 9. プテロレピス

10. ビルケニア ▶

◀ 11. フレボレピス

顎口超綱　Gnathostomata

＜板皮綱＞　Placodermi

【胴甲目】　Antiarchi

12. プテリクチス　*Pterichthys milleri* AGASSIZ
13. ボスリオレピス　*Bothriolepis canadensis* (WHITEAVES)

底生魚で顎があり，体の前半は節足動物のように甲板でかためられる．それは頭部と胸部に分れ，左右相称，目は頭頂部にかたより，頭から胸側部にかけ感覚をつかさどる側縁がある．頭と胸はエビやカニのように関節する．胸の前方に1対の付属肢があり，遊泳にあずかった．付属肢と胸とも関節する．口は小さく咀嚼は充分できなかったらしく，多分腐物や柔かい物を食っていたであろう．甲板は骨質できわめて硬く，上下3層よりなる．胴と尾は多数の細鱗で被われ，大きな背鰭がある．尾は不等形．*Pterichthys* は全長 19 cm 大，*Bothriolepis* は全長 10 cm 大．

後者は前者ほど胸部背が上方に突出せず，頭と付属肢が比較的大きい．胴と尾には鱗がなく裸皮で被われる．大形の背鰭があり，尾は長く発達する．*Pterichthys* よりいっそうよく泳いだものと思われる．*Pterichthys* はスコットランドのデボン紀中期（旧赤砂岩層）産．*Bothriolepis* は ヨーロッパ，北米，グリンランド，南極等のデボン紀後期に広く分布した．前者は淡水産であるが，後者は一部海生であったようである．胴甲類は2科5属以上あり，不完全な化石が広く産する．それらの学名はまだ整理されていない．昔はこの類が脊椎動物が節足動物から進化してきた中間型であると考えた人もあった．*Bothriolepis* 類の化石が岐阜県福地のシルル紀末期の海成層より産した．スコットランドの *Radotina* (Dittonian: upper Gedinian) やシベリヤの *Kolymaspis*（デボン紀初期）に似ている．

【節頸目】　Arthrodira

14. コッコステウス　*Coccosteus decipiens* AGASSIZ
15. ディニクチス（恐魚）　*Dinichthys intermedius* NEWBERRY

前者は全長 40 cm 大．体の前半は胴甲類のように骨板で被われるが，下顎はいっそう強大に発達している．頭部は数対の骨板と1個の中央骨板よりなる．胴甲類のような付属肢はなく，胸腹部を走る棒状骨がある．胴と尾は裸皮で被われ，いちじるしい背鰭と胸鰭があるが，臀鰭などは推定である．尾は不等形か両形かはっきりしない．

化石では軟骨化した脊柱と背鰭の内部の軟骨列がみつかる．小さな歯を有することはいちじるしい現象で，多分肉食性であったと思われる．骨板表面には多数の小さな粒状突起がある．スコットランドのデボン紀後期（旧赤砂岩層）産．類似種数種あり，ドイツ，ソビエト，北米などに広く分布する．淡水か半淡水にすんだ．

後者は体長 8 m の巨大魚で北米オハイオ州クリーブランドのデボン紀後期頁岩層産．巨大な頭骨化石のレプリカが東京の科学博物館に展示されている．類似種が北米アイオア，ニューヨーク，ウイスコンシン，カナダ，ベルギー，チェッコ，ソビエト等の同時期の地層より産する*．頭と胸の骨板ははっきり分れ，歯は強大である．魚を食ったと思われる．この類は 10 属以上あり，6科に分ける人もいる．原始的鮫と関係が深い．*Dinichthys* の代りに *Dunkleosteus* の属名を用いる人もある．

　　＊ 将来日本より発見されぬとは限らない．

16. クテヌレラ　*Ctenurella gladbachensis* ORVIG

全長 18 cm．頭大きく巨大な目がある．鰓孔は細長いのが1個ある．後頭背部は甲板で被われるが他は裸皮である．背鰭は第1が小さく第2は長くて大きい．胸鰭や臀鰭も発達するが尾は細長くとがり，尾鰭は小さい．脊柱は充分化骨していない．西ドイツのライン地方のデボン紀中期に産する．海生でかなり自由によく泳いだであろうが食物はよくわかっていない．

〖魚　類〗　7

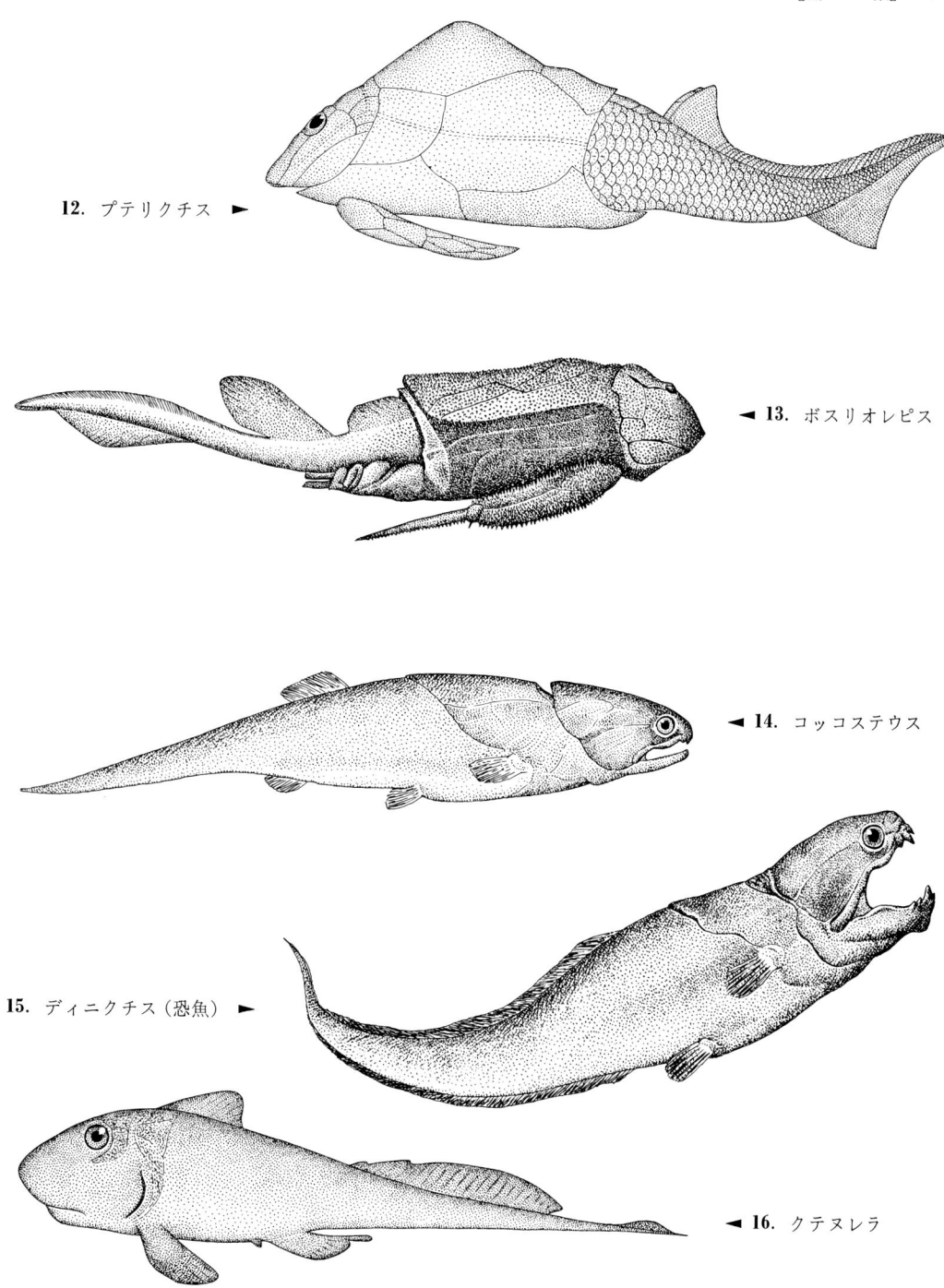

12. プテリクチス ▶

◀ 13. ボスリオレピス

◀ 14. コッコステウス

15. ディニクチス（恐魚）▶

◀ 16. クテヌレラ

＜レ ナ 綱＞ Rhenanida

17. ゲムエンディナ *Gemuendina stuertzi* TRAQUAIR

　全長 20〜24 cm 大，エイ形の底生魚で扁平．頭比較的大きく，目は頭頂部にあり鼻孔が開く．口は巨大で先端にある．歯は小さい．胴は次第に後方へ細くなり背面に 2 本の稜が走り，小形の背鰭を有する．胸鰭は非常に大形で側方に展開し，その後方に臀鰭がある．体全体いぼのある鱗で被われる．その一部はきわだって大きい．西ドイツの Bundenbach のデボン紀前期の黒色頁岩層より完全な化石が発見され，解剖学的によく知られている．なかには全長 1 m 近いものもまれにみつかる．昔はサメ類に入れていたが，頭と胴の接合関係よりみて，節頸類に近いものに入れられるようになった．なお Bundenbach の黒色頁岩層の堆積面にクモヒトデの腕が水流を示すように完全保存されているので有名であり，古生態学上の良好な資料となっている．ただしそのような部分は地層の中のごく一部で限られた場所にすぎない．大部分は化石もほとんどみつからぬ普通の頁岩層にすぎない．

＜棘 魚 綱＞ Acanthodii

18. クリマチウス *Climatius reticulatus* AGOSSIZ

　全長 7〜8 cm．細長く細鱗に被われる．目は大きく輪状となっている．胸鰭と臀鰭の間に 6 対の棘状突起がある．2 対の背鰭は大きい．尾は不等形．棘状突起を鰭とみなすと，8 対も腹側に鰭があることになる．歯は弱々しいか，無いことがある．イギリスのデボン紀初期（旧赤砂岩層下部）より産する．鮫類に入れる意見が多いが，鱗の状態からみて，鮫でなく節頸類に近いとする意見もあり，硬骨魚と関係があるという意見もあり，その真の分類上の位置はよくわからない．

＜軟骨魚綱＞ Condrichthyes

【魚 切 目】 Ichthyotomi

19. プレウラカンタス *Pleuracanthus senilis* JORDAN
20. クセナカンタス *Xenacanthus decheni* GOLDFUSS

　この両者はきわめて近接しており，*Xenacanthus* の名で統一する人もある．前者は全長 70 cm，後者は全長 26 cm．ともに細長くホシザメのようにすらりとしているが，尾は両形で，背鰭はタチウオのように長く体全面にわたる胸鰭や臀鰭は櫂のようになっており，遊泳はあまり敏活でなかったらしい．頭の後背部に細長い棘状突起がある．また臀鰭の後方にも 2 対の棘状突起があり，生殖のとき用いたものとされる．前者は西ドイツの Saarbrücken の二畳紀前期（Rothliegendes）に完全な化石がみつかっている．後者はチェッコスロバキアの二畳紀前期の産．歯は 2 分岐しており，背の棘状突起は両側に細かい棘が並ぶ．魚切類は石炭紀に現れ，一部は三畳紀期までいた．かなり深い海底で静かに生活したとされている．現代のサメ類とは一応かけ離れていて，系統ははっきりしない．

〖魚　類〗　9

17. ゲムエンディナ ▶

◀ 18. クリマチウス

▲ 19. プレウラカンタス

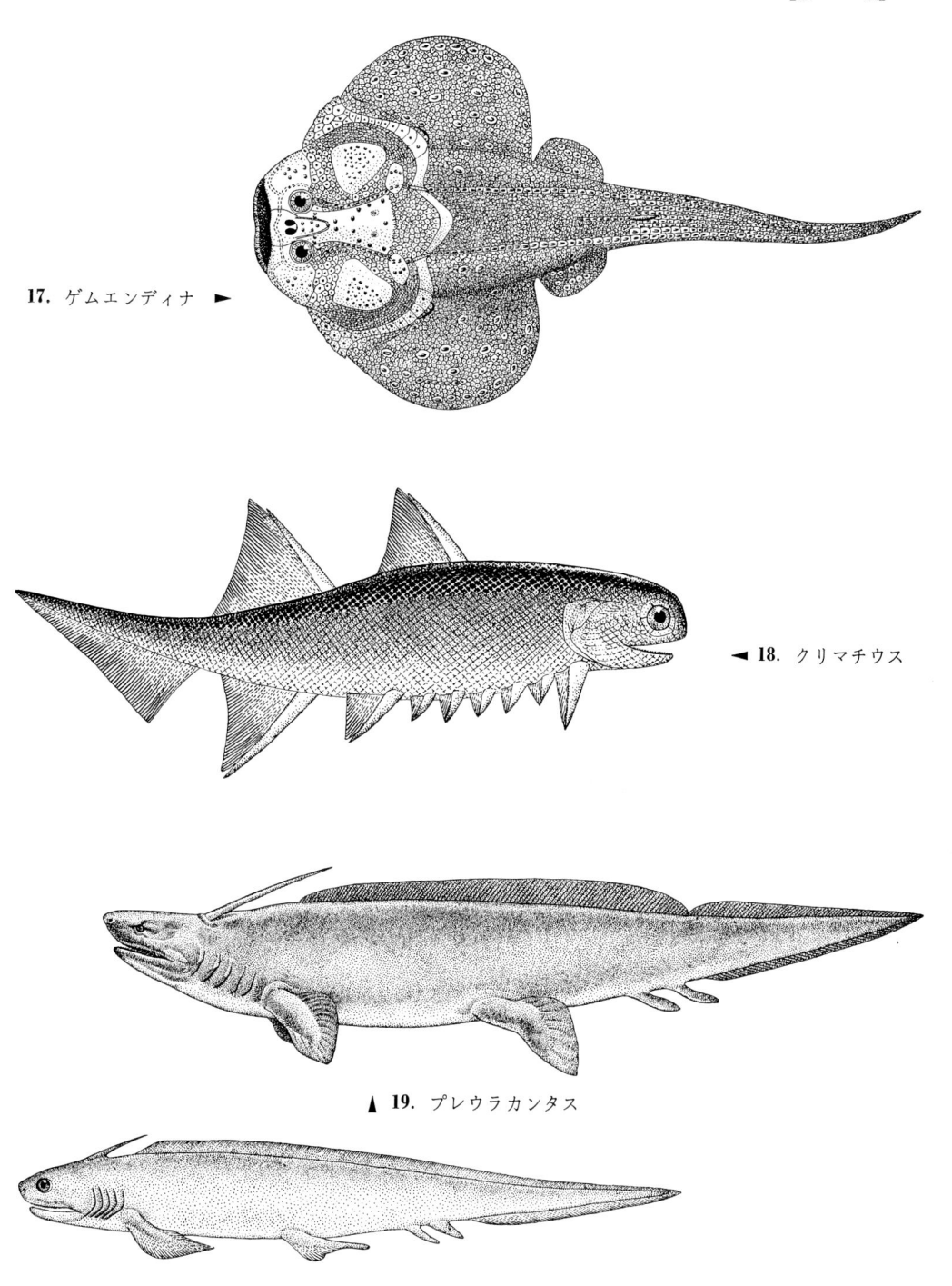

▲ 20. クセナカンタス

【鮫　目】 Selachii

21. ヒボダス　*Hybodus hauffianus* FRAAS

全長 2.6 m．ホシザメ形．頭ずんぐりとし，チーク峰の低い歯が多数並ぶ．背鰭は前後 2 個ともいちじるしい骨質の棘が軸になっている．棘はゆるやかに後方に曲り，後縁に細かな鋸歯がある．臀鰭や胸鰭には棘状軸がない．尾は不等形で上方に曲る．分布広く，ヨーロッパ，スピッツベルゲン，北米，東アジア，オーストラリアの三畳紀後期より白亜紀初期までに産し，種類が多い．図は南ドイツのジュラ紀初期のもの．海生で自由に泳ぎ肉食性．歯の性質よりみると，ホシザメと同様，甲殻類や貝類を食ったかもしれない．*Hybodus* 類は数属知られ，ソビエトの二畳紀前期 Artinskian より KARPINSKY が報じた *Helicoprion*＊ は，上顎についた歯の列が化石になるとき曲り巻いて，一見アンモン貝様にみえる＊＊．ソビエトモスクワ付近の石炭紀 Moscovian には，似た *Campyloprion* が産する．ROZHDESTVENSKY の紹介した復元図は吻部より突出した棒状体に歯をつけている．奇妙な復元スタイルは彼の他，種々考究されている．サメ類は種類が多いが，体全体の化石はむしろ少なく，歯のみがきわめて普通に見出される．大形の三角形の歯で周縁にぎざぎざのある *Carcharodon* は，天狗の爪といって白亜紀より現在まで分布し，日本の第三紀にも多い．*megalodon* 種＊＊＊のほか別種も報告されており，将来多く分けられるかもしれない．*Isurus* はアオザメ類で，性質独善，人間にも害をあたえるが，その歯は細長く三角形に尖り，西洋では昔その化石を舌石 Glossopetra と呼んでいた．鳥類の舌に似ているからである．マンガン鉱とともに深海堆積物中にも見出される一方，深海堆積物中に各種の底生化石とともに見出され，表層水生息者として深度を超越した化石として幅広く分布する．この種の鮫に関する限り浅海も深海も関係なく，しかも各地域の食物塔の上位にいるのが面白い．この点，イルカ・魚竜・マグロ・カツオ等と対等のレベルにある．

　　＊　明治年間足尾山地の秩父系よりも知られたが，その後報告はない．北米太平洋岸にも多く知られていて，ロスアンゼルス博物館に良好な標本が多く陳列されている．
　　＊＊　軟骨性の顎板が屍より脱落し海浜に打ち上げられ，乾燥して巻いたものが再び埋没して化石となったらしい．
　　＊＊＊　ブラッセルの王立自然史博物館に顎の復元が組立てられているが，口の中に人が立てるほど大きい．

22. スクアチナ（ムカシカスザメ）　*Squatina minor* EASTMAN

全長 76 cm．現在日本からフィリッピンにかけ浅海底にすむカスザメ *S. japonica* BLEEKER の祖先型．南ドイツ・ババリヤの Zichstädt の石版石（ジュラ紀後期）より産した．ジュラ紀後期に現れ今日まで続いているが，種類が多く，ヨーロッパ各地，北米などに産する．本種は扁平な底生魚で目は背面につき，鰓孔は後頭腹面の側方に開く．胸鰭は大きく三角形で背面で頭との間に溝がある．臀鰭も大きく胸鰭に接する．尾は不等形で小さい．2 個の背鰭は尾部に近くある．歯は小さく尖っており，錐形であって，エイのような棒状の歯ではない．小魚や砂中の動物をあさって食べた．カスザメは鳥羽でトンビ，鹿児島でミノザメというのは，その形からきている．皮がざらざらしているので，研磨用に用いられる．このような皮膚も化石には残っていず，脊柱と鰭の軸が化石化して残っている．石版石は羽毛やクラゲの化石まで発見されるがサメの硬皮が残らないのは奇妙である．Zichstädt 動物群の化石率は高いがすべての構成魚が高いわけでない．解剖上の性質のほか化石化のチャンスがあるであろう．

【エ　イ　目】 Batoidei

23. リノバチス（ムカシサカタザメ）　*Rhinobatis bugesiacus* THIOLLIÈRE
24. キクロバチス　*Cyclobatis major* DAVIS

Rhinobatis はエイ類のうちでも比較的サメに近い底生魚である．本種は全長 1.7 m．南ドイツ・ババリヤの Zichstädt にある石版石（ジュラ紀後期）から産した完全な化石が知られている．現在のサカタザメに比べると背鰭は小さく尾部にかたより，臀鰭も胸鰭もともに大きい．吻部は尖る．臀部に 1 対の棘状突起があり生殖に用いたらしい．皮膚には硬質の粒状物が散布する．歯は小さい．浅海で甲殻類や貝類を食ったらしい．

Cyclobatis は形が現在のシビレエイ類に似る．本種は全長 12 cm．北アフリカ，レバノンの白亜紀後期に産する．体きわめて扁平で円盤形に近く，目は背面にある．尾は小さい．現在のシビレエイと同様体側面と発電器をそなえていたと思われる．この類は種類が多く 6 属以上知られるが，いずれもがんじょうな板状の歯を有する．

エイ類の歯や尾棘は白亜紀以降よく知られ，岐阜県瑞浪層群よりアカエイ *Dasyatis* 類の棘が報告されている（畑井・小高，1962）．エイのような底生魚はヒラメ，カレイと同じで化石の機会は少くないが，実際に完全な化石は少ない．屍の分解時の機構（体内ガスの発生）が問題となる．SCHÄFFER, 1972 は北海での観察をもとにして現在古生物学 Aktuo Paläontologie でこの過程を論じている．

◀ 21. ヒボダス

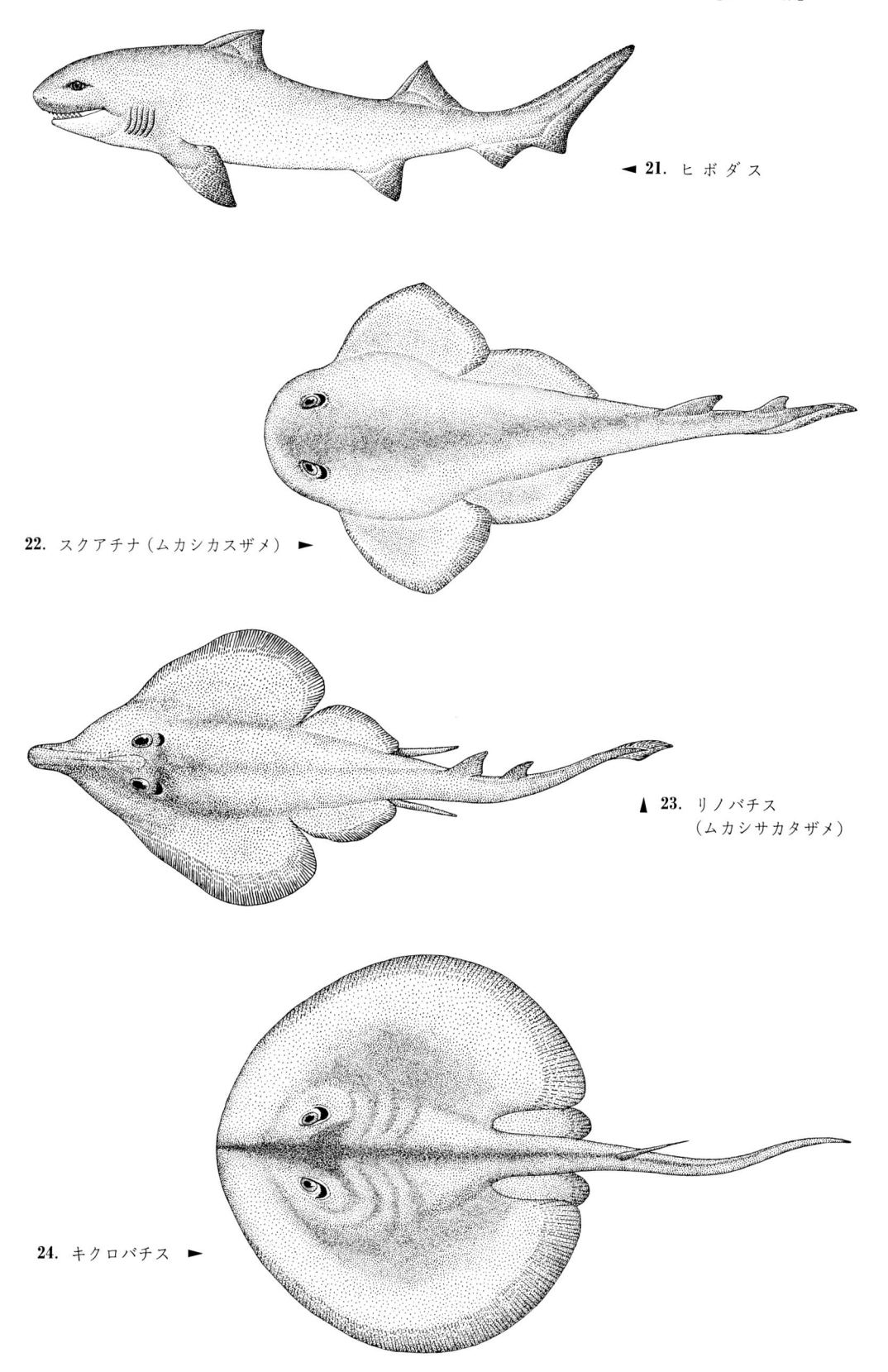

22. スクアチナ（ムカシカスザメ）▶

▲ 23. リノバチス
　　（ムカシサカタザメ）

24. キクロバチス ▶

【完 頭 目】 Holocephali

25. イスキオダス *Ischyodus schübleri* QUENSTEDT

現在のギンザメの類で全長 1.2 m. 体細長く胸鰭は大きく扇状である．前方の背鰭は突出し長い棘状突起を有する．後方の背鰭は低く長く尾に連る．尾も細長く尖る．裸皮で吻部多少つき出す．この類の特徴として板状の厚いがんじょうな歯を有する．上顎2対，下顎1対で，下顎歯の上縁は波状にうねる．西ドイツのババリヤのジュラ紀後期より完全な化石が得られたこの類は分布広く，ジュラ紀後期より白亜紀後期まで生存し，イギリス，フランス，スイス，ドイツ，ソビエト，東シベリヤからニュージーランドまで分布する．将来日本からも発見されるかもしれない．ギンザメ *Chimaera phantasma* JORDAN & SNYDER は相模湾から高知沖までの深海にすんでいる．おそらく貝類などを食っていると思われる．9属以上知られている．なかには吻部が長くつき出すものもある．

＜硬 骨 魚 綱＞　Osteichthyes

条 鰭 亜 綱　Actinopterygii

【軟 質 上 目】 Chondrostei*
【パレオニスクス目】 Palaeonisciformes

26. エロニクチス *Elonichthys robisoni intermedia* TRAQUAIR
27. ディケロピゲ *Dicellopyge* sp. BROUGH

前者は全長 15 cm. サケ型．背鰭は三角形で後方にあり臀鰭と対立する．胸鰭と腹鰭は比較的小さい．鰭は多数の条がはっきりしている．尾は不等形で背方に尖る．鱗は菱形で側縁に対し斜行的に配列される．目は比較的大きい．歯は小さいが *Palaeoniscus* に比べると大きな歯が散在する．肺があり淡水魚として広く分布した．スコットランドの石炭紀前期に産するが，同様の種類はイギリス，ドイツ，チェコ，北米，ブラジルなどの石炭紀，二畳紀に多い．

後者は全長 12 cm. 前者よりも細長く尾が比較的大きい．頭は比較的小さく短い．鰭の状態は前者と似ている．鱗は菱形で粗い．上顎の歯は細かく，下顎の歯はより大きく散在する．南アフリカの三畳紀後期（Karroo層）に産する．淡水魚である．なお宮城県利府村浜田の中部三畳系アンモナイト層より著者と村田正文の報告した魚は *Palaeoniscus* 類の *Pteroniscus* に似た性質を有するが，全形保存されず復元不能で真の所属は不明であった．

<small>* 原始的な古生代〜中生代の魚で 17 目にわけられる．主として三畳紀にさかえた．光沢のある硬い光鱗で被われるので光鱗魚 Ganoid ともいわれる．脊椎骨は化骨していない．</small>

28. アンヒケントルム *Amphicentrum granulosum* YOUNG

Cheirodus の名で広く知られていたが今日では *Amphicentrum* の属名を用いる．全長 14 cm. 左右に扁平な菱形でマナガツオ形．目比較的大きい．歯はないが下顎に不規則な凹凸があり歯の役目をする．胸鰭は体の割に小さい．腹鰭なく，臀鰭は長く腹縁に沿い走り，背鰭と対する．尾は不等形だが腹側の条糸発達し，一見等形に見える．鱗は長方形で側縁に対し垂直に近く配列される．イギリスの石炭紀後期の夾炭層中より見出される淡水魚である．北米の石炭紀前期よりも発見されている．この類は4属知られる．

〖魚　類〗　13

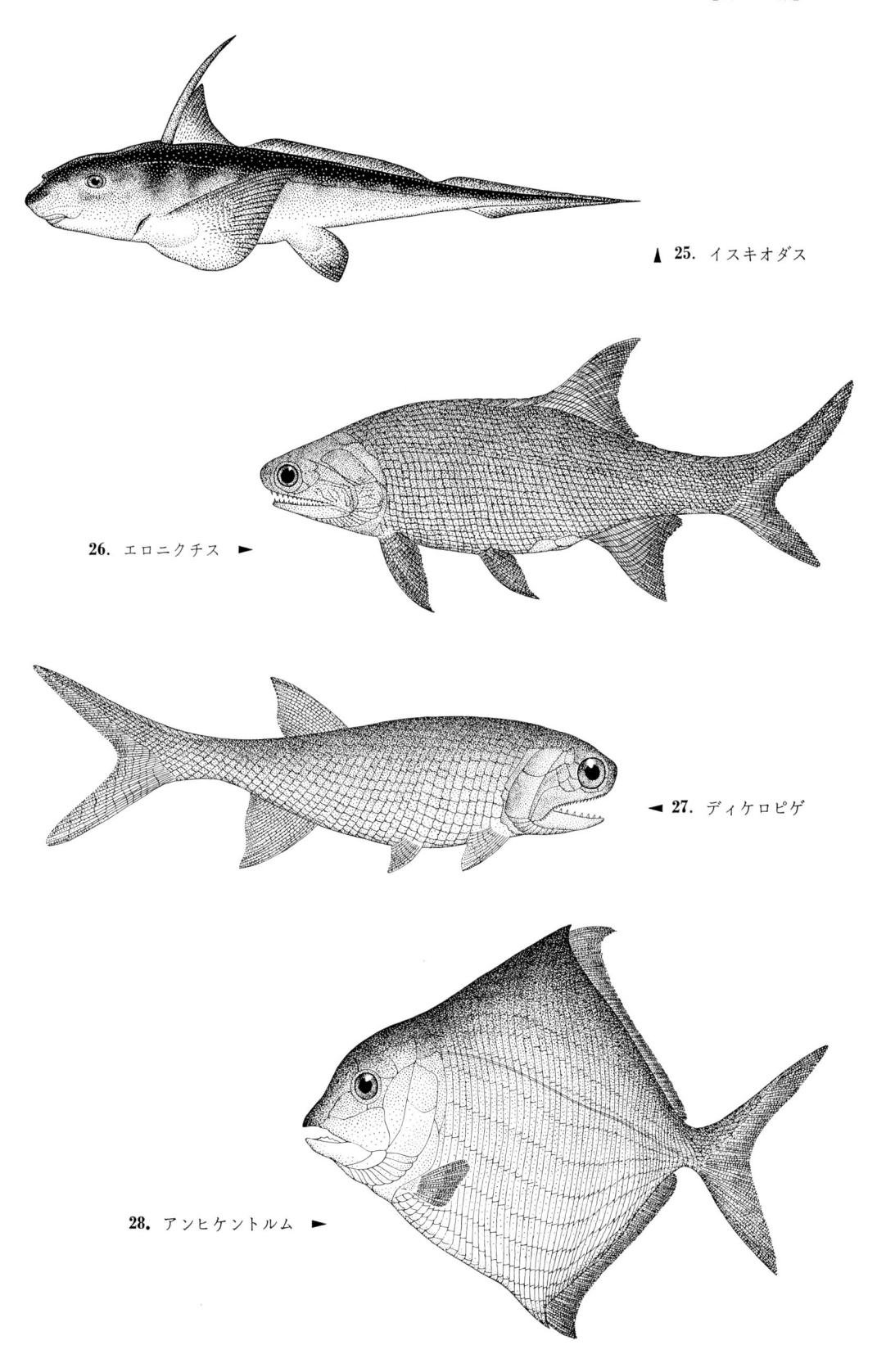

▲ 25. イスキオダス

26. エロニクチス ▶

◀ 27. ディケロピゲ

28. アンヒケントルム ▶

【タラシウス目】 Tarrasiiformes

29. タラシウス *Tarrasius problematicus* TRAQUAIR

　全長 12 cm. 細長くギンポ形. 頭短く目は大きい. 胸鰭小さく, 背鰭・尾鰭・臀鰭は連り一連の長い鰭となる. この鰭は体の割には大きい. 尾は両形尾である. 鱗は小さく菱形で側縁に対し斜行的に配列される. スコットランドの石炭紀前期の砂岩層中より発見された. 1881 年イギリスの TRAQUAIR が初めて報告したが類似種がなく, 孤立した型で1目1科1属1種にすぎない. 図は 1934 年 MOY-THOMAS が復元した図によって描いたもの.

【ペルトプリユルス目】 Peltopleuriformes

30. ケファロクセナス *Cephaloxenus macropterus* BROUGH

　全長約 10 cm 大. 紡錘形でフナ形. 目も鰓蓋も大きいが歯はきわめて小さく, ないに等しい. 背鰭は後方に偏する. 胸鰭・腹鰭・臀鰭ともに比較的大きい. 尾は半不等形. 鱗は比較的大形で上下 6 列に並び, 上より 3 列目のものがきわめて大きい. いずれも長方形で側縁に対し垂直的に配列される. 北イタリア・ロンバルジアの三畳系上部から産した. この類は 4 属知られいずれもロンバルジアの三畳紀層に限られる.

【ペルライダス目】 Perleidiformes

31. クレイトロレピス *Cleithrolepis minor* BROOM

　全長約 10.5 cm. 菱形で左右に扁平. 全形ヒシダイ形であるが, 鰭の状態は非常に異なる. 背鰭は小さくて後方に偏し, 臀鰭と対立する. 胸鰭と腹鰭はきわめて小さく体と不釣合いである. 目は大きい. 側縁は曲らず前後に直走する. 鱗は上下 16 列に並び, 長方形で側縁にやや斜行的に配列される. 尾は半不等形. 南アフリカのオレンジ河地方の三畳紀中期 (Karroo 層) より産する. 似たものは 4〜9 属知られ, 代表的な *Colobodus* はヨーロッパ・シベリア・南アリカの三畳紀後期より産するが, その歯は半球形で顎骨にかたまってしきつめられる. 底生魚で甲殻類や貝類を食っていると思われる.

32. トラコプテルス *Thoracopterus niederristi* BRONN

　全長 10 cm 大. 細長くニシン形であるが, きわめて長大な胸鰭を有し, 一見トビウオの胸鰭のようであるが, トビウオのように飛びはねたかどうかはわからない. 頭部の化石が不充分にしかわかっていない. 多分図のようなのっぺりした形でなく, 鰓蓋その他の形態は前図のようであったと思われる. 図は 1920 年の O. ABEL の復元図によっている. 背鰭と臀鰭はきわめて小さい. 腹鰭は中形尾. は一見等形であるが, 腹側の方にのびた左半不等形である. 鱗は長方形で側縁に対し斜行的に配列される. オーストリアの Raibl と Lunz 地方の三畳紀後期に発見される.

〖魚　類〗　15

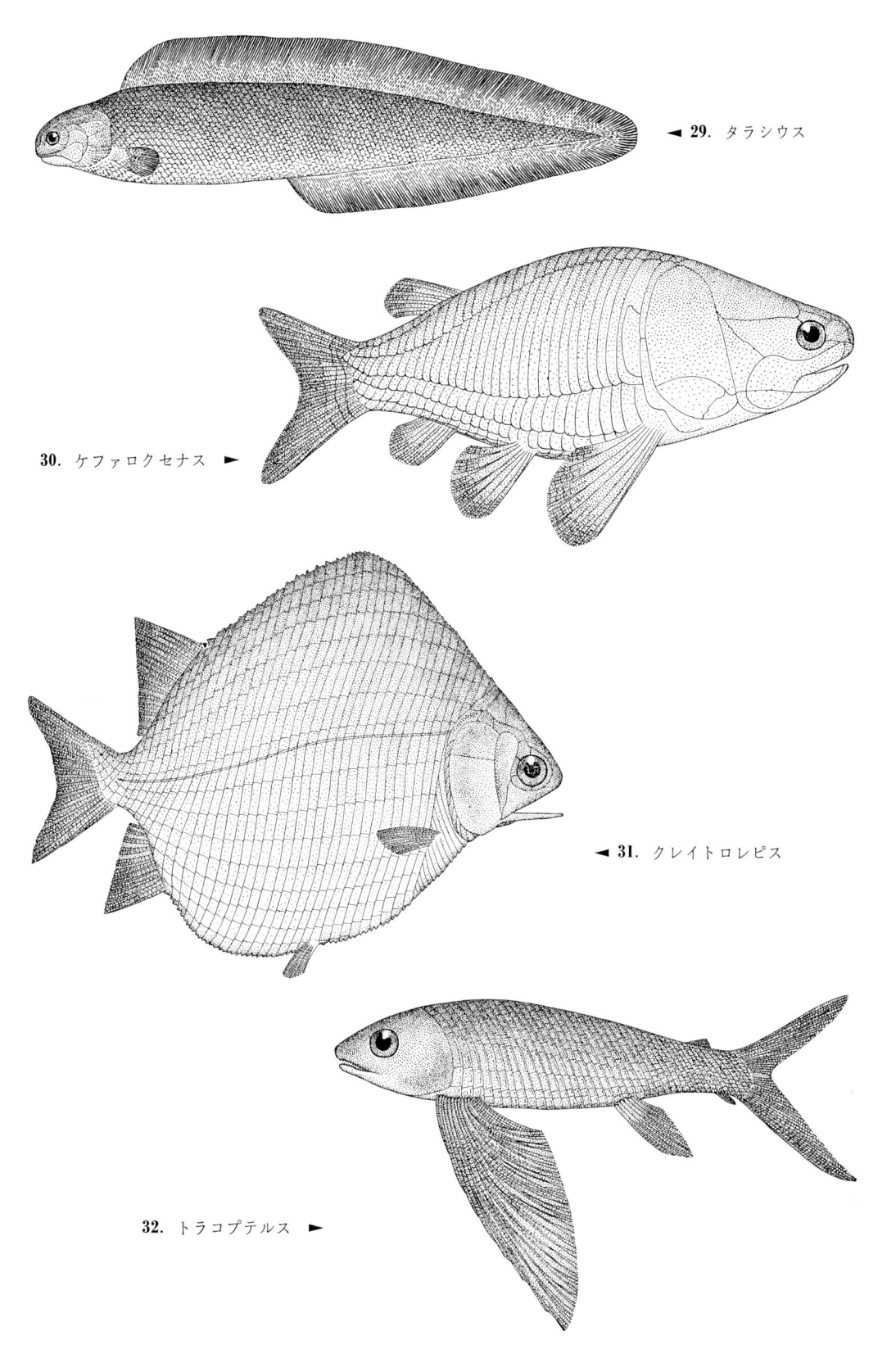

◀ **29**. タラシウス

30. ケファロクセナス ▶

◀ **31**. クレイトロレピス

32. トラコプテルス ▶

【レドフィルディユス目】 Redfieldiiformes

33. アトポケファラ *Atopocephala natsoni* BROUGH

　全長 10 cm 大．細長くニシン形であるが，頭比較的大きく，とくに目は大形で口も大きく曲る．鋭い歯はそう小形でない．鰓蓋の後方に棘が並列する．背鰭は比較的大形で背の中ほどにある．臀鰭は胸鰭や腹鰭よりも大きい．尾は半不等形．鱗は長方形で側縁に対し斜行的に配列される．南アフリカの三畳紀前期（Karroo 層）より産した．似たものに *Dictyopyge*（ヨーロッパの三畳紀），*Redfieldius*（北米の三畳紀後期）などがあるが，本種のように大形の目をしていない．

【サウリクチス目】 Saurichthyiformes

34. サウリクチス *Saurichthys ornatus* STENSIÖ

　全長 50 cm．細長くイワシ形．吻部尖り口は大きい．背鰭体の後部に偏し臀鰭と対する．胸鰭と腹鰭は小さい．尾は両形．鱗は長方形で側縁に対し斜行的に配列する．頭骨は表面は粗でごつごつしている．スピッツベルゲンの三畳紀前期に産するが，類似種はアルプス地方，オーストラリア，マダガスカル等の三畳紀に広く分布している．*Belonrhynchus* と同じだとする人もいる．近縁属は 2 属ほどありヨーロッパのジュラ紀前期に産する．

【全骨上目】 Holostei

【セミオノタス目】 Semionotiformes

35. ダペディウス *Dapedius pholidotus* QUENSTEDT
36. レピドタス *Lepidotus elevensis* DE BLAINVILLE

　前者は全長 36 cm 大．全形タイ形で左右に扁平．目は大きく眼輪を有する．頬板は数が多く，鰓蓋は大形．背鰭は後方にあって長い．胸鰭と腹鰭は小形．尾は半不等形．鱗は方形で側縁にやや斜行的に配列され，上下 20 列以上になる．鱗は硬質で光沢あり，細かい粒状突起をちりばめる．頭の頬板も同様である．歯はがんじょうでつんでいない．イギリスのジュラ紀前期と南ドイツのジュラ紀後期に完全な化石が産する．

　後者は全長 64 cm 大．頭骨の頬板は平滑が細かな粒状突起がある．鰓蓋は大きい．胸鰭は比較的大形であるが，背鰭は小さい．尾は半不等形．鱗は長方形で側縁に斜行的に配列し，表面細粒突起がある．南ドイツ Holzmaden のジュラ紀前期の黒色頁岩層中に，魚竜とともに産する．外洋性遊泳者で多分魚竜の餌となったものであろう．類似種はイギリス，フランス，シベリヤ，インド，マダガスカル等のジュラ紀や，エジプト，東アフリカ，ブラジル，北米，スペイン，イギリス等の白亜紀に広く分布する．ブラジル・セアラ州の *L. temnurus* AGASSIZ の化石は近時日本にも輸入されている．この類は日本からも発見される可能性がある．

【魚　類】 17

◀ 33. アトポケファラ

34. サウリクチス ▶

◀ 35. ダペディウス

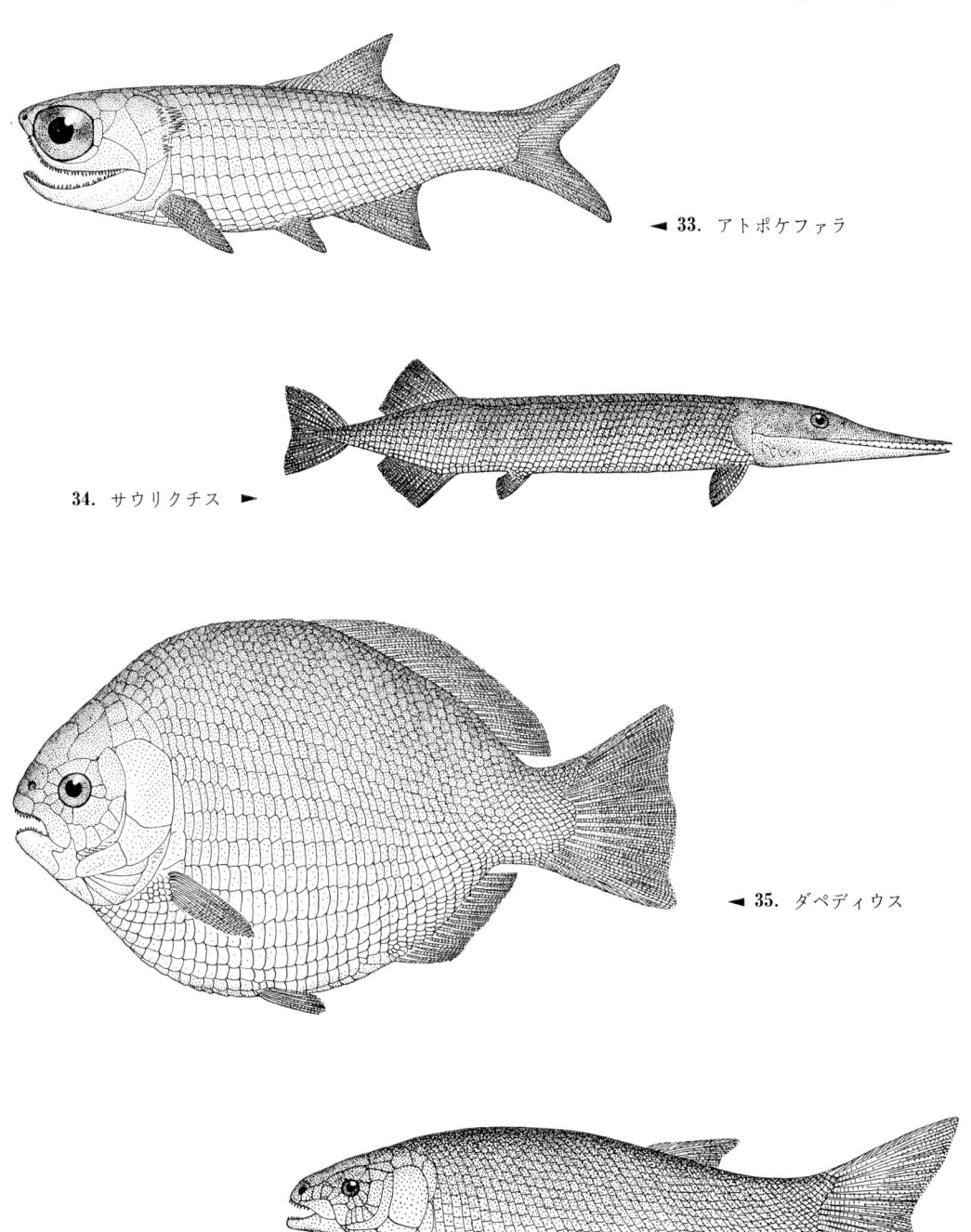

36. レピドタス ▶

【ピクノダス目】 Pycnodontoidea
37. ミクロドン *Microdon wagneri* THIOLLIÈRE

　全長 25.5 cm 大．左右に扁平で円形に近くマナガツオ形．目大きく，歯は瓦状のものが上下顎に 4 列ずつ並ぶ．中央列のものが大きい．胸鰭は比較的小さく腹鰭はきわめて小さい．背鰭と臀鰭は体の後半にあり長くのびる尾は大きく半不等形．鱗は長方形で側縁に対し垂直的に配列される．フランスのジュラ紀後期の産．種類が多く，イギリス，西ドイツ，スイス等のジュラ紀後期と北米の白亜紀前期に広く分布する．似た属は 7 以上あり *Gyrodus* は有名である．尾鰭が細長く分岐し，背鰭と臀鰭は高くない．歯は瓦状であるが *Microdon* のように方形でなく，円形に近い．

【アミア目】 Amiiformes
38. オフィオプシス *Ophiopsis serrata* WAGNER

　全長 18.5 cm．細長くギス形．頭太短く，背鰭は長く体全体にわたる．胸鰭・腹鰭・臀鰭ともに大きくはないがよく発達する．尾は半不等形．鱗は方形で厚くがんじょうで側縁に対し斜行的に配列される．中部ヨーロッパのジュラ紀後期の産．数属知られ二畳紀後期より現世まで分布する．北米の五大湖やフロリダ，テキサス等の河川にすむ *Amia* はその代表者で全長 60～90 cm に達する．この化石はフランス，ベルギー，ソビエト等の第三紀層に産する．将来日本から発見されるかもしれない．

【フォリドフォラス目】 Pholidophoriformes
39. フォリドフォラス *Pholidophorus bechli* AGASSIZ

　全長 18 cm 大．細長くニシン形．背鰭大きく背中央部に突出する．尾は半不等形．鰓蓋は大きい．鱗は方形で側縁に対し斜行的に配列される．イギリスのジュラ紀前期に産するが，種類が多く，アルプス地方の三畳紀層や，ドイツ，ベルギー，フランス，中国，北米等のジュラ紀層に広く分布する．

【真骨上目】 Teleostei*
【レプトレピス目】 Leptolepidiformes
40. レプトレピス *Leptolepis dubia* (DE BLAINVILLE)

　全長 5 cm 大の小形魚．細長くニシン形，目は割合大きく鰓蓋も大である．背鰭は比較的後方に位置し臀鰭と対立する．胸鰭と腹鰭もニシンに似ているが比較的小さい．尾は等形．AGASSIZ 命名の属名が有効で JAEKEL の *Liassolepis*, COSTA の *Sarginites*, *Megastoma*, GIEBEL の *Tharsis* 等は異名同属．

　南ドイツ Solnhofen のジュラ紀後期石版石に産するが，イギリス，フランス，ドイツのジュラ紀初期 Lias に *bronni* AG. 等が産し，石版石と同期のフランス，スペイン，イギリスには本種や *spratifornis* AG. が出るが，これらはベルギー，ダルマチア，ナポリ等の下部白亜系よりも産する．中央アジア，カラタウの上部ジュラ系頁岩層よりは類似の *Paracoccolepis aniscowitchi* の完全化石が多数出ている．湖沼性堆積層で爬虫類・甲殻類・軟体類と共産し，満州の *Lycoptera* 層と似た点もある．Solnhofen は河口性の浅海で一種の吹きよせで堆積したらしい．スピッツベルゲン，イラン，キューバ等よりも産していて分布が広い．本目は三畳紀より白亜紀にわたり，真骨魚発生の母胎となった．真骨類低位群（ニシン目 Clupeiformes を含む）のもっとも原始的なものである．全骨類に入れられていたこともあり，全骨類のポリドポラス目より分出したとされる．歯や口形よりみて浮遊生物を食い現生ニシンと似て表層水を群泳していたようである．

　　* 現生魚の大部分で化石種も合せ 32 目以上ある．

〖魚　　類〗　19

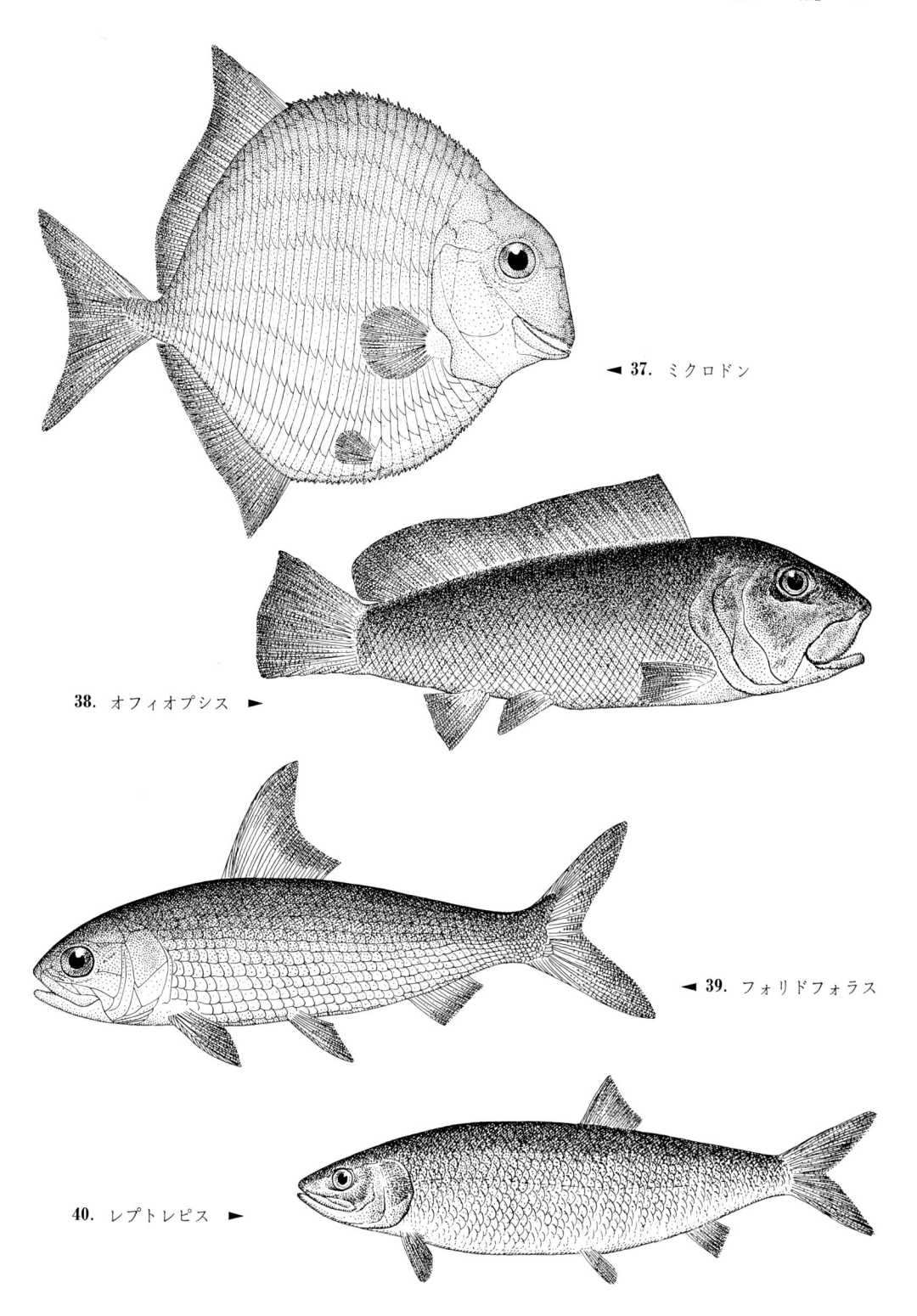

◀ 37. ミクロドン

38. オフィオプシス ▶

◀ 39. フォリドフォラス

40. レプトレピス ▶

【オステオグロッスム目】 Osteoglossiformes

41. リコプテラ *Lycoptera middendorfi* MÜLLER

全長 11 cm 大．ニシン形で細長い．鰓蓋も目も大．背鰭後方に位置し臀鰭と対立する．胸鰭腹鰭ともニシンに似るが比較的大きい．尾は等形．尾椎骨後端は上向に向き原始的である．満州熱河のジュラ紀後期—白亜紀前期の湖沼性頁岩層に多産し，保存良好で石魚といわれ，わが国にも多く輸入されていた．GREENWOOD, 1970 の研究により本目に入れられたが，五大湖ミシシッピ河にすむ *Hiodon*（南米現生の *Osteoglossum* に近い）に近縁とされる．カナダの始新統よりは現生種に近い *Eohiodon* が産するので，アジアの中生代型より北南米の現生型までの進化系列が注目される．真骨魚の祖先型として意味深い．ジュラ紀白亜紀に限られるが，本目は現世まで続いている．熱河の石魚には背を曲げたり，脊柱が体よりはみ出した化石もあり，斎藤和夫はかつて一種の毒ガス（火山爆発時の）により死滅したとした*．

　　* 講演時，魚の気絶ということをいって聴衆が笑ったことをおぼえている．

【ハダカイワシ目】 Clupeiformes

42. サルジニオイデス *Sardinioides crassicaudus* V.D. MARCK

全長 26 cm 大．目大きく，歯は小さい．背鰭大きく体中央に突出し，その後方に付属の小さな脂肪質の鰭がある．尾は比較的大きく等形．西ドイツの白亜紀後期産の海生魚．類似種はイギリスや北アフリカにも産する．表層水にすむ魚は冷水系でも暖水系でも，その化石は地層堆積当時の海況を示す有力なものとなるから，現生種との比較研究が要望される．

43. ホウライミズウオ *Polymerichthys nagurai* UYENO

全長 40 cm 大．きわめて細長く現生のウナギ・ハモ，アナゴ，ウミヘビといった肉食性の蛇形の魚に似るが，分類的にはハダカイワシ目ミズウオ亜目 Alepisauroidei に入り，深海にいるミズウオ *Alepisaurus borealis* (GILL) やミズウオダマシ *Anotopterus pharao* ZUCMAYER に近い．頭大きく特に口部異様に大で鋭い歯が発達する．胸鰭小さく，腹鰭はない．背鰭は長く背全面を被い尾に達する．ミズウオの背鰭のように高くない．臀鰭は胴後部に沿い細長い．鰭がない．ミズウオは北海道より高知までの深海にすみ，1匹で2匹のサバをのんでいることもあり，狂暴食食である．煮ると肉がとけてなくなるので，ミズウオという．ホウライミズウオも多分似たような性質のものであったと思われる．

本種は愛知県南設楽郡鳳来寺山をつくる第三紀新世の黒色頁岩層より産した．この頁岩を硯にするが，土地の硯師の名倉家の人が発見し，国立科学博物館に寄贈，1967 年上野輝弥が報告した．

【ダツ目】 Beloniformes

〔チエルファチア亜目〕 Tselfatoidei

44. チエルファチア *Tselfatia formosa* ARAMBOURG

全長 12 cm 大．背鰭大きく頭の後より尾の近くまで達する，前方の鰭条は長く伸長する．臀鰭も大きい．胸鰭は小さい．尾は比較的小さい．*Tselfatia* はモロッコの Diebel Tselfat の白亜紀より，1958 年フランスの ARAMBOURG と BERTIN が報告したもので，その生態は多分ベンテンウオと似たものであったろう．

〚魚　類〛　21

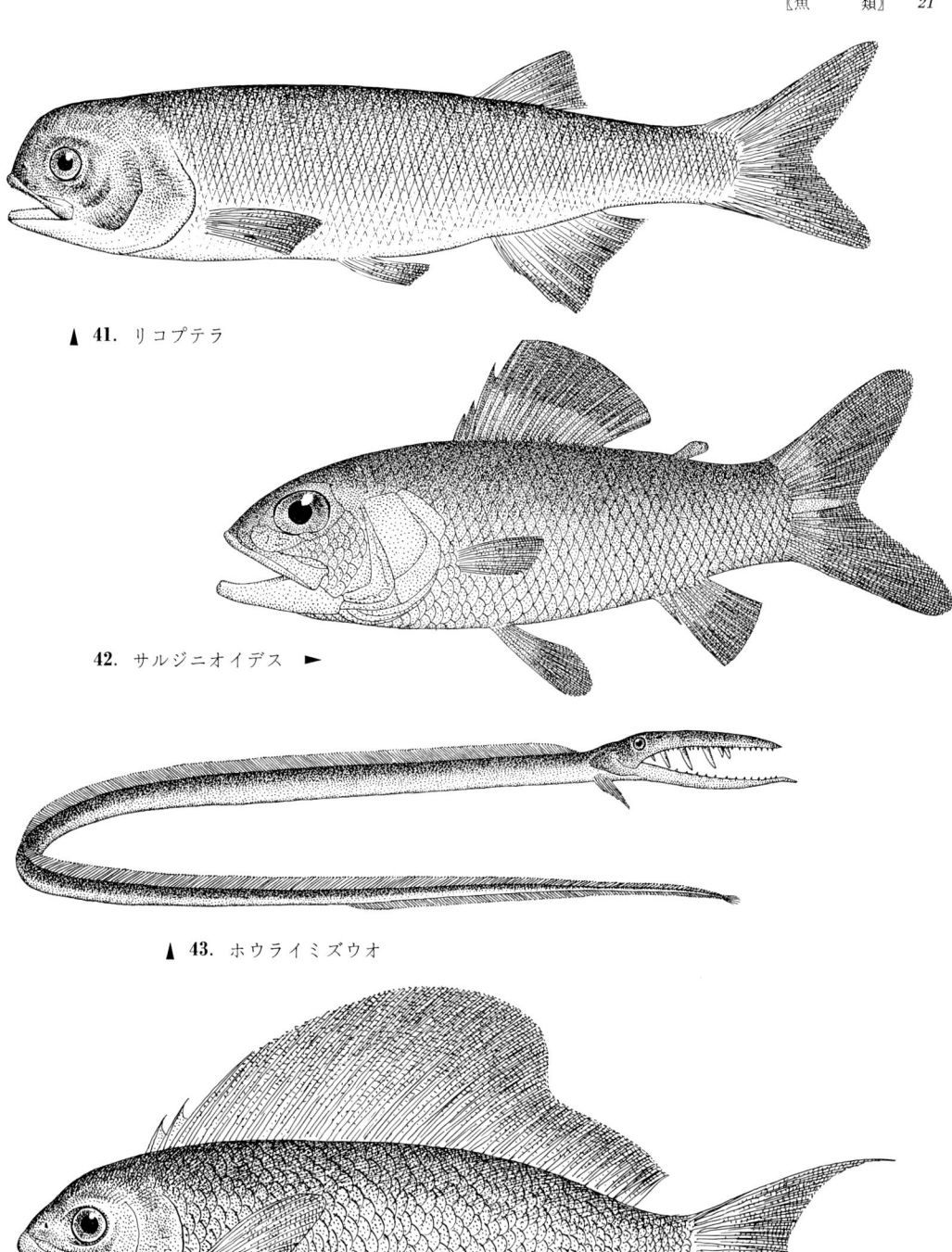

▲ 41. リコプテラ

42. サルジニオイデス ▶

▲ 43. ホウライミズウオ

▲ 44. チエルファチア

【キンメダイ目】 Beryciformes
45. ホプロプテリクス *Hoplopteryx lewesiensis* MANTEL
46. ベリコプシス *Berycopsis elegans* DIXON

現生のキンメダイ *Beryx splendens* LOWE は茨城沖以南オーストラリアや大西洋までの熱帯海の深海にすむ食用魚で色は美しい赤色である．この類は白亜紀より今日までに分布し，化石は 20 属知られる．

Hoplopteryx は全長 30 cm 大．キンメダイ形で目大きく背中央に大きく突出するが，前方に 6 本の棘が並ぶ．胸鰭と腹鰭は比較的小さい．鱗は大形である．イギリスの白亜紀後期チョーク層より産し，類似種はチェッコスロバキアの白亜紀後期に属する．この属は現在のキンメダイにきわめて近いもので以前は同属とされていた．

Berycopsis は全長 30 cm 大．やはりキンメダイ形で体紡錘形．背鰭大きく背後半にまたがり尾に達する．臀鰭も大きく背鰭と対立する．これに比べると胸鰭や腹鰭はきわめて小さい．目も鰓蓋も大きい．鱗は大形．イギリスの白亜紀後期チョーク層に産する．

【スズキ目】 Perciformes
47. プラタクス *Platax altissimus* AGASSIZ
48. エクセリア *Exellia velifer* (AGASSIZ)

この目は大群でボラ，サバ，イボダイ，スズキ，ツバメコノシロ，ウミタナゴ，アイゴなど 28 の亜目があり大部分は現生のものである．

Platax は全長 42 cm 大．体は左右に扁平な菱形であるが，背鰭・胸鰭・腹鰭極端に長く伸長し，ために体は上方に深くなる．北イタリアの Monte Bolca 山の第三紀始新世の頁岩層に産する．この地層は保存のきわめてよい魚類が多種多様産するので名高く，シュロの木の完全化石を始め各種の化石が産する．浅海性のものと思われる*．

Exellia も同じ地層より産し，全長 11 cm 大．頭短く，体形マナガツオ *Pampus argenteus* (EUPHRASEN) のようであるが，背鰭極端に伸長発達し，胴の大きさに達する．胸鰭や腹鰭は小さく，臀鰭は前後にのびる．

　　＊ 北イタリア・ベロナの自然史博物館はすばらしい化石類が美しく陳列されている．化石の雄型と雌型を対称的に額に入れ飾ったのが昔から知られており，ナポレオン軍が略奪して持って行ったと今でも語りつがれている．

肺魚亜綱 Dipnoi

【肺 魚 目】 Dipteriformes
49. ディプテルス *Dipterus valenciennesi* SEDGW. & MURCH.

全長 16 cm 大．体細長く頭部比較的大きい．頭蓋は細かい多くの骨に被われ鰓蓋は大きく発達する．歯は扇状で多くの顆粒がある．背鰭は尾部にかたより二つに分れる．胸鰭と腹鰭は細長く発達するが臀鰭は尾に接する．尾は不等形．鱗は丸く厚くて互いに重合し，表面にあらわれた部分はコスミンで被われる．脊椎は一部化骨する．現在の肺魚の浮袋は細長い袋状で多くのひだがあり，鰓孔の前壁に通じ，肺の役目をする．内鼻孔があり，心臓の構造も特殊で，乾期に水がなくても泥中で生活できるようになっている．オーストラリアにいる *Neoceratodus* は尾が両形であるが，これは尾が次第に進化してそうなったものである．しかし総じて肺魚類の進化はゆるやかで，デボン紀以後あまり変っていない．本種はイギリス，スコットランドのデボン紀中期の旧赤砂岩層中部に産する．有名な地質学者の SEDGWICK と MARCHSON が最初報告し，その後 TRAQUAIR の復元もあったが，図は FOSTER-COOPER, 1937 の復元図によって描いた．旧赤砂岩層の古環境を推察するのに肺魚の存在は役立つかもしれない．

〖魚　類〗 23

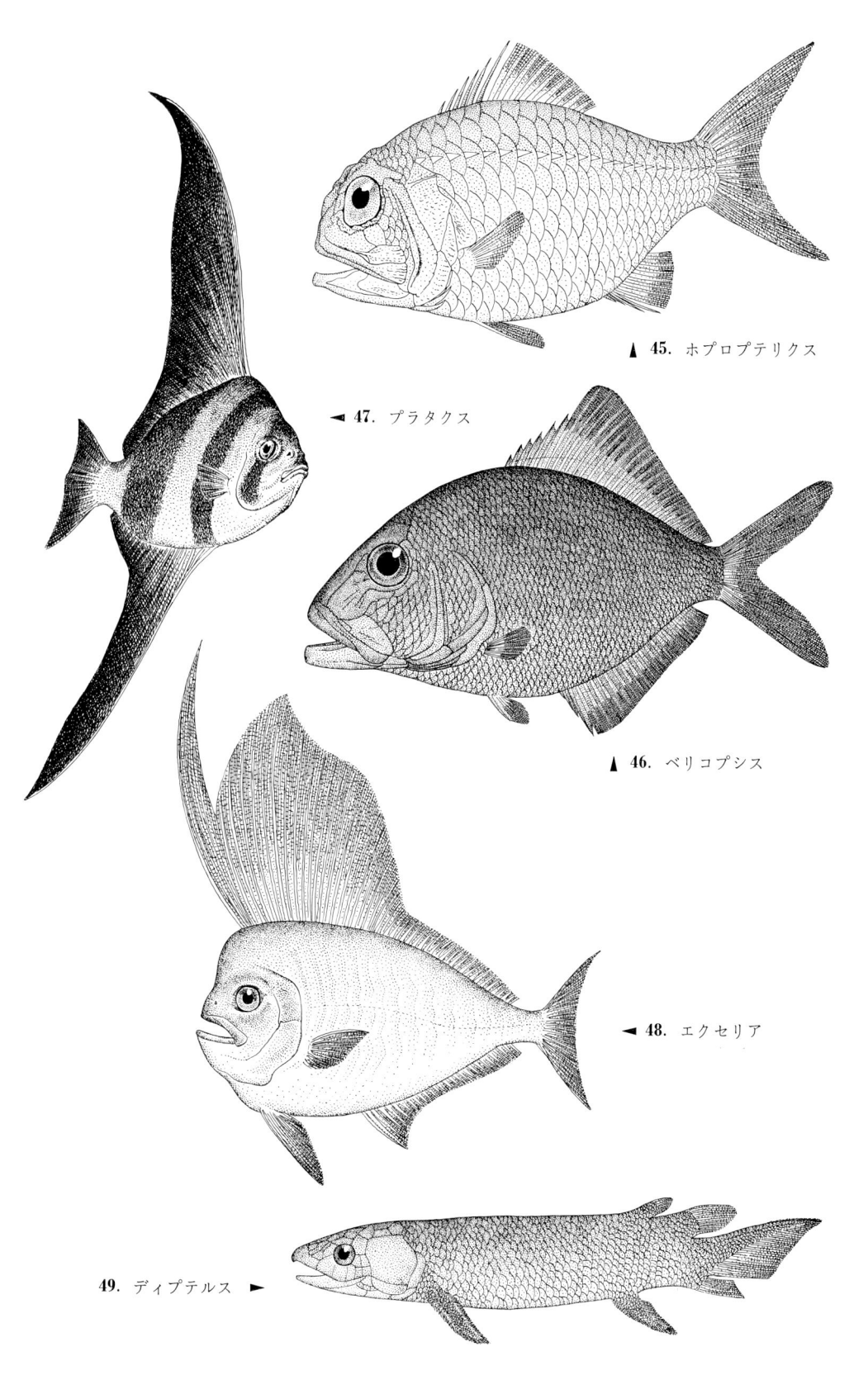

▲ 45. ホプロプテリクス

◀ 47. プラタクス

▲ 46. ベリコプシス

◀ 48. エクセリア

49. ディプテルス ▶

50. スカウメナキア　*Scaumenacia curta* (Whiteaves)
51. リンコディプテルス　*Rhynchodipterus elginensis* Säve-Söderbergh

　肺魚は魚状の両棲類とか鱗をもったイモリともいわれている．現在は南米（アマゾン等の *Lepidosiren*），アフリカ（*Propterus*），オーストラリア等南半球に分散しているが，地質時代は北半球にも広く分布した．
　前者は全長 15 cm 大．頭比較的短く，背鰭は後部の方に大きくひろがり尾に達する．胸鰭と腹鰭はいちじるしく突出するが，これは今日の *Protopterus* の胸鰭と腹鰭が紐状になり，泥中をはうのに適しているように，乾期にはう運動にも役立ったためと思われる．尾は不等形で細長く突出するのも *Protopterus* に似ている．
　後者は全長 45 cm 大．吻部は肺魚に珍しくつき出している．背鰭は第 1 と第 2 に明らかに分れともによく発達する．臀鰭は腹鰭や胸鰭よりも大きい．尾は比較的短く不等形．前者はカナダ・ケベックの Scaumenac 湾のデボン紀後期より産し，後者はイギリス，スコットランドのデボン紀後期より産した．

総鰭亜綱　Crossopterygii*

【オステオレピス目】 Osteolepiformes
52. オステオレピス　*Osteolepis macrolepidotus* Agassiz
53. ユーステノプテロン　*Eustenopteron* sp.

　前者は全長 22 cm 大．細長く頭は比較的大きい．頭骨の頂部に小形の頭頂孔がある．内鼻孔を有し，歯は断面円形で迷路状の溝が多数走る．第 1 と第 2 の背鰭は分れて発達し，その中間に腹鰭が位置する．胸鰭は比較的小さい．尾は不等形．鱗は菱形．イギリス，スコットランドのデボン紀中期（旧赤砂岩層中部）より産する．南極からも知られている．
　後者は体長 28 cm 大．前者に体形似るが尾は両形になる．カナダ・ケベック州エスクミアクのデボン紀後期より発見された胸鰭の化石は特別なもので，骨の構成は簡単で両棲類にあるような上膊骨・尺骨・橈骨などが発達し，しかも魚類の鰭の条糸が並んでいて，この魚が時々水上に出て歩行したと思われる．Jarvik が報告，Gregory と Raven が 1941 年復元し，Romer, 1946 の復元図によって描いた．肺魚類のように一種の肺呼吸ができぬにしても，現生硬骨魚類のトビハゼのように皮膚呼吸をしていたかもしれない．トビハゼよりもさらに歩行はうまかったらしい．

*　魚類のうちもっとも特殊化し四肢動物に近いもの．頭骨の構造や迷路構造の歯は両棲類に似ている．鰭は集約され特殊なものが発達し四肢の起源となる．

【シーラカンス目】 Coelacanthiformes
54. ホロプチクス　*Holoptychius flemingi* Agassiz
55. ウンディナ　*Undina penicillata* Münst.

　前者は全長 75 cm 大．*Osteolepis* に比べると体太く頭は大きく発達する．歯は小さい．比較的大形の円形鱗で被われ，硬くて光沢がある．第 1，第 2 の背鰭は小さく尾部に接する．胸鰭や腹鰭は柄部が発達する．尾は不等形．イギリス，スコットランドのデボン紀後期（旧赤砂岩層上部）より産したが，似た種はベルギー，西ドイツ，ラトビヤ，ソビエト，カナダ，アメリカ合衆国等にも産する．魚学者の Agassiz が初めて報じたが，Traquair の復元した図がよく知られているので，それによって描いた．
　後者は全長 20 cm 大．体太く短く頭も短い．第 1 と第 2 の背鰭や腹鰭や臀鰭はともに柄が発達し，扇状に突出する．尾は両形で付属の鰭がいちじるしく拡大するが短い．鱗は円鱗で硬い．西ドイツ南部 Eichstädt のジュラ紀後期の石版石層より完全な化石が発見された．フランス，スペインからも似た種がみつかる．石版石より Watson の報じたのは 2 匹の胎魚を腹中にもっていた．1938 年，マダガスカル沖より J. Smith が発見した有名なシーラカンスの *Latimeria chalumnae* は *Undina* によく似ている．同じく第 2 シーラカンスの *Malania anjouanae* は水深 15 m より得られたが背鰭が 1 個しかないが *Latimeria chalumnae* の奇形であると考えられている．Eichstädt 石版石動物群は浅海のもので総鰭類の生息圏として意味がある．

〖魚　　　類〗　25

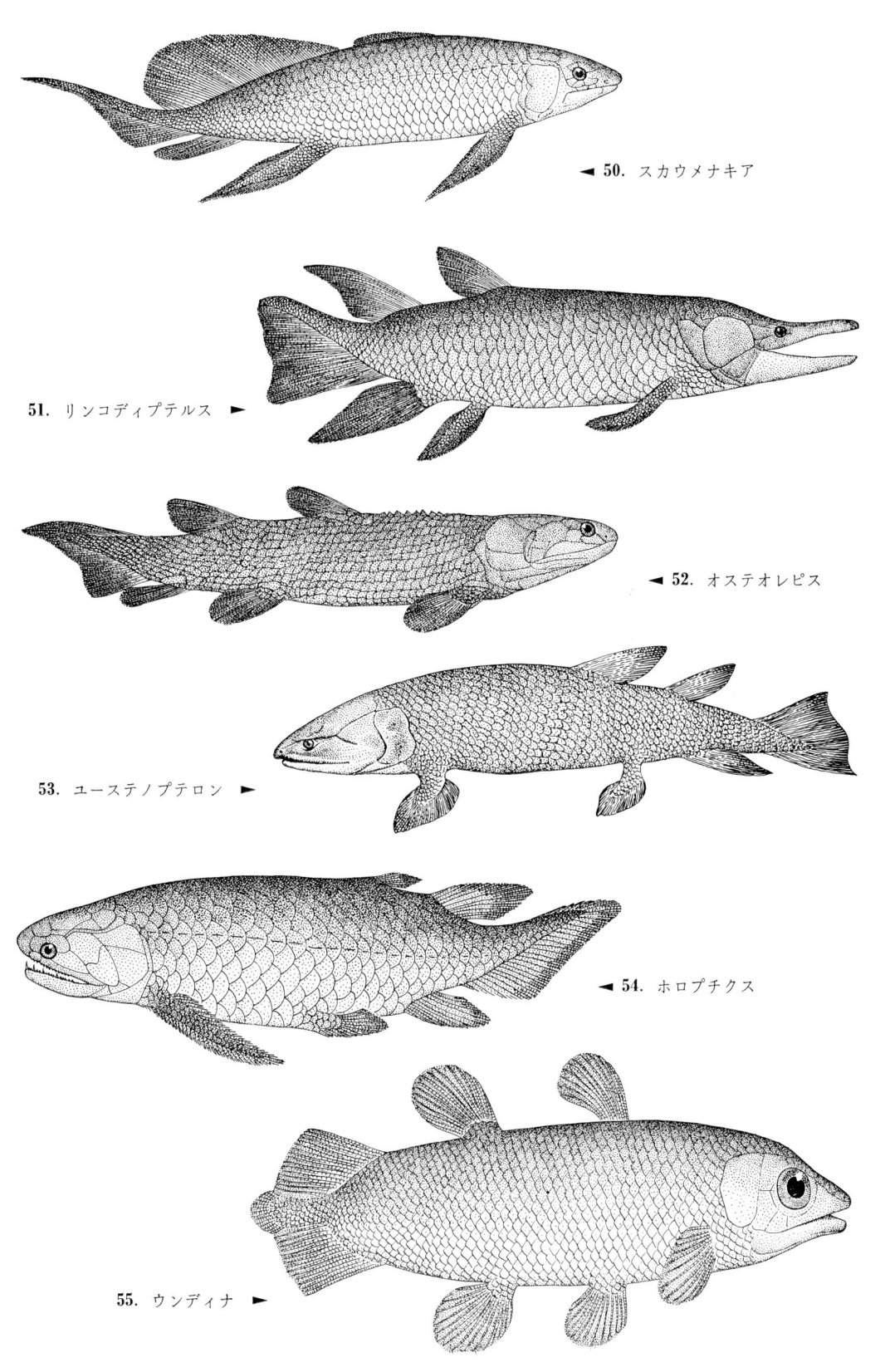

◀ 50. スカウメナキア

51. リンコディプテルス ▶

◀ 52. オステオレピス

53. ユーステノプテロン ▶

◀ 54. ホロプチクス

55. ウンディナ ▶

〚真 四 肢 類〛 EUTETRAPODA

〚両 生 類〛 AMPHIBIA

両生超綱　Amphibia (Batra chomorphoidea)

＜堅 頭 綱＞　Stegocephalia

空椎亜綱　Lepospondyli

【細 竜 目】　Microsauria

56.　ミクロブラキス　*Microbrachis pelikani* FRITSCH

　全長 10 cm 大. 細長くイモリ形. 頭小さく胴は長い. 四肢は小さく弱々しい. 後頭部の頭頂骨が発達し, 頭頂孔が小さく開く. 下顎も大であるが上顎との関節は発達しない. 吻部に小形の円錐形歯が並ぶ. 上顎の口蓋部中央に大きな孔があり, これを貫いて1本の棒状骨（副楔骨）が走る. 空椎類の特徴として脊椎骨は魚類のに似ており, 砂時計状で中央に脊索の走る孔があり, 靱帯が生じていない. チェコスロバキアの Nyran の石炭紀後期に産し, 1938 年 STEEN により報じられた. 沼沢地の水中にすみ裸皮であった. なにを食ったかよくわからないが, 現在のイモリと同じく, 各種の動物性のものや植物も食ったと思われる. この類は石炭紀に生れ, 二畳紀でほろびた.

【ネクトリド目】　Nectridia

57.　ウロコルディルス　*Urocordylus scalaris* FRITSCH
58.　ディプロカウルス　*Diplocaulus magnicornis* COPE

　前者は全長 8.7 cm 大. 細長く尾は胴よりも長い. 頭は扁平で上よりみると三角形, 頭骨には多くの顆粒がある. 四肢はきわめて小さく5趾であるが, 水中生活に適し, 陸上ではきわめてのろかったと思われる. 前肢は後肢よりもやや小さい. 尾の脊椎骨の突起は末端が拡大するのが特徴であり, このため尾の大部は胴と同じ位に太くなっている. チェコスロバキア Nyran の二畳紀前期に産する. 類似種は北米オハイオ州の石炭紀にも産する. *Sauropleura* 等数属が知られ, 石炭紀より二畳紀にわたる. 本図は 1930 年 STEEN の復元したものによって描いた.

　後者は全長約 1 m 大. 頭は扁平で楔状に横に拡り幅 30 cm. 目は前方にかたよる. 聴覚器官の前部が異様に発達している. 楔状部分はこのために生じたらしい. たぶん蛙のように大声で鳴いたかもしれない. 北米テキサス州の二畳紀より 1877 年 COPE が報告して以来, この奇妙な動物について多くの論文が発表された. イリノイ州の石炭紀後期にも他の種が知られている.

【欠 脚 目】　Aistopoda

59.　オフィデルペトン　*Ophiderpeton amphiuminus* COPE

　全長 70 cm 大. 蛇のように細長く紐状で四肢がない. 裸皮で脊椎骨は 100 個以上ある. 目は小さく鼻孔と大差ない. 歯は細長い円柱状のものがまばらに生える. 頭骨の頬部には多数の顆粒がある. 肋骨はしなやかで脊椎とはよく関節しない. 腹側の体内にも多くの小さい骨質の顆粒がある. 北米オハイオ州 Linton の石炭紀後期より産する. イギリスの石炭紀産の種類（*O. brownriggi* HUXLEY）は 40～60 cm 長, チェッコスロバキアの二畳紀にはもっと小形種がみつかっている. *Dolichosoma* といわれ別属にされているが, 全形はよく似ており, 頭骨の構造が異るだけである. 1956 年 AUGUSTA と BURIAN は頭の後に鰓を描いている.

【有 尾 目】　Urodela (Caudata)

60.　アンドリアス　*Andrias scheuchzeri* TSCHUDI

　全長 1 m 大. ハンザキ（オオサンショウウオ）*Cryptobranchus japonicus* HOEVEN によく似ている. 頭半円形で扁平, 顎に多数の細かい円錐形の歯が櫛状に並ぶ. 眼窩は大きいが, ハンザキと同様目は小さかったらしい. 1709 年スイスの SCHEUCHZER が洪水で溺死したあわれな人として *Homo diluviitestis* と名づけた化石は, バーデンの Oeningen 第三紀中新世後期の地層より発見された*. 彼はその化石を人骨と誤認した. 似た種類は西ドイツのボン付近, チェッコスロバキアの第三紀漸新世, 北米の白亜紀層等にも見つかっている. 日本のハンザキは 1.2 m 長にも達し, 世界最大の現生両棲類であるが, その化石が愛媛県鹿之川の洞穴層より発見された

〖真四肢類〗 〖両 生 類〗 27

◀ 56. ミクロブラキス

▲ 57. ウロコルディルス

▲ 58. ディプロカウルス

▲ 59. オフィデルペトン

▲ 60. アンドリアス

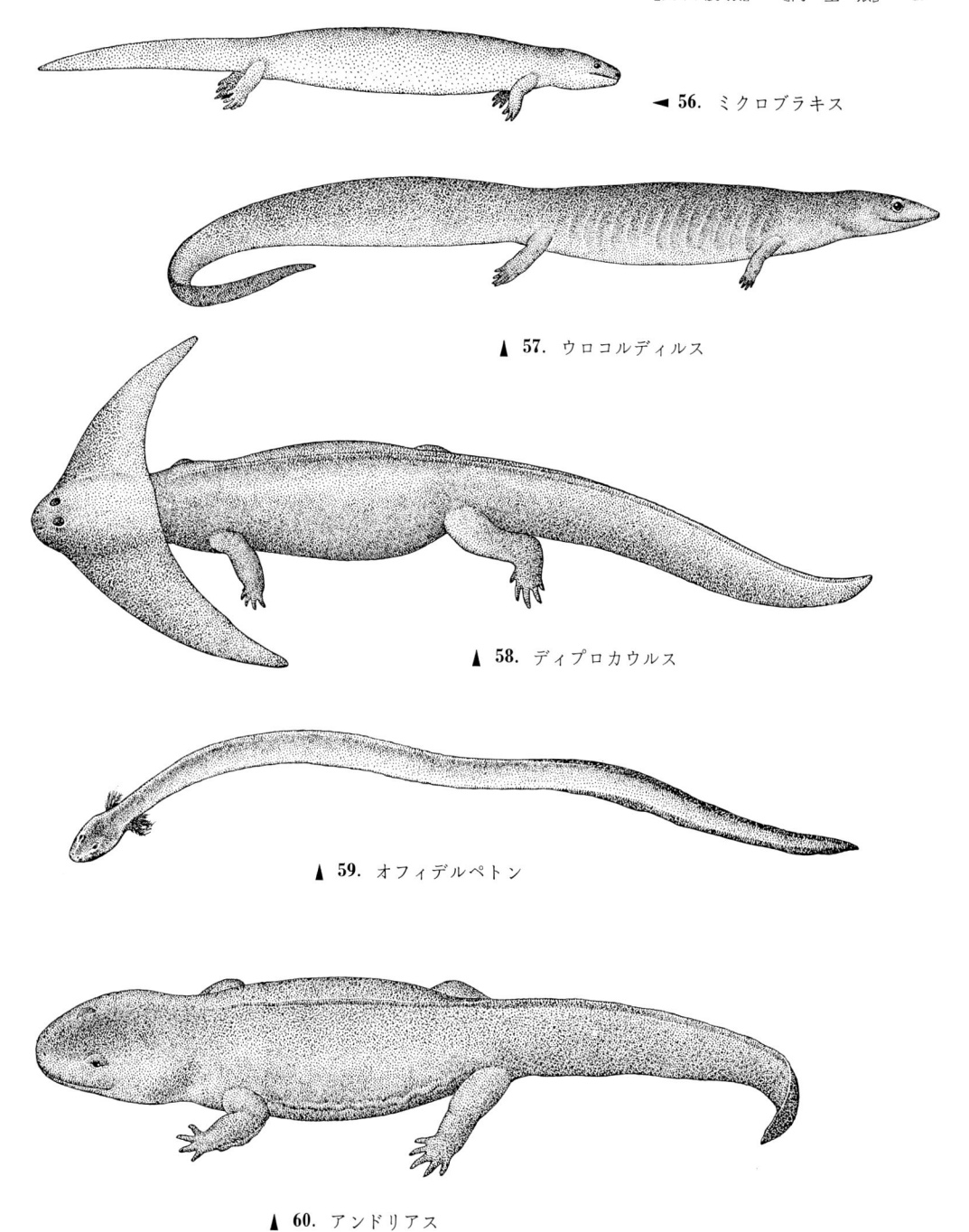

(鹿間・長谷川, 1962). ヨーロッパ産イモリ Salamandra, ハコネサンショウウオ Onychodactylus, ブチサンショウウオ Hynobius, イモリ Dimyctylus 等の小形種は世界各地の第三紀以降に化石が産する. いずれも清流に好んですむが鹿之川洞穴層にどうして混入したのか, その化石埋積機構は興味深い.
　　* バーゼルの博物館に化石が陳列されている.

28　無羊膜亜門　両生超綱

楯椎亜綱　Aspidospondyli

【イクチオステガ目】　Ichthyostegalia
61.　イクチオステガ　*Ichthyostega* sp.
　　全長 95 cm 大．頭扁平で方形に近く大きな目が中ほどにある．構造は総鰭類の *Eusthenopteron* に似ている．歯は円錐形で鋭くとがる．口蓋骨の中央孔は小さい．脊椎骨の構造もまた *Eusthenopteron* に類する．尾には不等形の鰭がある．肋骨の先端部は肥厚していて互いに接する．空椎類と異なり四肢骨はがんじょうで，肩甲部や腰部の骨が大きく発達し，上下肢とも歩行に適しており，陸上を自由に歩いたと思われる．東グリーンランドのデボン紀後期（旧赤砂岩層）より，1931年デンマーク探検隊が発見し，1932年 SÄVE-SÖDERBERGH が報告した．その後 LAUGE KOCH の探検隊は 220 個以上の化石標本を採集，JARVIK が 1952 年復元した図があり，進化上重要な資料となっている．多分沼沢地にいたであろう．東グリーンランドの同期地層よりは他に 2 属（*Ichthyostegopsis, Acanthostegas*）が知られる．

【煤　竜　目】　Anthracosauria*
62.　エオギリヌス　*Eogyrinus wildi* A. S. WOODWARD
　　全長推定 4.5 m 大．細長く頭は比較的小形で高く，目は小さい．頭骨はむしろ原始的であり，四肢は体のわりにきわめて小さい．一方脊椎骨の構造は複雑で，上下に突起があり，むしろ爬虫類に似ている．肩帯や腰帯は四肢と不釣合いに大きく発達する．イギリス・ランカー州の石炭紀後期に産した．この類は *Palaeopyrinus* や *Pteroplax* のように石炭紀後期に多く二畳紀にはほろびた両棲類進化の一側枝にあたる群である．GREGORY, WATSON の復元骨格図より描いた．原始的体制なのに巨体の奇怪な動物である．
　　　* 従来アンボロメリ目 Embolomeri といっていたものに大体相当する．

分椎亜綱　Temnospondyli*

【分　椎　目】　Temnospondyli
63.　エリオプス　*Eryops megacephalus* COPE
64.　カコプス　*Cacops aspidephorus* WILISTON
　　前者は全長 5 m 大．頭は扁平三角形で吻部の方へ次第に低くなり，頭頂部に目がある．鼻孔は大きい．頭骨表面は凹凸がいちじるしい．口蓋中央の孔は大きく，副楔骨は中央で拡大する菱形．歯は円錐形で顎のふちに並び，比較的小さい．脊椎骨はがんじょうで，神経突起が長い．四肢も立派で 5 趾．北米テキサス，オクラホマ，ニューメキシコ各州の二畳紀層に産し，1877 年 COPE が報告したが，その後 MATTHEW, BROOM 等の研究がある．
　　後者は全長 52 cm．頭比較的大きく四肢もがんじょうであるが，体はわりと短い．頭骨後部に大きな 1 対の孔がある．テキサス州の二畳紀層より，WILLISTON が 1918 年報告した．
　　大体分椎目は堅頭類の中核的なものであり，頭が比較的大きく扁平で，頭頂孔や口蓋孔が発達し，迷路溝をもつ歯や，ごつごつした頭骨表面が特徴である．*Eryops* 類は体の大きな種類が多く，二畳紀に分布しこの類が盛んになる頂点の頃のものである．ウラル河の三畳系より産した *Eryosuchus trerdochielovi* の復元図を CESLOV が描いているが鋭い目の奇怪なスタイルで迫力がある．昆虫その他小動物を食った肉食性の活発なグループらしい図として成功している．
　　　* いわゆる堅頭類の大部分で，迷歯類 Labyrinthodontia ともいわれる．人により分類の意見が異る．9 上科としたり 6 亜目としたり一定しない．爬虫類へ進化によりうつり変る母胎となった一群である．

65.　マストドンサウルス　*Mastodonsaurus giganteus* JAEGER
　　全長 3 m 大で頭だけで 1 m 以上あり，最大の堅頭類である．頭は扁平三角形で目は頭頂部にあり，頭骨表面には多くの粗い凹みが不規則に走る．鼻孔は吻部の先端にある．口蓋孔は大きく副楔骨は細長い棒状である．細かい歯が多数顎のふちに並ぶが，鼻孔の下の方の口蓋に比較的大きな歯が 4 対生えている．肩胛部は巨大に発達し，間鎖骨は菱形，鎖骨は三角形で，互いにくっついていて，胸部を地面におしつけた時に役立ったと思われる．西南ドイツ・ウルテンブルグの三畳紀層に完全な化石が発見され，1857 年 E. MEYER が報告した．似た類は種類が多く，*Cyclotosaurus, Capitosaurus* 等，三畳紀に産する．ドイツ三畳紀の *Trematosaurus* は頭細長い三角形で，一見鰐のようである．スピッツベルゲンやソビエト北部の三畳紀後期産の *Aphaneramma* は頭が実に細長く，堅頭類中もっともいちじるしい．ボルガ河三畳系下部産 *Benthosuchus* は頭長 25 cm 大で頭骨長三角形である．堅頭類は三畳紀でほろびてしまうが，日本にこの類の化石がまだ発見されないのはさびしい．

〖真四肢類〗〖両生類〗　29

◀ 61. イクチオステガ

▲ 62. エオギリヌス

▲ 63. エリオプス

◀ 64. カコプス

▲ 65. マストドンサウルス

66. ブットネリア *Buttneria perfecta* CASE
67. ゲロトラックス *Gerrothorax shaeticus* NILSSON

　前者は全長 2.4 m, 頭長 45 cm 大, 正三角形に近く, 吻部尖らない. 北米テキサス州西部上部三畳 Dockum 系層とアリゾナ州の Chinle 層に産する. テキサス州の泥灰岩層に頭骨化石の密集した例が知られている (ROMER, PIVETEAU). *bakeri* CASE は類似種. 資料が豊富で, 頭骨の縦断構造もわかっており, 胴部や四肢もよく知られている. ROMER の骨格図によって描いた.

　後者は全長 90 cm, 頭扁平で短く左右に拡張し頬が張る. 大きな目は前部にかたより, 頸部に鰓が露出する. 胴は扁平棒状, 尾短く, 後肢は前肢より大きい. 水中生活に適した. ヨーロッパの三畳紀後期にさかえ, 本種は 1934 年, Luhd 大学の NILSSON が南スウェーデンの Rhaetic 層より報告, 鰓構造等解剖学的に詳細な研究を公表している. 彼はスピッツベルゲンの堅頭類研究で有名である. NILSSON の復元図によって描いた.

68. ブランキオサウルス *Branchiosaurus amblystomus* CREDNER
69. ミクロホリス *Micropholis stowi* HUXLEY

　前者は全長 2 cm 大の小形種. 頭は扁平三角形または半円形で, 眼窩が大きい. 眼輪がある. 細かい円錐形の歯が多数顎のふちに並ぶ. 体は細長くイモリ形で四肢は弱々しい. 後頭部や肩帯は充分化骨せず, じん帯で結ばれる. 腹面と四肢と尾は細かい円鱗で被われる. 東ドイツはドレスデンの二畳紀初期の灰色石灰岩中に多くの化石が産し, CREDNER は 1886 年, 1,000 個以上の個体で研究した. この種はヨーロッパの化石両棲類中, もっとも普通なもので, 標本は日本にも来ている. 化石によっては頭の後方に 3 対の鰓の保存されていることがあり, 幼生でないかという意見もある. 蘆木 (ろぼく) *Calamites* の幹の空洞中に集って化石になっていたこともある. GAUDRY の *Protriton* 等異名が 6 つある. これを環椎目 Phyllospondyli に入れて独立させる人もある (LEHMAN, 1935).

　後者は全長 7 cm 大. 頭比較的大きく半円形扁平. 口蓋は大. 小形の堅頭類で南アフリカの三畳紀前期 Karro 層中に産する.

　なおウラルの二畳系産 *Dvinosaurus* も頭扁平で目大きく, AMARICKI (Амалицкй) による胸部循環系の見事な復元図が報じられている. 生体復元図には鰓も描いてある. そしてネオテニーの例とされている.

【セイムリア目】 Seymouriamorpha

70. セイムリア *Seymouria baylorensis* BROILI
72. ディプロベルテブロン *Diplovertebron punctatum* FRITSCH

　前者は全長 57.5 cm 大. 頭比較的大きく首は短い. 胴太く四肢はがんじょうで, 陸上を歩きまわったらしい. 頭骨は三角形で扁平, 頭頂孔が大きいが, 口蓋孔は大きくなく, ほとんど副楔骨でふさがりつつある. この点は爬虫類的であって, かつては原始的爬虫類の *Cotylosaurus* 類に入れていた. Broom, 1922 や SUSHKIN, 1925 の研究により, 堅頭類により近いものとされるようになった. とにかく堅頭類つまり両棲類と爬虫類の橋渡しの役をする大切なものである. 北米テキサス州の二畳系下部やソビエト・ウラルの Dvina 二畳系に産した. **71. コトラシア** *Kotlassia prima* BYSTROW はソビエト Dvina 盆地と Volga 盆地の上部二畳系に産し, AMALITZKY の研究がある. 頭長 10 cm, 頭は正三角形. *Dvinosaurus primus* も同じ種らしい. BYSTROW の骨格図により描いた. 循環系の詳しい研究もされた.

　後者は体長 10 cm 大. 頭大きく三角形で目は中ほどに位置する. 眼輪がいちじるしい. 四肢は *Seymouria* ほど発達していない. チェッコスロバキアの石炭紀後期より発見された. 人により煤竜目に入れる人もある.

〖真四肢類〗 〖両 生 類〗 31

◀ 66. ブットネリア

67. ゲロトラックス ▶

◀ 68. ブランキオサウルス

69. ミクロホリス ▶

▲ 70. セイムリア

71. コトラシア ▶

◀ 72. ディプロベルテブロン

＜蛙　綱＞ Anura

【始　蛙　目】 Eoanura

73. ミオバトラクス *Miobatrachus roneri* WATSON

全(体)長* 5 cm 大．イモリ形で頭大きく堅頭類に似るが，脊椎骨の構造簡単となり，化骨も充分でない．頭骨は蛙にくらべると細長く方形に近く，骨の要素は少なくなっている．目には眼輪がある．四肢は弱々しく，蛙のようにとぶことはできなかった．本種骨は真の蛙でなく，堅頭類より蛙が分れ出る段階のごく原始的なものである．北米イリノイ州の石炭紀後期に産した．

　　＊　蛙の全長は尾端というより胴端であるから体長ともいえる．

【原　蛙　目】 Proanoura

74. トリアドバトラクス *Triadobatrachus massinoti* (PIVETEAU)

体長 13 cm 大．全形蛙形で頭大きく尾がない．頭骨は半円形で，眼窩大きく，頭頂骨が細長くなっており，その他頭骨の要素きわめて少なく，今日の蛙と大差ない．肩帯は今日の蛙ほど発達していず，腰部の腸骨が棒状にのびて，バネ仕掛けになることもなく，後肢の脛骨も短い．つまりよくとべなかったと思われる．脊椎骨は今日の蛙に似て数は少ないが，それでも多い方で，尾椎は今日の蛙のように1本の棒状になっていず，分節している．マダガスカル北部の三畳紀初期より，1955年フランスのPIVETEAUが発見，WATSONが報じた．今日の蛙群の最古の化石である．*Protobatrachus* はその異名であるとされる．

【跳　躍　目】 Salientia

75. ムカシアカガエル *Rana architemporaria* OKADA

小形の蛙で体長（頭より尾端まで）6 cm 大．1937年岡田弥一郎が群馬県甘楽郡荒船山の兜岩層（更新世前期）より報告した蛙化石はわりと保存がよく，ニホンアカガエル *Rana japonica* GÜNTHER に似て原始的，後肢がやや短い性質があったので，独立種とされた．ただし，前後肢とも先端部は保存されていない（京大標本）．蛙化石のように皮膚の不明なものでは現生種との比較は容易でない．今日，日本にいるアカガエル類はツシマアカ，タゴ，リュウキュウアカ，ニホンアカ，ツシマヤマアカ，ヤマアカ，エゾアカ等7種あり，いずれも皮膚や体格の細かな点で区別されているが，化石種をこれらと同列におくわけにいかない．栃木県塩原温泉の第四紀湖成層よりシオバラガエル *Rana siobarensis* SHIKAMA が淡水魚・昆虫等とともに産出した．各地の洞穴堆積物よりも多くの蛙の骨がばらばらになって出るが*，その鑑別は大変むずかしい**．スペイン・リブロスの第三紀中新世の頁岩層よりは大形の保存の良い化石が多く見つかっているし，ドイツの漸新統やアルゼンチンのジュラ系にも完全に近い蛙が出たが***，いずれも現生の蛙と大差がない．オーストリア・チロルの始新世褐炭層中に保存されていた蛙の表皮細胞には黒細胞が発見され，この蛙が生きていた時，アマガエルのように緑色であったろうとされている．古生物の皮膚の色が推定された珍しい例である．図のシオバラガエルの表皮紋様は想像により描かれている．

　　＊　洞穴層より多産する場合多く，蛇やキジ，鼠類，小形食肉獣等が共産し，蛙を捕食した食物塔の上位者がわかる．
　　＊＊　蛙ということは一見して容易にわかるが，種名の決定は困難をきわめるが，日本でも最近かなり研究が進んできた．
　　＊＊＊　三畳紀の蛙がまだ跳べなかったのにジュラ紀に跳躍できたのはジュラ紀で急に進化が進んだことを示している．それの要因となったであろう環境条件の変化は研究に値する．

〖真四肢類〗 〖両　生　類〗

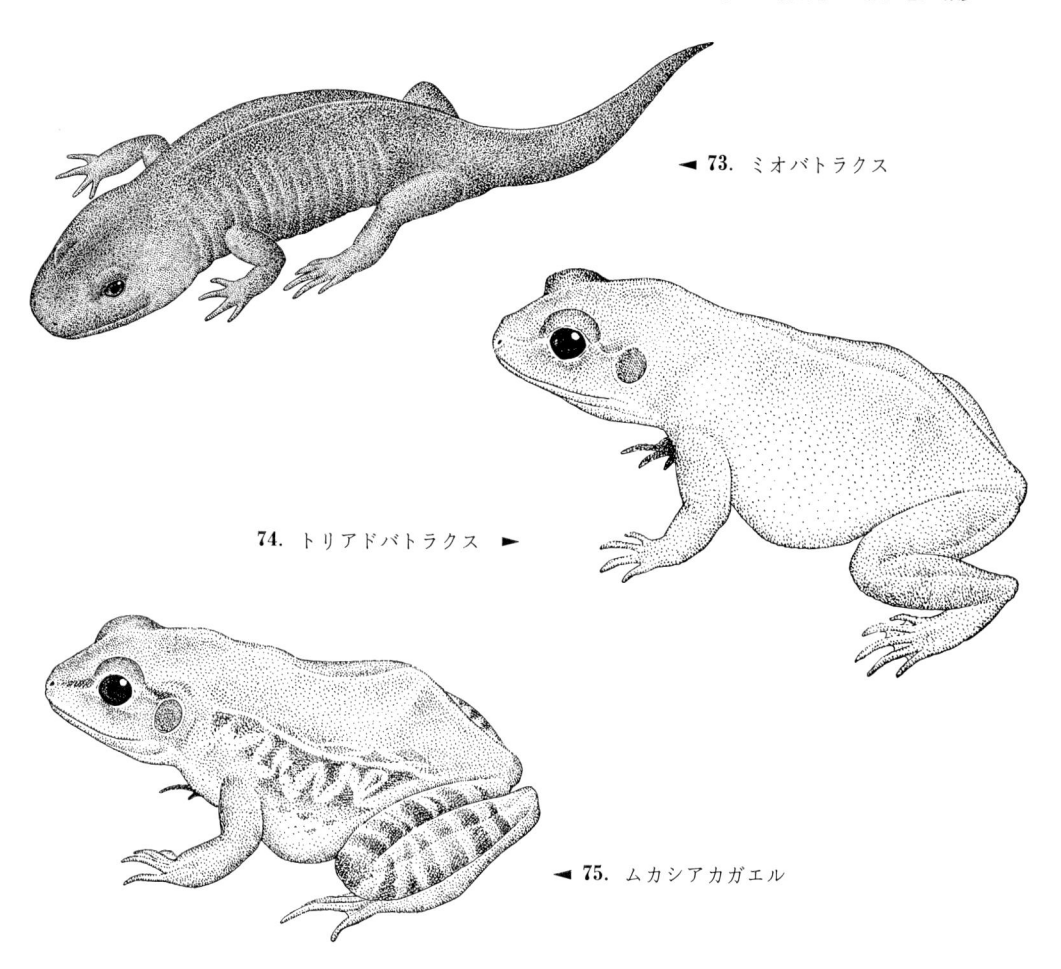

◀ **73.** ミオバトラクス

74. トリアドバトラクス ▶

◀ **75.** ムカシアカガエル

有羊膜亜門　AMNIA

〘爬　虫　類〙REPTILIA

爬型超綱　Reptiliomorpha

＜亀　　綱＞　Testudinata

【頬　竜　目】Cotylosausia

〔ディアデクテス亜目〕Diadectomorpha

76. 77. ディアデクテス *Diadectes phaseolinus* COPE

　全長 1.5 m 大．イグアナ形で体の割に四肢は短いが，肩帯と腰帯は巨大に発達し，敏捷に走りまわったと思われる．頭比較的小さく，目は後方にあって小さい．亀と同じように側頭窩がない．頭頂孔は大きい．この2点は本種が爬虫類のなかでも原始的な類であることを示している．下顎は高い．歯は前方のものが円錐形，後方のものはやや左右に長い．口蓋孔は小さいが開いている．頭骨頂部の表面はごつごつしている．前後肢とも 5 趾．脊柱はよく発達し神経突起は厚く長い．北米テキサス州の二畳紀前期 Wichita 層より COPE が報告し，CASE が復元したものによって描いた．COPE の *Bolbodon*, *Empedias*, MARSH の *Nothodon* などは同義である．似たものに *Diasparactus*, *Chilonyx* その他 5 属あり，石炭紀後期より二畳紀後期にあたる．

〔プロコロホン亜目〕Procolophonia

78. プロコロホン *Procolophon trigoniceps* OWEN

　全長 30 cm 大．ずんぐりとしたイグアナ形で四肢は太短く，5 趾．頭短く上よりみると三角形に近い．目割合大きく，頭頂孔も大．側頭窩はない．この点やはり亀の頭骨に似ている．歯は割合大きく，前方のは円錐形であるが，後方のは左右に長くなる．口蓋孔は三角形に開くが，副楔骨はないに等しい．頭骨表面はごつごつしている．肩帯と腰帯はそう大きくない．南アフリカの三畳紀前期（Karroo 層群）より産し，OWEN が研究した．WATSON の復元したものによって描いた．貝類や甲殻類を食ったかもしれない．

〔パレイアサウルス亜目〕Pareiasauria

79. パレイアサウルス *Pareiasaurus baini* SEELEY

　全長 2.4 m 大．体重々しく頭は比較的大きい．目は頭の中ほどにある．側頭窩のない点は亀の頭骨に似ている．頭頂孔はそう大きくなく，口蓋孔はない．口蓋に 2 対 4 列の歯列が前後に並ぶ．顎のふちには歯がない．頭骨表面にはたくさんのいぼがちりばめられる．下顎は厚く，下方に 2 対のいぼ状突起がある．四肢は特別によく発達し，肩帯・腰帯・上肢とも重々しく厚くて大きい．5 趾で鋭い爪をもっていた．尾は短い．カバのように肥えた体といい，重々しい骨格といい，多分水の中につかって生活し，水草や軟い動物性のものを食っていたと思われる．南アフリカ・ケープ州の二畳紀中期（Karroo 層）より SEELEY が報告した骨格は，現在ロンドンの大英博物館（自然史）に陳列されている．*Bradysaurus* と同じもので，この属名を用いる人も少くない．

80. スクトサウルス *Scutosaurus karpinskii* HARTMANN-WEINBERG

　全長 2.7 m．体重々しく肥厚し四肢はどっしりとがんじょう．頭は比較的小さく，目は中央にあり，後頭部は厚く頬は側下方に突出する数個のいぼ状の突起を有する．上より見ると頭は三角形で，頭骨表面はごつごつと多数のいぼ状の凹凸がある．歯は円錐形で顎のふちに一列に並んでいる．肩帯と腰帯は体と不釣合に大きく高く重々しい．上下肢ともに短く肘を外に張って歩いた．後肢の趾は前肢よりも大きく，ともに 5 趾で爪も発達した．食性も前種に似ておとなしい動物だったらしい．ソビエトロシア北部ドヴィナの二畳紀後期より産した．1929 年 HARTMAN と WEINBERG が研究し，組立てた骨格から，GREGORY が描いた図によって描いた．レニングラードの博物館に骨格がある*．ROZHDESTVENSKY, ORLOV 等の復元図では全身多数の瘤で被われグロテスクである．獣形類の *Inostrancevia* に攻撃され餌となったような絵も描かれている．

　　* ソビエト側ではアマリツキー Амалицкий の努力がもたらしたものとしている．シイシュキン Сушкин の研究も注目されている．レニングラード骨格のレプリカは静岡県三保のソビエト館に展示されている．

〖真四肢類〗 〖爬 虫 類〗 35

◀ 76. ディアデクテス

▼ 77.（同 上）

78. プロコロホン ▶

▲ 79. パレイアサウルス

80. スクトサウルス ▶

〔カプトリナス亜目〕 Captorhinidia

81. ラビドサウルス *Labidosaurus homatus* COPE

全長 70 cm 大．イグアナ形で頭比較的大きく上より見ると三角形で吻部はとがる．目は大きく眼輪がある．側頭窩がない点は亀の頭骨と同じである．鰓はかなり大きく円錐形で尖り，とくに前方の 3 対は牙状に大きく，後方に向いている．吻部は下方にたれ下る．頭骨表面はでこぼこが激しい．四肢はそう発達せず，肘を外に張って歩いたが，多分腹を地面につけたと思われる．北米テキサス州の二畳紀前期 (Clear Fork 層) より産し，COPE が報告し古くより知られた．西ドイツのミュンヘンの古生物学博物館に組立骨格があるが，WILLISTON の骨格図によって描いた．この類は大群で 6 科あり，代表的な *Captorhinus* は北米テキサスの二畳紀より発見された．頬竜目とくにカプトリナス亜目は亀と魚竜を除いたすべての爬虫類や哺乳類の進化の源流にいるとされ，きわめて大切なグループである．

【亀　目】 Chelonia

〔ユーノトサウルス亜目〕 Eunotosauria

82. ユーノトサウルス *Eunotosaurus africanus* SEELEY

南アフリカの二畳紀中期 (Karroo 層) より発見された全長 10 cm 大の小形カメ化石は，SEELEY により命名されたが，肋骨が葉のように拡大して前後互いに接しており，1914 年 WATSON はカメの祖先であるとした．カメのように肋骨と脊椎骨が扁平に拡大しあって，互いに接合し，甲羅になるようなものは他にない．完全な防御器官でタンクのようである．今日のカメのような形の化石は三畳紀以降に見出されるから，本種は一段と古いわけである．頸は長いと思われ，頭は上よりみると三角形で顎のふちに歯が並ぶ．化石は腹面のもの 1 個しかみつかっていず，この動物の正体は詳しくわからないが，たぶんカメ類の祖先であろう．四肢はよく保存されず，とくに前肢は不明であるが今日の陸ガメと大差なかったであろう．甲羅の骨が充分接合していないから，胴体の表面は裸皮であったか，厚質のキチン質の鱗片が部分的に現れていたかもしれない．WATSON の図を元にして描いたが，たぶんに想像的要素が加わっていることを断っておく．

〔真正亀亜目〕 Chelonia

83. トリアソケリス *Triassochelys dux* JAEKEL

甲長 48 cm 大．幅は 56 cm 大で扁平で亜方形．1915 年 JAEKEL が北ドイツの Halberstadt の三畳紀後期 (Keuper 層) より報告した化石しかわかっていない．カメの甲は骨板の上を被うキチン質の鱗片が互いに縫合しあい，これが生きているカメの甲にみえる．化石になるとこの鱗片縫合が骨片の上に残っているのが普通であるが，本種ではよくわからない．脊椎骨の変化した中央 4 個の骨片は巨大で左右に拡り，多くのしわがある．肋骨の変化した左右両側方の骨片列は大部分のカメでは 1 列であるのに，本種では 2 列あって，周縁の骨片列と合せて 3 列になり，このような形式は他にない特徴である．頭骨は高く，上よりみると細長い楔形で，表面ごつごつしており，口蓋に 5 列の歯列がある．歯は小さくいぼ状．腹甲は扁平で，前後 5 対の骨板列よりなり，表面多くのしわがある．本種は新しいカメと比べると変ってはいるが，立派な真正の陸ガメである．ドイツはウルテンシベルグの上部三畳系ストゥベン砂岩層より産した **84. プロガノケリス** *Proganochelys quenstedti* BAUR は同科に属するが，甲中央の椎板幅広く，左右後端に多くの棘状突起を有する．

85. センリュウガメ（潜竜亀）*Senryuemys kiharai* SHIKAMA

86. ミヤタマルガメ（宮田丸亀）*Cyclemys miyatai* SHIKAMA

泥ガメや陸ガメの化石は世界中にとても多く白亜紀から今日までおびただしい種類が知られている．ガラパゴス島等にいる大型の **87. ゾウガメ** *Testudo* 類等はその代表的なもので，パキスタン北部の鮮新統産のシワリクゾウガメ *T. atlas* は甲長 2 m に達する．この類は中国大陸に多いが日本に産しない．日本産の多くはスッポン *Trionyx* と沼ガメ類であり，白亜紀より今日まで化石が全国的に産する．

センリュウガメは甲長 123 cm 大の小形沼ガメで，前方は幅広く甲高であるが，後方は急に狭くまた低くなって，上よりみるが亜三角形に近い．1949 年長崎県北松浦郡江迎町の潜竜炭沼の坑内から，井草鉱業株式会社の木原敏夫が発見し，1953 年著者が報告した．佐世保層群中部柚ノ木層から出たもので，中新世初期のものと思われる．クサガメ *Geoclemys* やイシガメ *Cyclemys* 等とは大変ちがっていて，類縁のものを見出すことがむずかしい．北九州の第三紀層にはこの種の亀化石が少なくない．

ミヤタマルガメは甲長 10 cm 大，甲がこんもりと高く今日台湾から琉球南部にいるマルガメ（セマルハコガメ）よりもふくれ方がはげしい．マルガメ（ハコガメ）*Cyclemys* はインドより石垣島までにかけ南東アジアにいる陸ガメで，腹甲中央を横に走る縫合縁があり，前後の腹甲が上下に動いて甲を完全にしめることができる．1933 年栃木県葛生町大久保の宮田採掘場の洞穴より発見され，1949 年故宮田徳次郎を記念して命名し，その後

〚真四肢類〛 〚爬虫類〛 37

◀ 81. ラビドサウルス

82. ユーノトサウルス ▶

◀ 83. トリアソケリス

▲ 84. プロガノケリス　　　　　　　▲ 85. センリュウガメ（潜竜亀）

▲ 86. ミヤタマルガメ（宮田丸亀）　　▲ 87. ゾウガメ（象亀）

山口県秋吉台の洞穴からも似た種類が発見され，1964年岡藤五郎と共同でアキヨシマルガメとして報告した．
台湾左鎮庄の初期更新世木柵層にも *Trionyx* や沼ガメの甲片が多数含まれるが種類の鑑別が困難である*.
　* 左鎮の化石群集は底生の貝類フジツボのほかサメ等の魚類，ワニその他各種の脊椎動物が豊富で，マングローブの淡水
　　域古生態研究上きわめて興味深い．

88. アルケロン（恐亀） *Archelon ischyros* WIELAND

甲長 2 m 大の海亀で，北米南ダコタ州の白亜紀後期の海成層 Pierre より発見され，1905 年より 1912 年にかけて WIELAND が研究報告し，恐亀（または恐竜亀）Dinosaur turtle とよんだ．海亀の甲は今日のアオウミガメ *Chelonia*，アカウミガメ *Caretta* に見るように，肋骨の甲板が充分発達して互いにすき間なく縫合することはなく，その周辺部にすき間が多い．*Archelon* はその極端なもので，肋骨は亀らしくない普通の四肢動物のような棒状になり，互いにすき間が多い．ただ甲を形成する周縁の骨板だけはそのままずっと連結している．花甲は前後 4 枚の菊花状の甲板が並ぶ．前肢はとても大で，タイマイやアオウミガメのように発達する．アオウミガメやベッコウ *Eretmochelys* のような鱗片で被われたというより，むしろ裸皮に近かったかもしれない．今日のオサガメ *Dermochelys* は背甲全面に硬い骨片が散布しているが，子供の時は細かい多角形の鱗板で被われる．脊椎骨や肋骨とは直接接続しない．このような性質も多少あったかもしれない．*Archelon* は元来陸生の亀が海に入って，地中にもぐる生活をやめたため，タンクのような甲が消失したが，完全に元の形にはもどらなかったという進化の一現象（DOLLO の進化非可逆の法則）の例として名高い．似た亀が 4 属あり，大部分は北米の白亜紀後期に産する．海亀の化石は日本でも富山県クロベガメの *Kurobechelys tricarinata* SHIKAMA と山口県スサガメ *Procolpochelys susensis* SHIK. & SUYAMA が第三紀中新世の海成層に知られている．スサガメは北米東岸の化石種と似ており，当時大西洋太平洋を横断して遊泳移動していたらしいことを示している．オウムガイ化石も共産し暖海であった．

<魚 竜 綱> Ichthyopterygia

【中 竜 目】 Mesosauria

89. メソサウルス *Mesosaurus brasiliensis* McGREGOR
90. ブラジロサウルス *Brasilosaurus sanpauloensis* SHIKAMA & OZAKI

前者は全長 77 cm 大で尾長く全長の半分はある．細長いトカゲ状で頸は比較的短く，頭は細長く，吻部はとがる．きわめて鋭い長い歯が並列する．裸皮で四肢は発達し 5 趾であるが後肢の第 5 趾がもっとも長い．肋骨はバナナのように肥厚するのが本種の特徴となる*．淡水にすみ，小魚その他の動物を食ったらしい**．1908 年 McGREGOR がブラジルのミナス州の二畳紀層より報告したが，その後本種の化石はブラジル各地より多数発見され，日本には東宮御所を始め各所に所蔵されている．

後者は 1964 年福井市の斉木重一がブラジル旅行の時サンパウロ市付近の Tatui の花山伊之助の農場より発見したものを東京の国立科学博物館に寄贈したもので，1966 年著者と尾崎博とで発表した．二畳紀初期 Irati 層のものである．この方は *Mesosaurus* に似るが鋭い長い歯はなく，頸が比較的長く，肋骨もバナナ状に肥厚しない．ブラジルや南アフリカの二畳紀に似た属が 2 つある．いずれも南半球に特有で孤立している．原始的な頬竜類より早く分れ出た一群で，最古の水生爬虫とされる***．獣型類に近いとする意見が有力であるが，真の類縁関係はよくわからない．魚竜綱に入れるのは便宜的にすぎない．

   * 肋骨肥厚は海牛類にも見られる現象で，遊泳者の一の特徴ともなっているが水圧との関係があるらしい．
  ** 水生昆虫やヒルのような遊泳する無脊椎動物の柔いものが餌として適当であったらしい．
 *** 淡水生の小形種が南米と南アフリカにのみ分布するのはゴンドワナ大陸に特有なものといえ当時の古地理を推定するのに貴重な資料である．獣型類の方はアフリカ・アジアに分布するが，南米にさかえなかった．移動力の弱い中竜類の分布はより意味深い．

〚真四肢類〛〚爬虫類〛 39

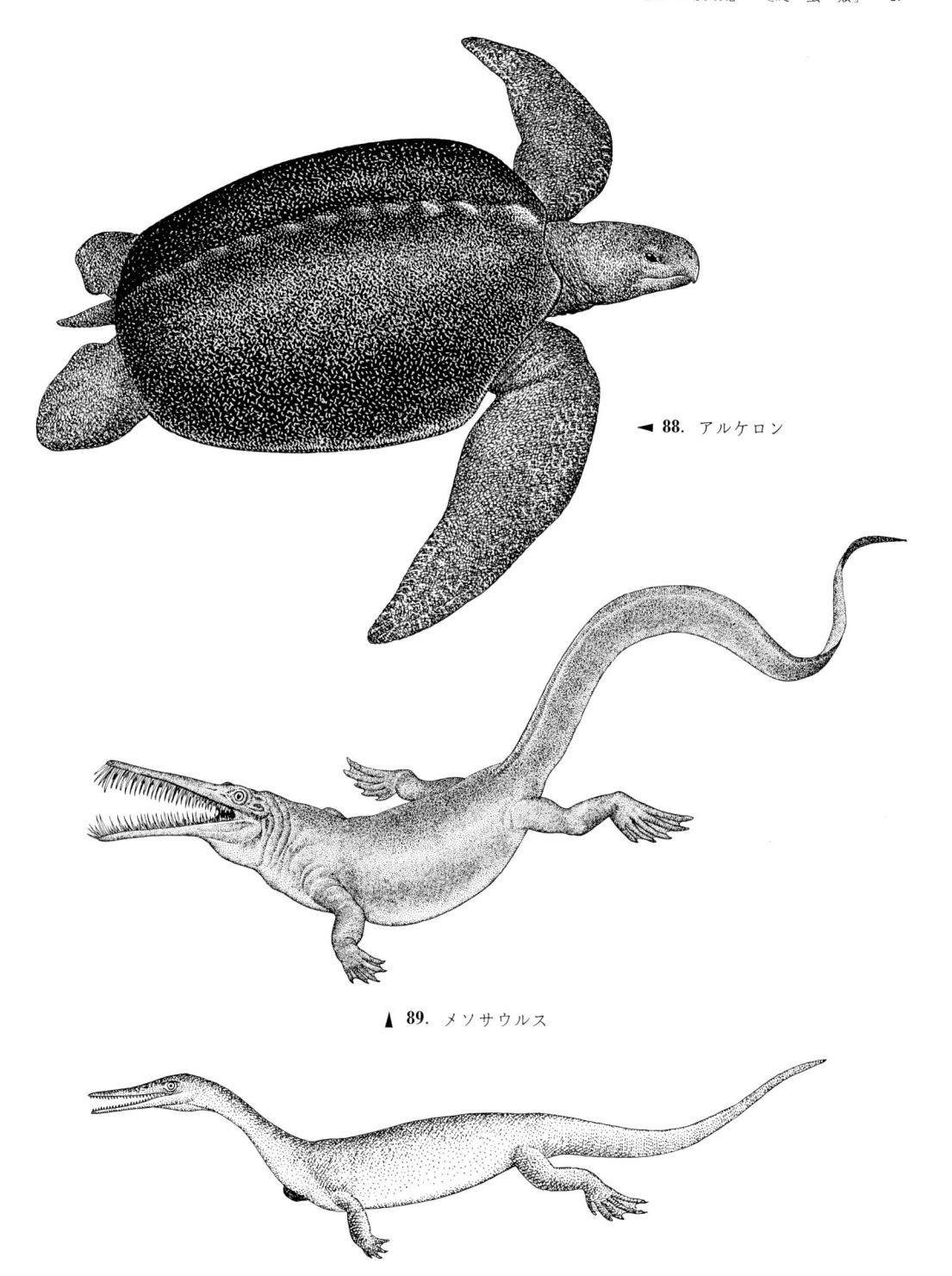

◀ 88. アルケロン

▲ 89. メソサウルス

▲ 90. ブラジロサウルス

【魚　竜　目】 Ichthyosauria

91. ウタツサウルス（歌津魚竜） *Utatsusaurus hataii* SHIKAMA, KAMEI & MURATA
92. キンボスポンディルス *Cymbospondylus petrinus* LEIDY

　前者は全長 1.4 m 長．細長くイルカ形だが，尾長めで不等形，上方より下方の方が長くとがる．頭は比較的短小だが吻部は細長く突出する．眼窩大で眼輪があり，細い円筒形の鋭い歯が多数並列する．肩胛骨と烏喙骨は扇形．上膊骨その他四肢の骨は魚竜として原始的で，とくに前肢の趾骨が細長く，他の魚竜類と大いに異り，*Nothosaurus* 類に近い．後肢は極端に小さく体内に埋没する*．1970 年宮城県本吉郡歌津町館の海岸にある三畳紀初期スキチアンの黒色頁岩層より 10 匹分の骨格が発掘された．村田正之その他発掘調査があり，主として著者が研究記載した．スピッツベルゲンの三畳紀初期の *Grippia* に似てより原始的であり，多分世界でもっとも原始的な魚竜と思われる．館の地層はアンモン貝や植物を含み，純粋の海成層である．*Grippia* 後者はカキ等の貝類を食ったともされる．

　後者は体長 8〜14 m，前者に似て体きわめて細長く尾も長く不等形．裸皮．頭骨は低く吻部は割に太い．三畳紀最大の魚竜で，北米ネバダ州西フンボルト山脈の三畳中期の産．三畳紀には以上の他 8 属が知られるが，大部分は中期に産する．歌津魚竜と *Grippia* は Omphalosaurus 科に属しもっとも古い．三畳紀初期西太平洋と北大西洋を結ぶ海域に沿って進化したことを示している．スイス Tessin の三畳系産 **93. ミキソサウルス** *Mixosaurus cornalianus* や黄州省茅台の三畳系産 *M. maotaiensis* YOUNG も体細長く胸部も細い．趾骨はジュラ型と同様短い．

　　* 前肢の進化はさほど進まないのに，後肢の退向進化が先に生じた．つまりレタデーションの方が先に生じやすい．進化相関の法則を考える上で重要な現象である．

94. オフタルモサウルス *Ophthalmosaurus icenicus* SEELEY

　全長 3.75 m 大．体わりと高く尾はとくによく発達し上下両半ともぴんと張っている．吻部もとがるが *Eurhinosaurus* ほどではない．前肢は後肢よりもよく発達し，後肢は体のわりには小さい．背鰭は体の中央部にあり三角形で上方に突出する．眼窩きわめて大きく，眼輪が発達する．歯は顎の前方にあるが比較的小さい．上顎と下顎は同長．後肢は 3 趾に退化する．イギリスの Peterborough のジュラ紀後期 Oxfordian の頁岩層中より産し，完全な化石が古くより知られている．大英博物館（自然史）に立派な化石が陳列されている．黒色頁岩層中のこの種の骨格化石は組立の努力は要らないが化石の清掃整形が大切で細心の注意を必要とし，顕微鏡を用いて行っている．

95. ステノプテリジウス *Stenopterygius quadiscissus* QUENSTEDT
96. ユウリノサウルス *Eurhinosaurus longirostris* (JAEGER)

　前者は全長 2 m 大．体わりと短く頸はないに等しい．後頭部高く吻部はとがる．背鰭は三角形で上方に突出する．尾鰭は不等形であるが上半と下半とほぼ同様に発達しともに大きい．前肢は 5〜6 趾で趾骨短くきわめて多数となる．上膊骨は短冊形で尺骨等は趾骨と同大となる．この奇妙な構造は魚竜の鰭がいよいよ本格的な鰭として発達したことを示している．後肢前肢に比べるとずっと小さく未発達である．南ドイツ Holzmaden のジュラ紀初期の黒色頁岩層中より産し，完全な化石が知られている．皮膚も化石化し，体全体の輪郭がわかる．

　後者も同じく Holzmaden の同じ頁岩層より産する．全長 5 m 大．前者に比べると吻部とくに上顎先端きわめて長く突出し，カジキのようである．また胸部割合に高く後肢も比較的大きい．魚竜はジュラ紀になると種類がうんと少くなるが，イルカやサメと似たような遠洋性の体格が完成され，魚類を追って盛んに活躍したと思われる．胃部に餌として食った魚や箭石が化石として保存されているのもあった．肋骨はきわめて細く密に並び，脊椎骨も魚類のようである．胎生で胎児が体内に保存された化石もみつかっている*．その生態的位置はサメ，カジキ，イルカと同様であり，中生代海洋の食物塔の上位にいた．Holzmaden は魚竜化石と海ユリの化石で世界的に名高い．HAUFT 父子の博物館があった多数の骨格を陳列し，整形も見学できる．フランクフルトの Senkenberg 博物館やチュービンゲン大学の地質学教室博物館その他でも立派な陳列を見うる．

　　* 発見者の JAEGER や SEELEY, FRAAS 等は胎児とし，R. OWEN や F. KENSTEDT は餌とみなしたが，F. DREVERMANN は胃部以外に保存され，また骨格がくだかれていないのを見て胎児説を有利とした．

〖真四肢類〗 〖爬虫類〗 *41*

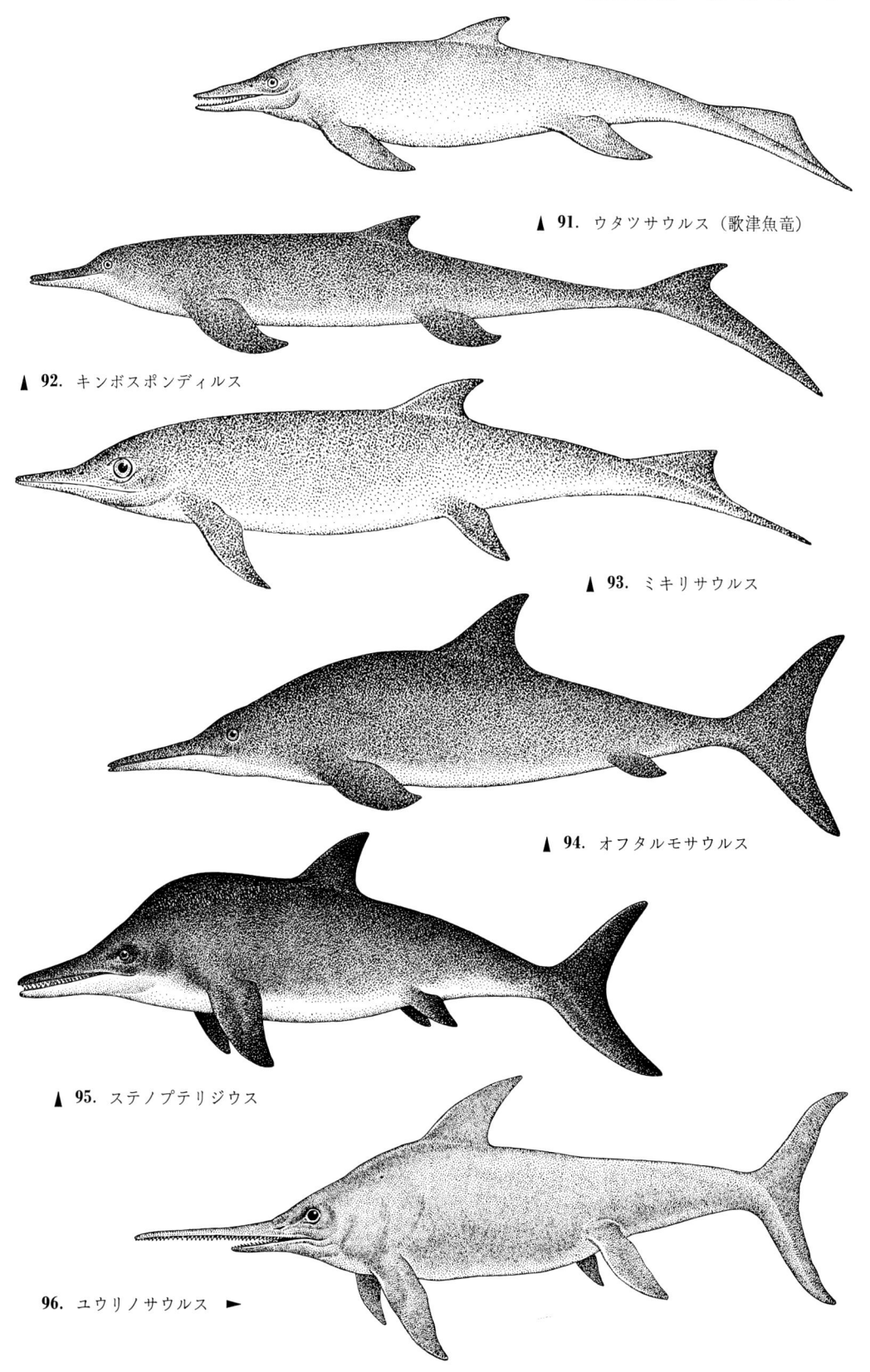

▲ 91. ウタツサウルス（歌津魚竜）

▲ 92. キンボスポンディルス

▲ 93. ミキリサウルス

▲ 94. オフタルモサウルス

▲ 95. ステノプテリジウス

96. ユウリノサウルス ▶

＜鰭　竜　綱＞　Sauropterygia

【原　竜　目】　Protorosauria

97. トリロポサウルス　*Trilophosaurus buettneri* CASE
98. プロトロサウルス　*Protorosaurus speneri* H. V. MEYER

　前者は全長 2.4 m 大．トカゲ形で細長く尾きわめて長く，四肢は比較的短い．頭小さく頸も短い．前後肢とも 5 趾．肩胛骨・烏喙骨や骨盤は割合ごつく発達している．側頭窩は上方に偏在し，吻部は亀のようにとがる．頭骨左右に扁平で，左右に細長い板状の歯が上下顎に並ぶのが特徴である．陸生で多分昆虫や小動物を食ったのであろう．吻部先端には歯がなく，地面を掘りおこしていたらしい．1928 年 CASE が北米テキサス州の三畳紀初期 Dockum 層より報告し，GREGORY の復元した図によって描いた．

　後者は体長約 1 m，トカゲ形で頸短く尾は長い．四肢は弱々しい．前後肢とも 5 趾．頭骨の構造簡単で原始的である．1860 年，MEYER が西ドイツ Mansfelder の盆地の上部二畳系 Kupfer 頁岩層より報じた．ザクセンよりも産した．HUENE の骨格図によって描いた．

99. アレオスケリス　*Areoscelis gracilis* WILLISTON

　北米テキサス州の二畳三畳系に産し，全長約 60 cm，トカゲ状の形態で前後肢とも長く発達し 5 趾．頭比較的小さく，眼窩も側頭窩も大で口蓋縁に円錐状の歯が粗く並ぶ．

100. ブルーミア　*Broomia perplexa* WATSON

　Areoscelis に似るが，頭比較的短く頭は亜三角形でやや小さい．扁円錐状歯が口蓋縁部に密列する．南アフリカの二畳系 Karroo 層群 *Tapinocephalus* 帯より知られる．WATSON の骨格図により描いた．PIVETEAU は大分類圏の所属不明に置き，HUENE は始鰐類 Eosuchia に入れるなど，人により見解が異る．

【孽子*竜　目】　Nothosauria

101. パラノトサウルス　*Paranothosaurus amsleri* PEYER
102. ケレシオサウルス　*Ceresiosaurus calcagnii* PEYER

　前者は全長 3.8 m 大．トカゲ形で尾比較的短く胴がずんぐり太く，頭比較的大で上より見ると三角形である．頸は太くよく発達する．四肢は体の割に短く 5 趾で，趾の間に水かきがあった．水中生活で，その泳ぎ方は鰐に似ていた．腰骨や肩胛骨・烏喙骨はよく発達している．腹側にも腹肋骨がぎっしりあって，陸に上った時，腹を地面につけよたよた歩いた時に役立った．歯は鋭くとがり不揃いで魚を食った**．1939 年 PEYER がスイスのルガノ湖畔 Tessin の三畳紀中期の黒色頁岩層より報告した***．

　後者は全長 1.1 m 大．前者に比べると頸より長く頭は比較的小さい．1931 年 PEYER が Tessin より完全な化石を報告した．この類は Tessin より各種の完全化石が多量に出るので有名である．*Nothosaurus* や，**103. ラリオサウルス** *Lariosaurus* 等があり，レントゲン写真による研究が進んでいる****．側頭窩わりに大きく，腰骨や肩帯も発達し，長頸竜と関係が深い．主としてヨーロッパの三畳紀にさかえた．

　1948 年矢部・鹿間が報じた宮城県柳津町の前期三畳紀スキチアン頁岩層産のイナイリュウ骨格は不完全で細長い指骨を有し，*Metanothosaurus nipponicus* とした．一見歌津魚竜と似ており同類とも思えたが，脊椎骨の形状より見て別のものと見なされた．中国広西省の三畳系下部よりも *Kwangsisaurus orientalis* YOUNG の骨格が知られ，湖北省の同系より *Shingyisaurus* が知られている．

　　　*　孽子は妾の子という意味で横山又次郎の命名．Notho は「にせ」「まがい」「めかけ」という意味がある．難しい漢字で不適であるが，「まがい竜」も変だし，「ひれ竜」にしてはひれがないから使えない．ノトサウルス目にしてもよいと思っている．
　　**　歯列や形状は *Mesosaurus* のものと似ていて，魚食の一つのタイプとなるであろう．
　***　スイス・イタリア国境に近いルガノ湖南端にある Monte San Giorgio の山麓にある石切場をチューリッヒ大学が所有し，現地に発掘研究所を建て同大学古生物学教室の職員学生が毎年実習的に発掘している．PEYER 以来の伝統的学風があり，堅実である．
　****　著者が KUHN-SCHNYDER よりもらった骨格レプリカは電解法による銅版で，精巧をきわめていた．

〖真四肢類〗〖爬虫類〗 43

▲ 97. トリロポサウルス

◀ 98. プロトロサウルス

99. アレオスケリス ▶

▲ 100. ブルーミア

▲ 101. パラノトサウルス

▲ 102. ケレシオサウルス

103. ラリオサウルス ▲

【長頸竜目】 Plesiosauria
（首長竜類）*

104. クリプトクライダス *Cryptocleidus oxoniensis* PHILIPPS
106. ムラエノサウルス *Muraenosaurus leedsi* SEELEY

前者は全長 3.3 m 大．胴部は紡錘形で尾短く頸は長いが，このグループとしては比較的短く，頭も大きい．側頭窩大きく発達し，歯は鋭い円錐形全体として揃っている．腰帯と肩帯は大発達して大きい．四肢とくに上膊骨は巨大で，5趾．趾骨は数多く，互いに密接してオール状の鰭となっている．イギリスのジュラ紀後期 Oxfordian に産する．この類は **105.** プレシオサウルス *Plesiosaurus* や *Thaumatosaurus* と似て頸の短い頭の大きいジュラ紀の一群で，古くよりイギリスに知られた．東海岸 Lyme Regis は長頸竜類の有名な産地で MARY ANING 夫人の貢献がいちじるしい**．

後者は全長 6.2 m 大，前者よりも頸比較的長く頭小さく，四肢も比較的小さい．歯はいっそう大きくよく発達するが不揃いでない．顎の後部はひどく曲っていない．1894 年イギリスのジュラ紀後期 Oxfordian より SEELEY が報告した．前者の骨格はパリの古生物学博物館にある．東オーストラリアの下部白亜系産 **107.** クロノサウルス *Kronosaurus* は頭長だけで 3 m の巨大なもので短頭群進化の頂点にあり，組立骨格はハーバード大学比較解剖学博物館に陳列されている．学生が発見し長年かけて発掘した．頭きわめて短く長頸竜にこのようなものがいるのに驚かされる．

* 首長は俗称で分類学上の正式の名は長頸である．
** その骨格化石はロンドンの大英博物館（自然史）に展示されている．

〖真四肢類〗〖爬 虫 類〗 45

▲ 104. クリプトクライダス

▲ 105. プレシオサウルス

106. ムラエノサウルス ▶

▲ 107. クロノサウルス

108. エラスモサウルス　*Elasmosaurus platyurus* Cope
109. ヒドロテロサウルス　*Hydrotherosaurus alexandrae* S. P. Welles

　前者は全長 12.7 m 大．頸きわめて長く胴長ほどもあり，頸をくねらせるので，海上につき出ている頸だけ見ると，さながら蛇である．頸椎骨だけで 76 個もある．1868 年 Cope が北米カンサス州の白亜紀後期層より報告し，D. M. S. Watson の復元した骨格によって描いた．

　後者は全長 12.75 m 大．頸きわめて長く頸椎骨は 60 個ある．下顎の後方は上方に曲り，歯は大形で鋭くとがり，とくに上顎前方のは下顎の下にまでのびる．歯はまばらに生えている．全形は前者に似るが，頭の構造や歯がかなり異る．1943 年 Welles が北米カリフォルニア州 Moreno の白亜紀後期層より報告，その骨格は岩盤に入ったままのが Berkeley のカリフォルニア大学の古生物学博物館玄関の壁に飾ってあり，模型は東京の国立科学博物館にもある．Welles の骨格図によって描いた．長頸竜の頸は上下にも左右にも自由に曲り，蛇行のように波うち，またとぐろ状になったことが，頸椎骨の構造よりわかる．かなり遠洋性で表層水を泳ぎ，魚を捕食した．胃内には消化石があったとされている．福島県双葉地方の上部白亜系より出た双葉鈴木竜もこの類で骨格は立派に組立てられ，国立科学博物館といわき市文化センターに展示されている．日本の切手にまで描かれ有名であるが，正式の記載論文が公表されず海外専門家の承認をえられず残念である*．骨格化石に伴い鮫歯が多く発見されているが，スズキ竜が生時鮫に襲撃され死んだのか，屍に鮫が集っていたのか，スズキ竜の骨の損傷具合をくわしく見ねばわからないだろう．

　　* 戦後わが国の古脊椎動物学界に見られる悪習の一つである．マスコミと商業主義が専門をつぶしてしまう例．

〖真四肢類〗〖爬虫類〗 47

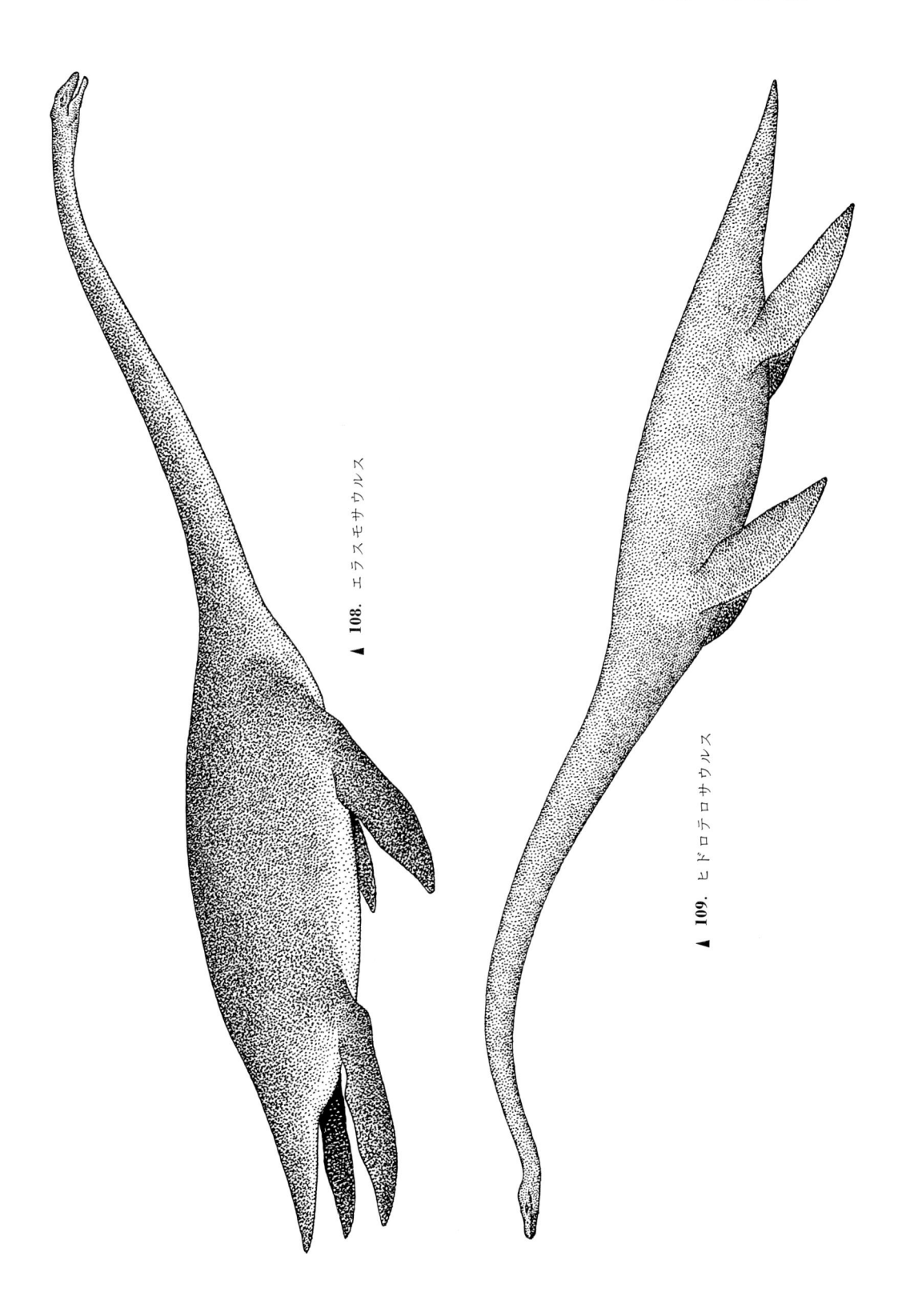

▲ 108. エラスモサウルス

▲ 109. ヒドロテロサウルス

【板　歯　目】　Placodontia
110. **プラコダス**　*Placodus gigas* AGASSIZ
111. **プラコケリス**　*Placochelys placodonta* JAEKEL

　前者は全長 2 m 大．頸短いが全形トカゲ状で尾が長い．頭比較的小さいが吻部突出し，3 対の前歯はへら状．口蓋全面に 6 対の扁平な豆状の歯がぎっしり並ぶ．下顎は高い．1833〜43 年南ドイツ・バイエルンの三畳紀中期層（Muschelkalk）より，LOUIS AGASSIZ が魚歯として報告，光鱗魚とした．離れた歯化石は南ドイツやフランスよりたくさん出る．完全な頭骨が Heidelberg 付近より出，魚でなく爬虫であることがわかった．1912 年 BROILI をはじめ多数の研究があるが，HUENE が復元した骨格がフランクフルトの Senkenberg 博物館にあるのによって描いた．強大な歯で海底の腕足貝などをかみくだいて食ったとされている．

　後者は全長 75 cm 大．一見亀状で骨質の甲で被われるが，亀甲と異なり不規則な亜円形骨板が数多く集ってできている．頭は前者と似るが前歯がなく，吻部はとがる．口蓋の豆状歯は 5 対．頭後側方はぎざぎざがある．四肢は大きく 5 趾だが，鰭状となっている．1907 年ハンガリー Plattensee の三畳紀後期より JAEKEL が報告した．

112. **ヘノーダス**　*Henodus chelyops* v. HUENE

　甲長 48 cm，甲幅 88 cm 大でカメ形．甲は角ばった左方形で頸部と尾部はへこむ．甲自体は亀甲と異なり，ウニの殻のような菱形の骨片が多数密集してできるが，これは皮膚より生じたもので，この下に脊椎骨と肋骨が枠となって甲を支えている．頭も方形で扁平，眼と鼻が吻合にかたよっており，歯はまったくない．後頭部に骨質のいぼが多く生じる．頸も尾もカメのように甲内にひっこめることはできなかった．尾はかなり長い．1936 年南ドイツの Tübingen 三畳紀後期 Keuper 層より HUENE が報告した．チュービンゲン大学の付近で同大学の学生が発見し 3 匹の完全な化石を発掘した．歯のない吻といい甲といいカメとよく似ているので，その生態も似たものと思われる．淡水にすみ，湖沼潟にいたが，HUENE は *Estheria* のような甲殻類を食ったのではないかといっている．今のところチュービンゲン大学の地質学古生物学教室にある骨格以外知られていない．

〚真四肢類〛 〖爬　虫　類〗　49

▲ 110. プラコダス

◀ 111. プラコケリス

112. ヘノーダス ▶

竜型超綱　Sauromorphoidea

≪新　竜　群≫　Neosauromorpha

<有　鱗　綱>　Lepidosauria

【喙　頭　目】　Rhynchocephalia
113. ホメオサウルス　*Homoeosaurus jourdani* LORTET
114. ケハロニア　*Cephalonia lotziana* HUENE

　前者は全長 18 cm 大．トカゲ型で四肢は比較的大きくごつい．頭も大で，上よりみると三角形で吻部とがり，櫛のような歯がすきまなく並ぶ．吻部先端は下方に曲る傾向がある．尾は長い肩も骨盤も発達し，腹肋骨が胸骨より骨盤までつながる．現在ニュージーランドにすむ *Sphenodon* に近いが，骨格の細かな点で異る．*Sphenodon* には頭頂部に頭頂孔があり，視神経がきており，第三の目とされている．1892 年 LORTET がフランス東南 Cerin のジュラ紀後期の地層より報じた．この類は多くの種類が，ヨーロッパとくに南ドイツの石版石層より知られるが，1860 年代 V. MEYER がまとめた仕事をしている．

　後者は全長 1.2 m 大．頭大きく頬が左右にカブト状に張り出し，上顎先端は下方に曲っている．粒状の歯が散在する．体に比し尾は比較的短く，四肢すらりとしており，たぶん軽快に走り小動物を食ったと思われる．ブラジルのサンタマリヤの Rio do Rosto 層より，1926 年 HUENE が報じ復元した骨格図より描いた．*Rhynchosaurus* 類の一種 (*orientalis*) が満州凌源の石魚層より知られている．全般的にみて，本目の原始的なものを祖竜類に入れる人と，トカゲ類と同様有鱗綱に入れる人とがあり，分類の取扱いが一様でない．

【有　鱗　目】　Squamata
　〔トカゲ亜目〕　Lacertilia
115. テドロサウルス（手取竜*）　*Tedorosaurus asuwaensis* SHIKAMA
116. ヤベイノサウルス（矢部竜）　*Yabeinosaurus tenuis* ENDO & SHIKAMA

　前者は全長 7 cm 大，トカゲ形で頸比較的長く頭が大きい．上方より見ると三角形を呈する．前肢は小さく 4 趾，後肢は比較的大きく 4 趾のうち第 4 趾もっとも長大．尾はよくわからないがたぶん長かったと思われる．1966 年福井県足羽郡美山町上新橋国道傍より，北川峻一が発見，ジュラ紀後期**の手取層群境寺互層のもので，植物化石に伴っていた．木のぼりトカゲのような性質のものであったろうと思われるが，化石の保存があまりよくなく*** 真の所属についてはまだ確定的になったわけではない．一時は翼竜とみなしたこともあった．樹上にすみトビトカゲのようにスライディングしたらしい．

　後者は全長 14.8 cm 大．トカゲ状，胴細長くすらりとして，きゃしゃな形．前肢比較的短く 4 趾，後肢は 5 趾で第 4 趾が最長．脊椎骨は比較的よく発達し，太く短いが肋骨は細い眼窩は大きく頭蓋は小さい．鋭い円錐形の歯が一列に並ぶ．1942 年中国熱河凌源の大南溝の石魚 *Lycoptera* 層より，遠藤隆次と著者が報告した．化石は南ドイツ Solnhofen 石版石の *Ardeosaurus schrideri* BROILI に似て非なるもの．保存世界的によく四肢の鱗も保存され，レントゲン写真もとり研究した．一般にトカゲ類は種類多く，今日世界的に繁栄しており，化石も多種類みつかっているが，大部分は断片的で骨格化石は少い．骨格きゃしゃで化石保存に適さないためである．

　　* 手取竜はテトリリュウと呼ぶ方がよく，属名も *Tetrosaurus* の方がよいがいったん命名すると変更できない．日本の地名や人名の発音がやっかいなのは世界有数で分類・命名上の壁となる．
　　** Callovian に対比．
　　*** 植物の繊維化石と骨化石の区別すら困難なほどのものである．

〖真四肢類〗〖爬虫類〗　51

▲ 113. ホメオサウルス

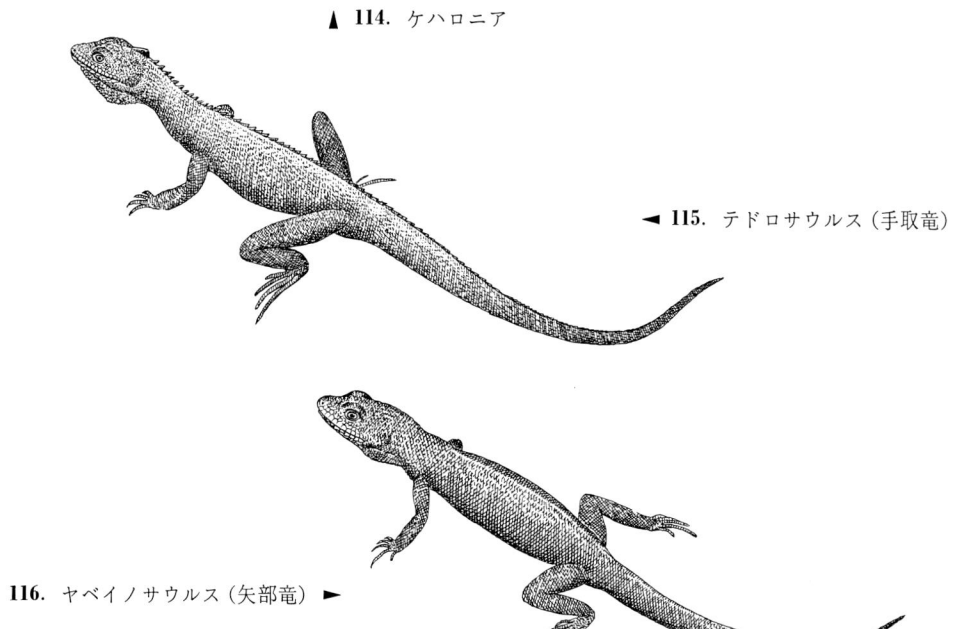

▲ 114. ケハロニア

◀ 115. テドロサウルス（手取竜）

116. ヤベイノサウルス（矢部竜）▶

117. タニストロフェウス *Tanystropheus langobardicus* (Bassani)

全長 4.23 m 大の巨大な竜で，頸不つりあいに長く大きい．胴長の4倍はある．12 個の頸椎骨は1個ずつが巨大である．前肢は小さく1個の頸椎骨に匹敵する．前後趾とも5趾．頭比較的小さく，中部の頸椎骨よりも小さい．細長く，吻部は円錐形で長くとがり，ぱらぱらと散在する．口蓋部にも一面歯がある．歯の一部は小さな付属の錐を2個有し3錐的である．1886 年 Bassani や 1923 年 Nopcsa が報じた歯がこれで翼竜ともされ，*Tribelesodon* ともいわれた．北イタリアの Bessano, 南スイスの Tessin, 南ドイツの Würtemberg 等の三畳紀中期層に広く分布し，*conspicuus* H. v. Meyer, *antiquus* Huene 等の種も知られていた．Peyer はこの竜を鰭竜の原始的なものとみなしていたし，Woodward は原竜類に入れていた．1931 年 Tessin より出た完全な化石をチューリッヒ大学の Schinz 等がレントゲン撮影をし，骨格の復元を Peyer がやった．*Macrocnemus* と似て，トカゲ類に所属させるようになった．あまりにも頭が長いのでその生態については疑問が多い．長頸竜のように水中生活のみとも思えないし，むしろ恐竜の竜脚類と似た生活をしたかもしれない．

〔蟒形亜目〕 Phytonomorpha

118. プロトサウルス *Plotosaurus bennisoni* Camp
119. チロサウルス *Tylosaurus dyspelor* Cope

前者は全長 9.36 m 大．細長く，胴は比較的長く頭は短い．尾も長く末端は鰭となっている．四肢は鰭となるが，胸鰭・臀鰭ともに体に比し小さい．頭はとがった細長い三角形で眼窩大きく，円錐形の大形の歯が並ぶ．鼻孔が大きく，側頭窩も大で頭の上方に開いている．脊椎骨はよく発達し重々しい．多分体を蛇のように波打ちながら進ませたであろう．純海生で魚を食った．1942 年北米カリフォルニア州の白亜紀後期より Camp が報告した．*Kolposaurus* ともいわれる．

後者は全長 8.8 m 大，尾比較的よく発達し尾鰭がたくましい．これは有力な武器ともなった．頭は比較的大きく歯も粗大である．1869 年北米カンサス州の白亜紀後期より Cope が報じた．この種の海生の大形種はワイオミング，テキサス，北ダコタ，コロラド等の北米各地やイギリス，ベルギー，フランス等のヨーロッパ，オーストラリア，ニュジーランド等世界的に分布し，種類が多い．*Mosasaurus* はベルギー産で 18 世紀以前よりよく知られ*，初期の物語は Burthelemy Faujas de Saint Fond, 1799~1801 の Histoire naturelle de la Montagne de Saint-Pierre de Maastrichte に詳しい．Maestricht の医者 Hoffmann が苦心採集，裁判の結果地主 C. Codin が入手，ナポレオン軍によりパリに運ばれ Cuvier により研究された．*Platecarpus* は北米カンサス州に産する．魚のほかアンモン貝やウニなども食ったとされ，この類の食った歯型のついたアンモン貝の化石もみつかっている．*Mosasaurus* の立派な骨格はブラッセルの王立自然史博物館にも陳列されている．骨格の部分的損傷は生存時の闘争によるらしい．

* Maestrichte の怪物としてその発見発掘物語はナポレオンの略奪もからみ一つのエピソードを有する．

〚真四肢類〛〚爬虫類〛 53

▲ 117. タニストロフェウス

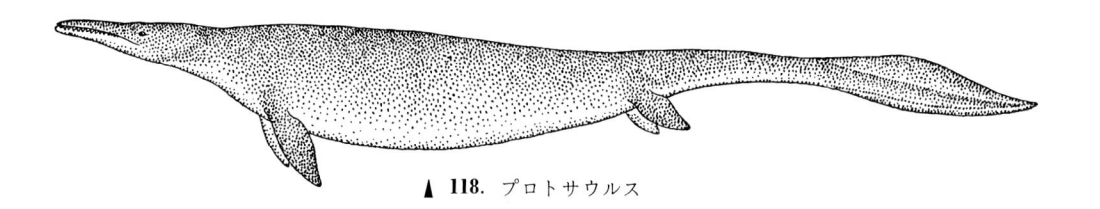

▲ 118. プロトサウルス

▲ 119. チロサウルス

≪祖 竜 群≫ Archosauromorpha

（祖 竜 類） Archosauria

＜槽 歯 綱＞ Thecodontia

【擬 鰐 目】 Pseudosuchia

120. サルトポスクス　*Saltoposuchus longipes* HUENE
121. スクレロモクルス　*Scleromochlus taylori* WOODWARD

　前者は全長 112.5 cm 大．トカゲ形で尾細長く後肢は強大．前肢きわめて小さく運動には役立たなかった．つまり後肢のみで速くかけた．頭は比較的大きく口も巨大，鋭い円錐形の歯がまばらに生える．大きい眼窩の他に2対の側頭窓がある．脊椎骨はごつごつとがんじょうで，多分背部はかなり厚い皮膚で被われていたらしい．南ドイツはウルテンベルグの Stromberg 三畳紀後期より，HUENE が報じた．

　後者は全長 22 cm 大の小型種．トカゲ形ですらりとし，尾は細長く後肢は大きく前肢よりも大．頭は比較的大きく，大きい口に鋭い歯がまばらに生える．運動や食性は前者に似てすばやく走り，陸上の小動物を捕食したと思われる．スコットランド州 Elgin の Lossiemouth の三畳紀後期より，WOODWARD が 1921 年報告し，人によっては恐竜の獣脚類に入れる人もある．WOODWARD, HUENE, HEILMANN 等の骨格図があるが，HEILMANN の図によって復元し描いた．HEILMANN は鳥類が派生した祖型として本種を重要視している．

122. カスマトサウルス　*Chasmatosaurus ranhoepeni* HAUGHTON
123. エリスロスクス　*Erythrosuchus africanus* BROOM

　前者は全長 112 cm 大．ワニ形で四肢短く腹を地面にすりつけて歩んだ．尾は短いが頭比較的大きく，口は巨大で鋭い円錐形歯が並ぶ．上顎の先は下顎より長く突出し，吻部が下方に曲るのが特徴．頭は上よりみると三角形．1921 年 HAUGHTON が南アフリカ・オレンジ自由州の Harrismith 三畳紀初期の *Lystrosaurus* 層より報じた．その後インド・カルカッタ付近 Damuda 河畔 DOEOLI の Panchet 層よりも産出，1934～36 年楊鐘健と遠復礼が中国新彊省の天山山脈の北側より *Yuani* YOUNG を報じた．これは顎の先端化石であった．生態はワニと似たものであろう．

　後者は全長 455 cm 大．体格ずんぐりとし重々しい．四肢は比較的短いが肩や骨盤が発達するから，腹を地面につけず歩いたと思われる．頭巨大で口大きく，鋭い円錐歯がまばらに並ぶ．脊椎骨はがんじょうでよく発達している．1905 年 BROOM が南アフリカの三畳紀中期 *Cynognathus* 帯より報告，HUENE の復元した骨格図によって描いた．

124. デスマトスクス　*Desmatosuchus haplocerus* (COPE)
125. ミストリオスクス　*Mystriosuchus planirostris* (MEYER)

　前者は全長 285 cm 大．ワニ形で頭比較的小さく三角形．はなはだ厚いワニ皮のような骨板が背を被う．頭より尾端にいたるまで多数の節に分れ，化石では 27 対は知られる．先より 5 番目のものは大きな棘状にのび後方に向う．骨板の先は各々とがって棘状になる．また骨板の表面もいぼがあり粗である．1920 年 CASE が北米テキサス州西部の三畳紀層より報告した種 *D. spuremis* CASE の骨格図がよく知られ，1955 年 HOFFSTETTER の復元図によった．COPE の種 *haplocerus* とは大差ないものである．

　後者は全長 3 m 大．今日のガンジスワニとよく似た形で，生態も同様であったらしい．四肢短く腹を地面につけて歩んだ．吻部きわめて細長くとがる．先端はスプーン状にひろがっている．背の骨板は同大のものが 4 列に並んでいる．1928 年 MEYER が南ドイツのウルテンベルグの三畳紀後期層より報告，McGREGOR の復元した図によって描いた．この種のワニの祖先型が欧米の三畳紀に広く分布し，*Phytosaurs* 類といわれている．*Mystriosuchus* は 1896 年 E. FRAAS が提唱したが，v. MEYER, 1842 の *Belodon* のシノニムとする意見 (MÜLLER, 1968) もある．スツッツガルト産の *M. kapffi* MEYER では吻部上方へ肥厚している．

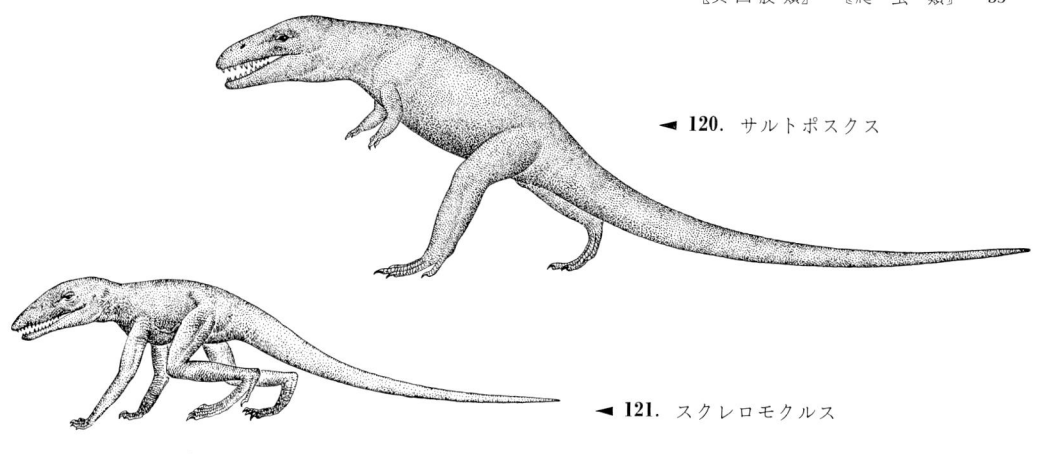

〖真四肢類〗 〖爬虫類〗 55

◀ 120. サルトポスクス

◀ 121. スクレロモクルス

▲ 122. カスマトサウルス

▲ 123. エリスロスクス

124. デスマトスクス ▶

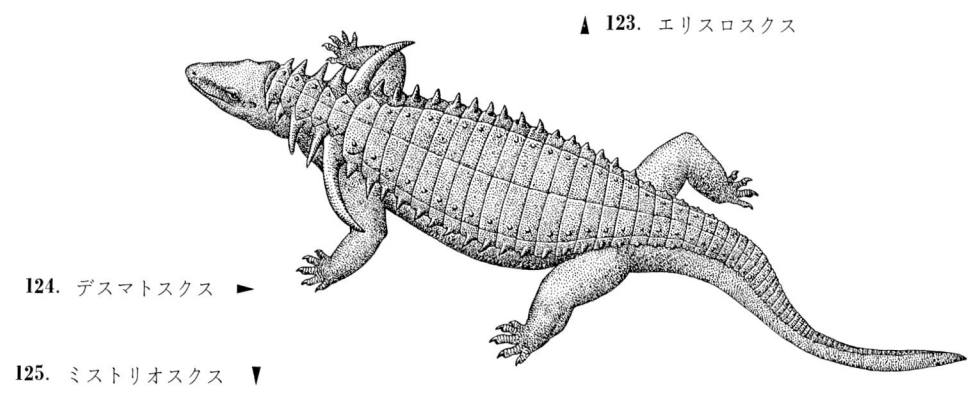

125. ミストリオスクス ▼

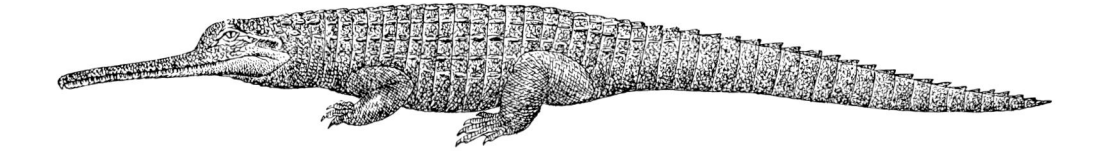

<鰐　　綱> Crocodilia

【鰐　　目】 Crocodilia
126. プロトスクス　*Protosuchus richardsoni* (BROWN)
127. メトリオリンクス　*Metriorhynchus jackeli* E. SCHMIDT

　　前者は全長 80 cm 大．尾長く全形すらりとし，四肢はよく発達し腹を地面につけず，軽快に走ることができた．まことにワニらしからぬスタイルである．頭は短く吻部はとがり上よりみると三角形で，側頭窩の 1 対は頭頂によっていて，今のワニに似ている．背には 2 列の骨板が多数並ぶ．1933 年 BROWN が北米アリゾナ州 Cameron の三畳紀後期の Dinosaur Canyon sandstone より報告した．1933 年には *Archaeosuchus* とし 1934 年 *Protosuchus* に改めた．この類はワニ類進化の出発点にあり，ワニの系統上きわめて重要な位置にある．ジュラ紀以降急に各種のワニが現れる．

　　後者は全長 240 cm 大．全形ワニというよりある種の魚竜に近いような形をする．すらりと細長く尾も長くて不等形．後肢の方が前肢よりも大で，ともに鰭状となる．吻部はとがり上よりみると細長い三角形で，円錐歯が多数並ぶ．側頭窩は大きく上方に開く．骨板はない．遠洋性の海中生活に適応した．1904 年 SCHMIDT が報告，ABEL の復元した図によって描いた．元来イギリスやフランスのジュラ紀後期 Oxfordian-Kimmeridgian に各種のものが知られており，南米パタゴニアからも知られている．今日のワニ Crocodilidae はこれから分れ出たともされている．大河の河口やマングローブ等の汽水域にすむワニも，本種のような海生種を祖とするわけである．

128. アリガトレラス　*Alligatorellas beaumonti* JOURDAN
129. トミストマ（マチカネワニ）　*Tomistoma machikanense* KAMEI & MATSUMOTO

　　前者は全長 22 cm 大．小形で一見トカゲ状で四肢は長くすらりとし，腹を地面につけず歩いたらしい．頭は広く短かく上よりみると三角形．背に 2 列の骨板が並ぶ．JOURDAN がフランス Cerin のジュラ紀後期石版石層より報告した．スペインやチェッコスロバキアよりも知られる．*Atoposaurus* 類で，ジュラ紀に限られ，今日その子孫はみられない．全般的にみてワニ類は頭骨ががんじょうであるため，頭骨の化石は世界的に多いが，一匹分全骨格化石の知られるのは比較的少ない．

　　後者は全長 8 m 大．頭比較的大きく吻部は細長くとがる．今日ボルネオ，スマトラ，マレー半島にいるマレーワニ *Tomistoma schlegeri* (S. MÜLLER) の祖先型で，歯が比較的大きい．1965 年大阪府豊中市待兼山の大阪大学理学部新校舎の敷地より完全骨格が発見され，亀井節夫，松本英二の記載がある．これに近い種，台湾ワニ *T. taiwanicus* SHIKAMA は台湾台南州左鎮の第四紀初期木柵層より知られている．*Tomistoma* は元来ヨーロッパ，アフリカ等の第四系に広く分布し，種類が多い．今日ガンジスのワニ *Gavialis gangeticus* (GMELIN) と吻部の突出具合が似ていて，ニセガビアル *Prendogarral* ともいわれるが，分類上はむしろ *Crocodile* に近い．ともに河やクリーク内で魚を食っている．マチカネワニは東洋象 *Stegodon orientalis* と共存し，第四紀初期大阪層群上部のもので，当時は本州中部もボルネオのような温暖な気候にあったらしい．類似種と思われるものが浜名湖北岸の第四紀洞穴層より南方性の魚とともに多数発見されている．この方は骨格組立までに至っていない．ワニや魚のすむクリークが洞穴に通じていたらしい．

130. テレオサウルス　*Teleosaurus cadomensis* GEOFFROY
131. ミストリオサウルス　*Mystriosaurus bollensis* JÄGER

　　前者は吻長 30 cm．ガンジスワニの類で，吻部狭長でへら状に伸び，鋭い針状の歯を具える．ガンジスの Govial に比べると頭比較的小さく，前肢も弱い．北フランス Caen の下部ジュラ系 Bathonian より産したが，西ヨーロッパに分布広く海生種とみなされる．

　　後者は頭長 1 m，全長 6 m に達しドイツとイギリスの下部ジュラ系 Lias に知られ，全骨格も知られる．両属とも Teleosaurus 科に属し，中鰐群 Mesosuchia に入るが，*Tomistoma* や *Gavialis* は正鰐群 Eusuchia に入り進化的にずれている．

132. リビコスクス　*Libycosuchus brevirostris* STROMER
133. ホボスクス　*Phobosuchus hatcheri* HOLLAND

　　前者は頭長 18 cm．頭短く吻部もひきしまっている．エジプトの白亜紀 Cenomanian より知られる．背甲は発達しないとされるが，図はこの点正確でない．この類に近縁なもの南北アメリカのジュラ紀と白亜紀にも知られている．Mesosuchia の Notosuchus 科に属する．

　　後者は Crocodilus 科の大形ワニで吻部も幅広い．北米モンタナ州の上部白亜系 Judith River 層より産した．元来ワニ類はその生態上化石になる確率の大なるもので，世界的に化石資料は多いが，全骨格の得られているものはそう多くない．化石になる過程が問題であろう．

〖真四肢類〗 〖爬虫類〗 57

◀ 126. プロトスクス

▲ 127. メトリオリンクス

128. アリガトレラス ▶

▲ 129. トミストマ（マチカネワニ）

▲ 130. テレオサウルス

▲ 131. ミストリオサウルス

132. リビコスクス ▶

133. ホボスクス ▶

〔恐 竜 類〕 Dinosauria

＜竜 盤 綱＞ Saurischia*

【獣 脚 目】 Theropoda

134. プロコムプソグナタス　*Procompsognathus triassicus* FRAAS
135. コムプソグナタス　*Compsognathus longipes* WAGNER

　前者は全長 1 m 大．トカゲ状で細長くすらりとし，尾は長い．後肢は大で二脚性で早く走ったと思われる．前肢は後肢よりもはるかに小さく実際の役に立ったか否か不明．頭は細長く鋭い歯が並ぶ．1913 年 FRAAS が南ドイツのウルテンベルグ Pfaffenhofen の三畳紀後期より報告，HUENE が復元した図によって描いた．

　後者は全長 52 cm 大．全形前者によく似ているが前肢は前者ほど小さくない．WAGNER が南ドイツはババリア Kelheim のジュラ紀後期石版石層より報告した，ミュンヘン大学の骨格化石が唯一の資料である．やはり HUENE の復元図によって描いた．前者とよく類似した二脚性の食肉恐竜であるが，HUENE はそれぞれ別科に入れさせている．この種の小形二脚性恐竜は三畳紀よりジュラ紀にかけて種々のものがあり，昆虫その他の小動物を捕食したのであろう．

　136. ギポサウルス *Gyposaurus sinensis* YOUNG は雲南省緑豊の上部三畳系より知られ，全長約 2 m らしいが，体前半部の化石しか知られず楊鏡健の復元により描いた．**137.** ユンナノサウルス（雲南竜）*Yunnanosaurus fuangi* YOUNG，*Y. robustus* YOUNG の両種は緑豊の上部三畳系産，*Gyposaurus* に比べ，頸も胴も比較的長い．前者は肩高 1.2 m．

　三畳紀の比較的小形軽量の肉食恐竜を Coeurosauria とし，これに対しジュラ紀以降の大型重量級を Megalosauria とか Carnosauria とする（NOPCSA, HUENE），後者が一般によく知られている．Coelurosauria は脳と眼窩が大きく鳥類発生のプールになったとされる．

　　＊ 鳥盤目とともにいわゆる恐竜 Dinosaur といわれる大群をつくる．食肉性 2 脚のものが生じ，次いで草食性 4 脚のものが生れた．

〖真四肢類〗 〚爬虫類〛 〔恐竜類〕 59

◀ 134. プロコムプソグナタス

▲ 135. コムプソグナタス

▲ 136. ギポサウルス

◀ 137. ユンナノサウルス（雲南竜）

138. オルニトレステス *Ornitholestes hermanni* OSBORN
139. ストルティオミムス（駝鳥竜） *Struthiomimus altus* LAMBE

前者は全長 2m 余, 肩高 63cm 大. トカゲ形で細長くすらりとして全形きゃしゃである. 尾は長く後肢は大形でよく発達する. 4趾で3趾が前方に向く. 前肢は小さく3趾. 眼窩大きく視力がきいたと思われる. 鋭い円錐歯がまばらに並ぶ. 1903 年 OSBORN が北米ワイオミング州の Bone Cabin 石切場のジュラ紀後期 Morrison 層より報告した, OSBORN の復元図によって描いた. 鳥のように早く駈け, 小動物を捕食したのであろう. *Ornithomimus** MARSH や *Coelosaurus* LEIDY ときわめて近い.

後者は全長 3.5m, 肩長 1.5m 大. 体細長く尾は長い. 後肢はきわめて長く, よく発達し, 3趾. 前肢は小さく3趾. 頸長くスタイルは駝鳥のようなので *Struthiomimus* の名がある. 歯がない. たぶん他の竜の卵などを盗み食いしていたと思われる. LAMBE が 1914 年カナダ Alberta の白亜紀後期 Belly River 層より報告, OSBORN の復元した図によって描いた. 似た *Oviraptor philocerotops* OSBORN は蒙古の白亜紀後期に産し, やはり歯がなく捕卵性であったとされる. 1916 年当時 GREGORY は植物を食ったとし HEILMANN もそれに従った. DESMOND, 1975 は駝鳥との体形類似より時速 80km は出したろうとみなした. 脛骨は大腿骨より長く 1.25 比率で馬の 0.92 より大. 駝鳥型恐竜の 1.12 を凌駕し, 駿足であったことを示す. 蒙古白亜系産の *Velociraptor* は鎖骨を有する点, 鳥類に似ているので進化上注目されている.

　* この類は始祖鳥から羽根をむしり取ってしまった形に似ているとされる. しかし鎖骨を欠く点が大変ちがう.

〖真四肢類〗〚爬虫類〛〔恐竜類〕 61

▲ 138. オルニトレステス

▲ 139. ストルティオミムス（駝鳥竜）

140. アロサウルス *Allosaurus fragilis* MARSH*
141. ケラトサウルス *Ceratosaurus nasicornis* MARSH

　前者は全長 5 m，肩高 2.5 m 大．典型的な肉食性後脚歩行の獣脚類 Megalosauria で，頭は割合細く高い．2 対の側頭窩は大，口に鋭い円錐歯が並ぶが，歯の先は後方に曲る．尾は長い．後脚強大に発達し 3 趾．前肢も 3 趾で小さい．肩胛骨は棒状，烏喙骨は扇形．前肢は強烈な作用をせず，食物を食う時の補助の役目（ワシの脚のような）をしたにすぎない．前肢の趾先の爪は強大である．北米コロラド，ユタ，ワイオミング各州のジュラ紀後期 Morrison 層に産し 1896 年 MARSH が報告，ユタ大学より日本各地に送られてきた MADSEN 組立ての骨格によって描いた．

　後者は全長 5 m，肩高 2.4 m 大．前者に似るが，頭骨先端部，鼻骨の上に突起があり，サイのような角を持っていた．歯は鋭く前者に似る．前肢はきわめて小さい．背中中央に骨板が並んでいる．きわめて兇猛な攻撃的食肉竜であった．北米コロラド州のジュラ紀後期 Morrison 層より産し，MARSH の復元した骨格図によって描いた．類似の *Megalosaurus* BUCKLAND はイギリスのグロセスト州のジュラ紀より最初に知られた恐竜で，1853 年ロンドンの水晶宮の大展示会では OWEN が不完全な化石より復元し，トカゲ状のものを想定しさらに四脚歩行を考えた．LEIDY の堅頭類型スタイルをへて 1854 年頃より HOWKINS が中心となり復元につとめ LEIDY，COPE，MARSH，HUXLEY らの努力により二脚性肉食竜に落ちついた．1866 年 COPE の想定した *Laelops* (=*Dryptosaurus* MARSH) は *Allosaurus* の今日の復元図に迫っている．*Laelops* はニュージャージー州の白亜系産で不完全な化石で知られ，むしろ *Tyranosaurus* に近い．

　* *Antrodemus* LEIDY が先取されるとして近年よく使用されている．

〖真四肢類〗〚爬虫類〛〔恐竜類〕 63

▲ 140. アロサウルス

▲ 141. ケラトサウルス

142. ゴルゴサウルス *Gorgosaurus libratus* LAMBE

全長 9 m 長，頭長 85 cm 大．頭大きいが *Tyranosaurus* ほど高くなくむしろ低い．後肢は強大で長い尾を伴って速く走った．前肢は体のわりに不釣合なほど小さく，はたして役に立ったかどうか疑わしい．上下顎の構造は簡単で，顎を上下に動かし咀嚼したとも思えず，食物はひきちぎって，丸のみしていたと思われる．LAMBE は歯のすりへり具合より柔い肉つまり屍肉を食っていたとみなしたが，やはり攻撃者で生肉を食ったとする意見が多い．北米モンタナ州の白亜紀後期の Lance 層や，カナダのアルバータの白亜紀後期 Belly River 層より産し，1902 年 LAMBE の報告があり，その復元図によって描いた．シカゴの Field 博物館にみごとな骨格化石がある．

143. チランノサウルス（暴君竜） *Tyrannosaurus rex* OSBORN

全長 10 m，肩高 4 m 大，頭長 1.4 m．1個の歯は 15～20 cm 長．頭骨はきわめて高く左右に扁平．後脚強大で前肢は不釣合に小さく，2趾で鉤爪がある．背に骨板があり，腹肋骨も持っていた．地球始まって以来最大の破壊的生物とされる．北米モンタナ，ダコタ各州の白亜紀後期層 Lance より産する．ニューヨークのアメリカ自然史博物館 American Mueseum of Natural History に BROWN 発掘のモンタナ産完全骨格が所蔵され，世界的な偉観を呈する．1905 年 OSBORN の報告した復元図があるのでそれによって描いた．ソビエト探検隊がゴビ砂漠の白亜系より発掘した *Tarbosaurus* は本種に似たものでレニングラード博物館の骨格は日本へ運ばれ恐竜展で展示され，その模型が東京の国立科学博物館その他にある．*Tyrannosaurus* は硬い皮膚をなめらかにするため悪臭の体脂を分泌していたともされる．休止時は尾で体を支え，歩行時は尾をもち上げた．NEWMAN によると小形前肢は体を横たえた休息時より起き上る時のつっかえ棒役になったというし，J. DESMOND, 1975 は内股でよたよた歩行であったろうとしている*．

Tyrannosaurus 類の運動，とくに攻撃については MARSH 以後 OSBORN，MATTHEW らが現生爬虫類との関係で苦心考察した．敏捷は不可能で，SWINTON, 1934 はぶざまな巨体間の蜿蜒とした闘争を想定した．BIRD はテキサス州で *Brontosaurus* とそれを追う *Tyrannosaurus* の足痕を発見している．DESMOND, 1975 は諸説をまとめやはり敏捷な運動者とみなし恐竜温血説を宣伝している．

* 恐竜が現生爬虫類のような変温動物なら，トカゲのように日光浴をし体温を上昇させても，激しい陸上運動はできないので，OSTROM, 1969 は恐竜が恒温動物つまり温血だったろうとみなした．骨の組織も爬虫類的でなく哺乳類的である．こうなると恐竜を従来の爬虫類に入れてしまうのは問題となる．翼竜も同じ．温血の恐竜と鳥はいっそう近いグループとなる．

〖真四肢類〗 〚爬虫類〛 〔恐竜類〕 65

▲ 142. ゴルゴサウルス

▲ 143. チランノサウルス（暴君竜）

144. プラテオサウルス *Plateosaurus eslenbergiensis* HUENE
145. スピノサウルス *Spinosaurus aegyptiacus* STROMER

　前者は全長 8.8 m, 肩高 5.5 m 大. 尾も後肢も長く強大であり, 前肢は小さいとはいえ *Tyrannosaurus* 類ほどでない. 後肢は 5 趾, 前肢は 4 趾で, この点ジュラ紀以降のものに比べると原始的である. 頭比較的小さく高くない. 南ドイツの Halberstadt (JAEKEL, 1914), Thuringen (LILIENSTERN, 1952) と Trossingen 等の三畳紀後期 Keuper 統より産し, Trossingen 産の完全骨格は Tübingen 大学にあり, HUENE が研究復元した. これによって描いた原色図がエール大学の Peabody 博物館にあり, あちこち引用されている. 三畳紀最大の恐竜とされる.

　後者は全長 12 m 大. 頭や体は *Tyrannosaurus* に似るが, 脊椎骨の神経突起が長大に発達し, 肥厚した胴の大半を占める. 多分体温の調節に役立てたかとも思われるが, 正確にはわからない. 資料は断片的で完全骨格は知られない. 1915 年 STROMER がエジプトの白亜紀後期 Cenomanian より報告した. その復元図によって描いた.

〖真四肢類〗 〚爬虫類〛 〔恐竜類〕 67

▲ 144. プラテオサウルス

▲ 145. スピノサウルス

【竜　脚　目】 Sauropoda
146. テコドントサウルス　*Thecodontosaurus antiquus* RILEY & STUTCHBURY

　全長 4.6 m 大の小形種．トカゲ形で細長くすらりとし，尾は長い．四肢はきしゃだがよく発達し，後肢が前肢よりもやや大きい．ただし 4 脚性で腹を地面につけず歩いた．頭は小さいが眼窩は大きい．扁平なへら状の歯を有し，植物を食ったと思われる．イギリス Bristol の Durdham Doun の三畳紀後期マグネシア礫岩層より，RILEY と STUTCHBURY が報じた．その後 Worcestershire の Warwick や Bromsgrove よりも知られ，断片の類似種は北米ペンシルバニア州やマサチューセッツ州，南アフリカ等の三畳紀よりも知られるにいたった．この小形恐竜はジュラ紀以降の大形竜脚類の祖型として注目される．

147. ブラキオサウルス　*Brachiosaurus brancei* JANENSCH
148. ケチオサウルス　*Cetiosaurus oxoniensis* PHILLIPS

　前者は全長 18 m，肩高 6 m 大．胴はさながら象のように肥厚し四肢も重々しく直立，頭は長くかなり自由に動いた．多分沢沼地の中に立ったまま頭をもっぱら動かして水草などをむさぼり食ったと思われる*．頭骨は体の割に実に小さく，眼窩や側頭窩が大きく頭蓋で狭小で大脳は実に小さい．たぶん運動遅鈍で，のろのろした動物であったろう．口は大きく扁平へら状の歯が並ぶ．1922 年 JANENSCH が当時独領であった東アフリカ・タンガニカの Tendaguru の白亜紀初期より報告，完全骨格がベルリン自然史博物館にあり，ドイツ自慢の竜脚類となっている．JANENSCH の研究は 1937～38，1950 年まで続いた．*Brachiosaurus* は 1903 年 RIGGS の提唱したもので，北米コロラド州のジュラ紀後期 Morrison 層の *B. altithorax* RIGGS の方が古くから知られていた．

　後者は全長約 10 m 大．大腿骨の長さ 136 cm．胴太く前者によく似ているが，頚比較的短く頭も小さい．1868 年イギリス Oxford 付近 Peterborough のジュラ紀中期より知られ，南ドイツ Jura のジュラ紀後期 Kimmeridge 階にも知られ，北アフリカ・モロッコのアトラス山脈中には骨化石が多く知られる．1841 年 OWEN 設定は Wight 島下部白亜系 Wealden 層産の中空の脊椎骨により，鯨のような水生種を想定していた．その後 Oxford のジュラ系**より巨大四肢骨が発見され，北米での発見と MARSH, COPE らの競争的研究から SEELY, NOPSCA, JANENSCH, HEUNE ら幾多の論者をへて竜脚類が設定された．図は HUENE の骨格復元図によって描いたが，COLBERT の図はもっと太胴で頭尾ともに太く描かれている．

　　* KERMACK, 1951 は竜脚類がたとえ頭を水上に出しても体を水底に沈めた状態では水圧の関係で呼吸困難であるとし，鯨のような游泳者との比較もできず（浮力と肺の関係），陸上生活をしたとした．また樹葉や実を食い，骨石を持ったという．
　** 1874 年 Swindon 付近のタイル工場の粘土採掘場 (Kimmeridgian) より発見．この種の巨大種の四肢骨のみよりの研究ははじめ復元困難で，分類が混乱した．

〖真四肢類〗 『爬虫類』 〔恐竜類〕 69

▲ **146.** テコドントサウルス

▲ **147.** ブラキオサウルス

▲ **148.** ケチオサラウス

149. カマロサウルス *Camarosaurus lentus* Cope

150. ブロントサウルス（雷竜） *Brontosaurus excelsus* (Marsh)

　前者は全長 18 m，幼体では 5.4 m 大である．尾は長いが頸が短く頭が比較的大きい．頭は短くて高く狭い．鼻孔大で眼窩と同大．頭蓋も大脳も実に小さい．四肢は重々しい．北米ユタ，コロラド，ワイオミング各州のジュラ紀後期 Morrison 層より産し，5種あるが，完全骨格はユタ州の恐竜国立公園の石切場より出た，ピッツバーグのカーネギー博物館のもので，地層面中に埋没したままの標本である．Marsh の *Morosaurus* はシノニム，*Barosaurus* は類似属とされている．

　後者は全長 18 m，頸だけで 5 m をこす．胴の最高 4.5 m．全形トカゲ状で胴比較的大きく，腰部がもっとも肥厚して高い．前肢は後肢よりも小さい．頸は尾よりも短かく頭も比較的小さい．頭骨長めで低い．北米ワイオミング州のジュラ紀後期 Morrison 層より産し，Marsh の報告がある．彼の *Apatosaurus ajax* は本種の幼体とされている．*ajax* は Cope の *Apatosaurus* の模式で，*Apatosaurus* と *Brontosaurus* は同じものということになる．竜脚類中もっとも重厚な種類で 30 トンはあったとされる．脛骨/大腿骨比は 0.6 で現代のゾウと大差なくゾウ程度の速度で歩いたとみなされている．Cope, Osborn, Bakker 等は *Barosaurus* が陸上を歩み長い頸をキリンのように立てて高い樹上の葉を食ったろうとした．この復元スタイルは大形竜脚類の水中生活型とあまりに異っていて問題である．Holland は歯の磨滅よりみて，陸上の植物を食ったろうとし，Tornier は淡水二枚貝を食ったろうとしたがいずれも確証はない．

〖真四肢類〗 〚爬虫類〛 〔恐竜類〕 71

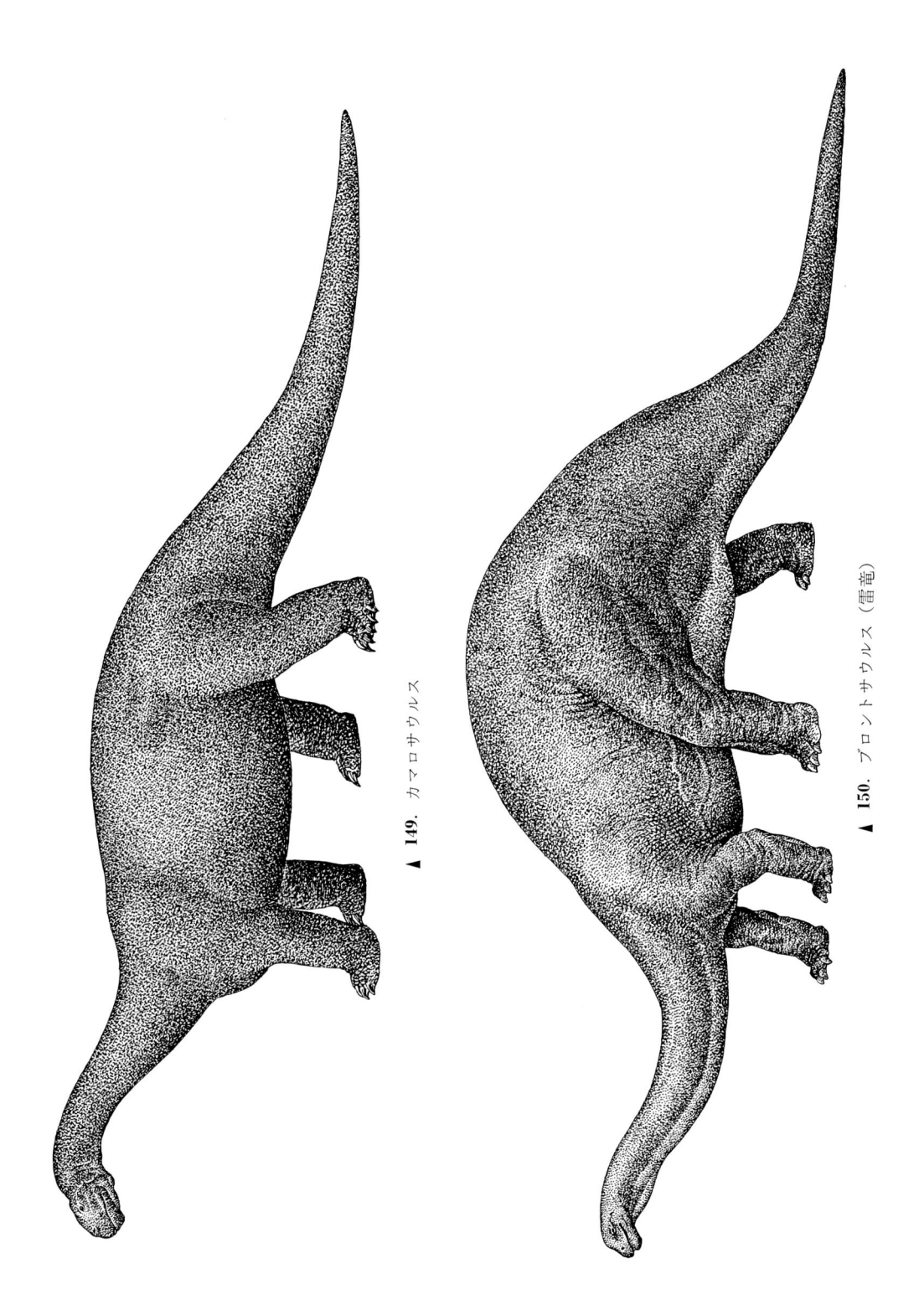

▲ 149. カマロサウルス

▲ 150. ブロントサウルス（雷竜）

151. ディプロドクス *Diplodocus carnegii* HATCHER
152. ヘロープス *Helops zdanskyi* WIMAN

　前者は全長 26 m，竜脚類中最長でトカゲ状，尾と頸が長く，頭比較的小さい．頭骨は細長く鼻孔小さく，へら状の歯も顎の前方のみについている．多分やわらかい草をよくかみもせず丸のみしていたと思われる*．腰部がもっとも高く 4 m，腰骨よく発達し，大四肢は直立で象のようである．5 趾だが趾は短く爪がある．頸と尾は自由に動き，その動作はトカゲと似たものであったろうが，遅鈍でのろのろとしていたらしい．北米ワイオミング州やコロラド州のジュラ紀後期 Morrison 層に産し，*D. longus* MARSH は別種，*Diplodocus* 属は MARSH の提唱したものである．完全骨格はピッツバーグのカーネギー博物館にあり，けだし化石脊椎動物のもっとも壮大な骨格で，異彩を放つ．銅鉄王カーネギーが当時ヨーロッパ大国の君主に贈った骨格模型が，今日ロンドン，パリ，ウイーン，マドリッドにある**．ユタの地方博物館にもあり，その雌型を求めて日本側では追求したが，ついに行方不明であることがわかった***．1901 年カーネギー博物館の HATCHER が復元した時は体長 20 m としていた．後，良好標本で HOLLAND が復元した時は 26 m になった．1910 年 HAY の復元ではトカゲのように腹を地面につけたスタイルにしている．鰐スタイルか象スタイルかは長らく論争の的だった．テキサス州白亜系の竜脚類足痕化石は運動様式に有力な資料となった．MATTHEW は浮力を利用した水中生活を説いた．卵を生む時だけ陸上に上ったらしい．

　後者は 1929 年中国山東省蒙陰の白亜紀初期蒙陰層より，スウェーデンの WIMAN が報告したもので，ウプサラ大学にある体の前半部のみしか知られない．それでも全長 10 m あり完全なものはもっと大きかったろうとされる．前者に似て頸長く，たぶん竜脚類中もっとも頸の長い方であったろう．

　　*　歯が磨滅しているので貝殻をかみくだいたとする説もある．
　　**　*Diplodocus* はこの宣伝のため竜脚類中もっとも広く知られるものとなった．
　　***　一般に雌型は研究や展示の基礎となる重要財産で，その保管は国家的に注意せねばならない．

〚真四肢類〛〚爬虫類〛〔恐竜類〕 73

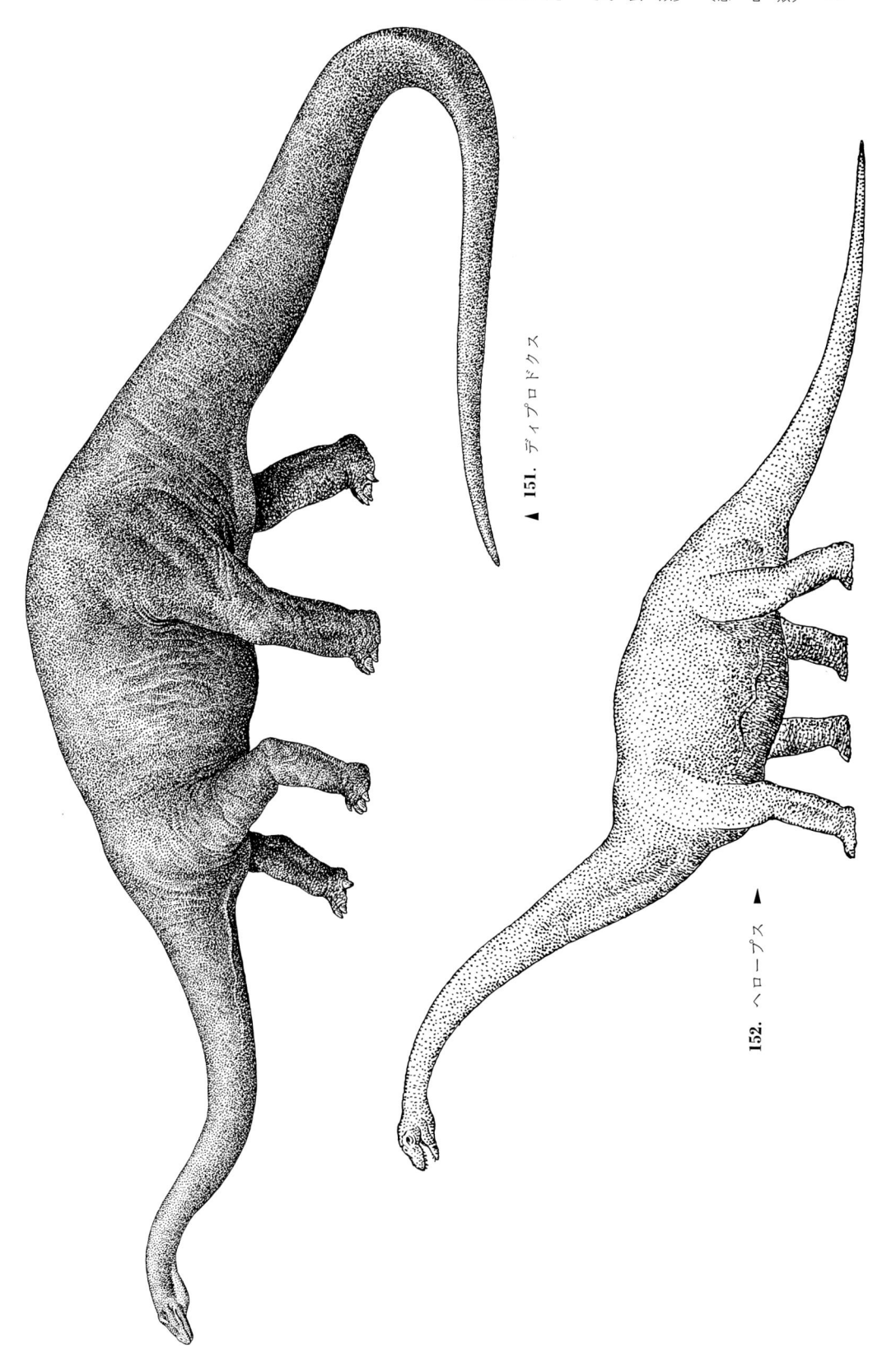

▲ 151. ディプロドクス

152. ヘロープス ▲

153. マメンキサウルス（建設馬門溪竜）　*Mamenchisaurus constructus* Young
154. ティエンシャノサウルス（奇台天山竜）　*Tienshanosaurus chitaiensis* Young

　前者は全長 13 m. 1954 年楊鐘健が四川省馬門溪の建設現場より発見された頸部・尾部・後肢の一部を報告，上部ジュラ系か下部白亜系のものとされる．頸だけで 5 m はある．頭長約 54 cm. 14 個の頸椎骨のうち第 6～9 番目のものが大きい．尾は細長い．四肢は短小．体形その他 *Helops* と似た点が少なくない．

　後者は全長約 12 m. 頸は前者ほど太くなく頭もやや小さい．1937 年楊鐘健が新彊省奇台の白亜系より報告，頸椎骨・胴椎骨・前肢・肩帯・腰帯・後肢等の一部が知られ，前者と同様楊の組立骨格図より復元して描いた．似たものに四川省栄具の上部ジュラ系より報ぜられた *Omeisaurus changshouensis* Young（長寿峨眉竜）があるが，坐骨・後肢の一部しか知られていない．甘粛省嘉峪の白亜系より知られる *Chiayüsaurus lacustris* Bohlin や内蒙古の下部白亜系より知られた *Mongolosaurus hoplodon* Gilmore は歯しか知られず，南ゴビにあるネメゲトウの上部白亜系より知られた *Nemegtosaurus* は 1.5 m 長の大腿骨等が資料であって，Rozhdestvensky, 1913 の復元図では *Mamenchisaurus* 様の竜を背部より描いていて復元の根拠がよくわからない．

〖真四肢類〗〖爬虫類〗〔恐竜類〕 75

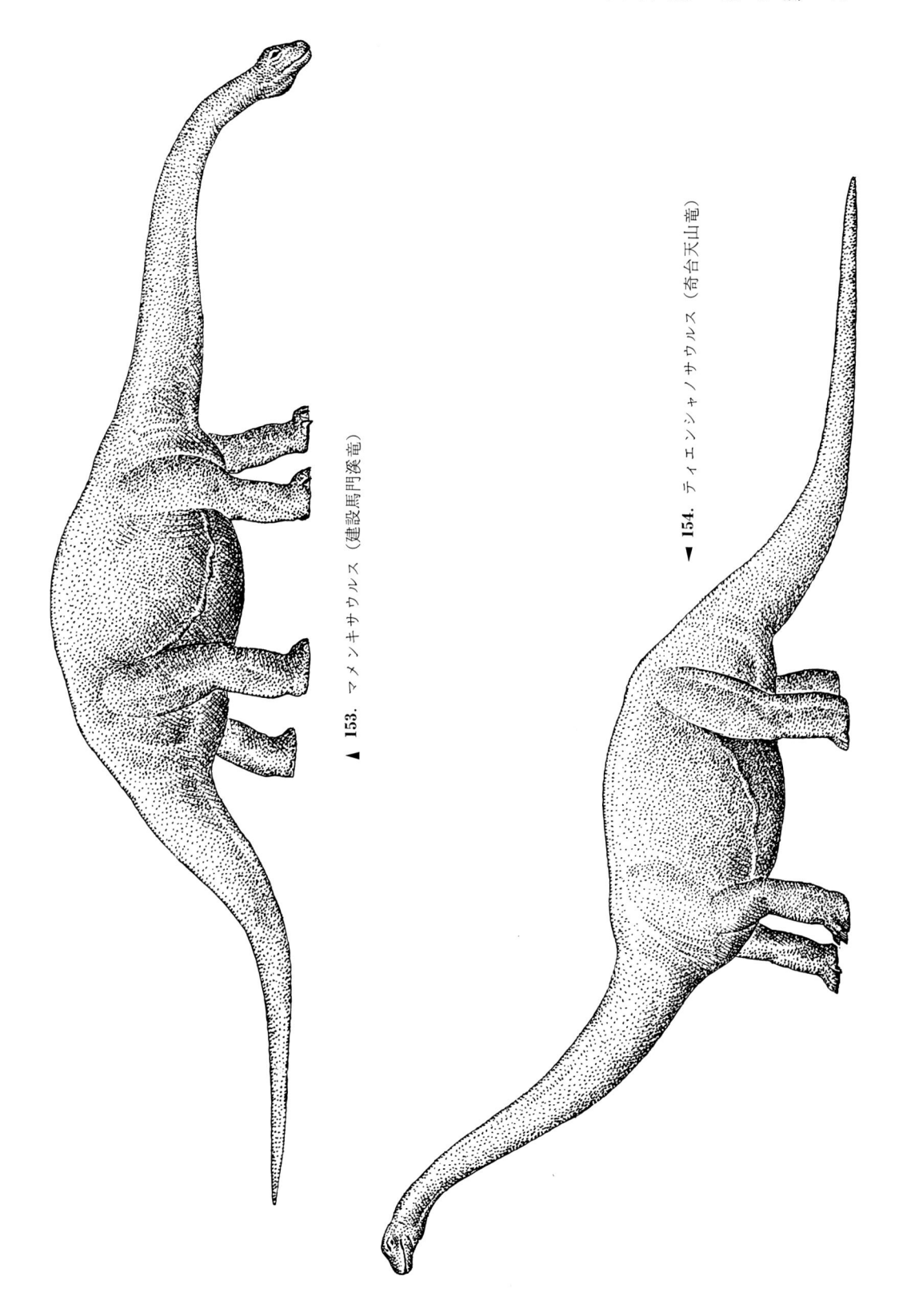

▲ 153. マメンキサウルス（建設馬門溪竜）

▲ 154. ティエンシャノサウルス（奇合天山竜）

<鳥盤綱> Ornischia

【鳥脚目】 Ornithopoda (とり竜類)
155. ヒプシロホドン（きのぼり竜） *Hypsilophodon foxi* HULKE
156. キャンプトサウルス *Camptosaurus dispar* MARSH

　前者は全長 1.5 m 大，頭長 10~15 cm. 全形カンガルー状で尾長く，後肢は強大に発達し4趾，第1趾と他3趾が対立し，樹上で生活したとされる (O. ABEL, 1912; SWINTON, 1936). 前肢は小さく5趾. 歯は扁平でエナメルが発達する. 脊椎には靱帯が発達し，皮膚には骨板があった. 草食性とされる. イギリス Wight 島の白亜紀初期 Wealden に産し，HUXLEY の報告があり，大英博物館に3匹の骨格がある. 似た種はジュラ紀白亜紀にかけ欧米に多い. HEILMANN は樹上より地上生活の方を主張している.

　後者は全長 6 m 大. カンガルー状で後肢で大，尾も大きく多分速く走ったであろう. 前肢は5趾，後肢は4趾. 頭骨は細長く，目はやや後方にあり，下顎先端に亀のような嘴があり，植物をくいちぎるに役立った. 歯は扁平へら状のが2列に並び櫛状となる. 1個の歯の両側には鋸歯がある. 北米ユタ，ワイオミング州のジュラ紀後期 Morrison 層に産し，類似種 *C. prestwichi* HULKE はイギリス・オックスフォードの同期 Kimmeridge 階に産する. 北米種の骨格模型（ユタ標本）は日本にもきている.

〖真四肢類〗 〘爬 虫 類〙 〔恐 竜 類〕 77

155. ヒプシロホドン（きのぼり竜）▶

▲ 156. キャンプトサウルス

157. イグアノドン（とかげ竜） *Iguanodon* bernissartensis* Bonlenger

全長 8～10 m，カンガルー状で後脚のみで直立しているので頭までの高さは 5 m ある．ずんぐりと太く後脚たくましく，速く走ったと思われる．頭は細長く頸に直角についている．鼻孔大，目は小さい．吻部には亀のような嘴があり，草類を食いちぎった．歯は扁平へら状で前後縁にはぎざぎざがある．頭は厚く深いので，かなり硬い草を食ったらしく，ひらけた草原に群生したらしい．後肢は 3 趾で巨大．前肢は 5 趾で，第 1 趾は短小だが太く鋭くとがり，一種の防御武器となったらしい．肩胛骨は長くて棒状．脊椎骨はがんじょうによく発達し，靱帯も発達していた．皮膚は小形多角形の骨板で被われていた．1877 年ベルギーの Bernissart 炭坑で多数の化石が発見され，1882 年より Dollo の研究がつづいた．23 匹分の骨格が石炭紀層中のわれ目にたまった白亜紀初期の沼沢層中に埋っており，それらは大規模に採掘され，半数は組立てられ，ブラッセルの王立自然科学博物館に陳列されている**．イギリスの白亜紀初期 Green Sand 層より発見された *I. mantelli* Owen は体長 6 m でやや小さく，この 2 種が Bernissart にあって，雌雄の差ともされている．*Iguanodon* は食肉性の *Megalosaurus* (*Allosaurus* 類) に襲われ，それに対する防御を発達したものと思われる***．似た種はスペイン，ポルトガル，チュニス，中国などにも知られている．Bernissart の群集は攻撃者に追われたか何かの異常現象に驚いて狂奔疾走，断崖より墜落溺死したものらしい．*Iguanodon* や *Allosaurus* のような巨型動物の単一群集が化石群となっているのは自然死でなく，一種の災害による死を意味し，今日アフリカの草原にある屍群をよく観察する必要がある．

* トカゲ類イグアナの歯という意味．最初 Mantel がイギリスで発見した時の想定ではトカゲ類に入れていた．恐竜類は後 Owen が設定した．
** 組立骨格全部を大きなガラスケースで被ってあり，頭を 2 階廊下より眺めるようにしてある．
*** 北米ユタ州クリーブランドロイドの Morrison 層では *Allosaurus* 化石のみ多見つかるのに，その餌となったらしい *Camptosausus* 等草食竜化石はほとんど発見されない．ベルニサールの場合はその逆である．

158. バクトロサウルス *Bactrosaurus johnsoni* Gilmore
162. エドモントサウルス *Edmontosaurus regalis* Lambe

Bactrosaurus は全長 19 m，肩高 7.5 m 大．カンガルー状で尾長く後肢巨大に発達するが，前肢は短い．頭は細長く吻部は多少ひろがり鶴嘴状となる．歯は扁平へら状．1933 年 Gilmore が外蒙ゴビ砂漠よりアメリカ中央アジア探険隊が持ち帰った標本につき報告した．その後類似種がカザクスタンの白亜紀後期層よりも知られている．**159. マンチュロサウルス（満州竜）** *Mandschurosaurus amurensis* Riobinin は北満アムール河沿岸の白亜紀後期産で，レニングラード博物館に骨格あり，鴨嘴著しく目の下で大いにせまくなる．**160. ニッポノサウルス（日本竜）** *Nipponosaurus sachalinensis* Nagao は *Kritosaurus* に似て鴨嘴の上の鼻の部分が肥厚したらしい．南樺太川上炭坑のヘトナイ統砂岩層より産し，長尾巧が研究したが，その標本（北大）は組立てられていない．

161. プロサウロロフス *Prosaurolophus maximus* Brown は北米 Alberta の上部白亜系 Belly River 層より知られ鴨嘴を有するが，頭頂平坦で突起はない．本属より進化した *Saurolophus* はカナダの上部白亜系 Edmonton 層より産し，頭頂部に短い棒状突起が後方に向く．ゴビの上部白亜系よりも *S. angustirostris* が知られ，その立派な組立骨格がソビエト古生物学研究所にあり，日本へも恐竜展として紹介された．

Edmontosaurus は全長 8.4 m．尾長く後脚強大であり頭が比較的大きい．鴨嘴は割合に発達し，*Hadorosaurus* に似る．歯は扁平へら状のものが数列ぎっしりと並び毬果の表面のようである．カナダ・アルバータの白亜紀後期 Edmonton 層より産し，王立オンタリオ博物館に完全骨格がある．

〖真四肢類〗〚爬虫類〛〔恐竜類〕 79

157. イグアノドン（とかげ竜）▶

▼ 158. バクトロサウルス

80　有羊膜亜門　　竜型超綱

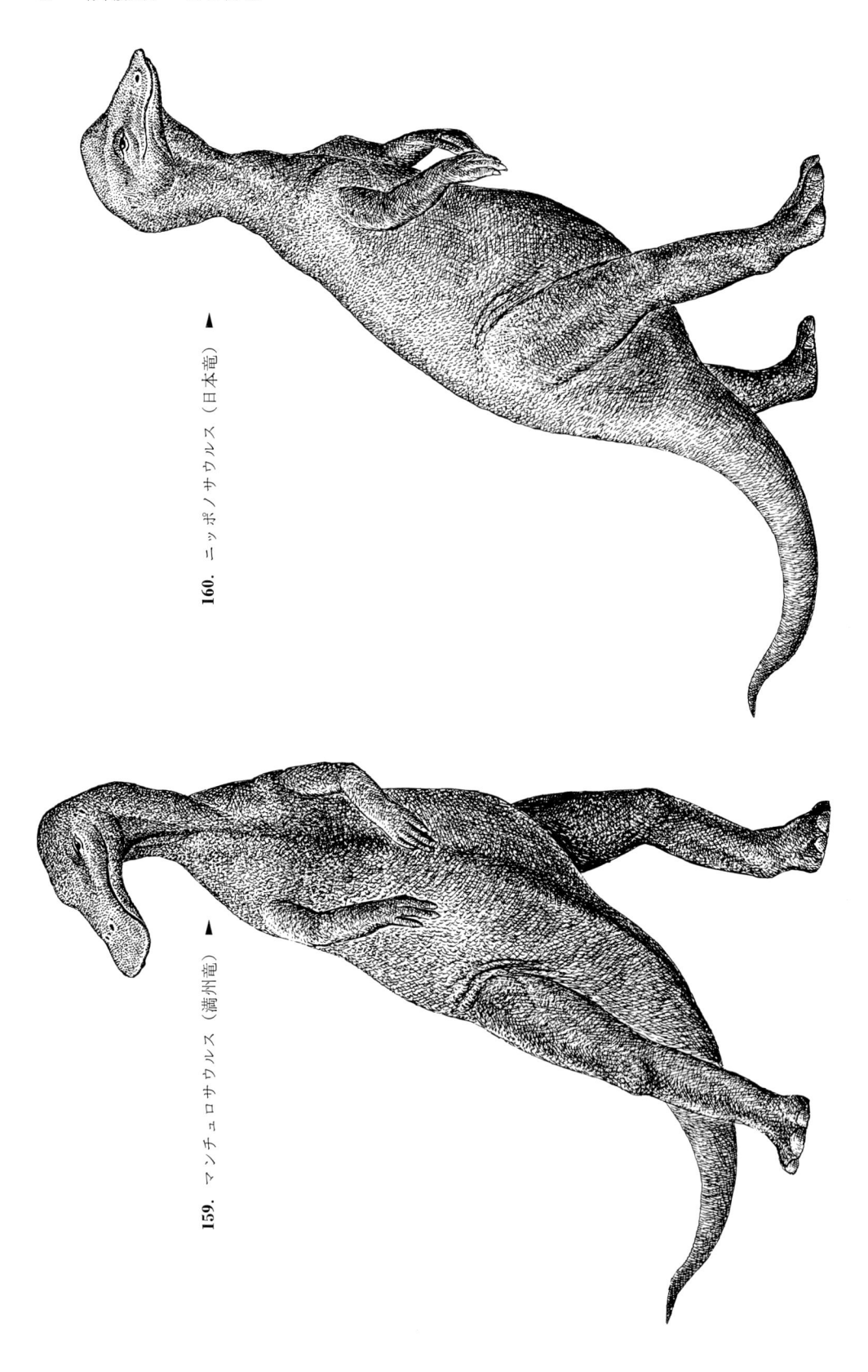

▲ 160. ニッポノサウルス（日本竜）

▲ 159. マンチュロサウルス（満州竜）

〖真四肢類〗〚爬 虫 類〛〔恐 竜 類〕 81

161. プロサウロロフス ▶

◀ **162.** エドモントサウルス

163. プシッタコサウルス（おうむ竜） *Psittacosaurus mongoliensis* OSBORN
164. プロトイグアノドン *Protiguanodon mongoliensis* OSBORN

前者は全長 1.5 m 大．2脚性で尾が長いが前肢も割に大きく時には4脚を地面につけたかもしれない．両肢とも4趾で前肢は第4趾がもっとも短く，第3趾最長，後肢は第1趾がもっとも短く縮少する．頭骨は短く高く左右は扁平で吻部には歯がなく上下顎とも烏嘴のようになっており，オウムに似ている．頬歯はエナメルで被われ扁平で稜がある．1923年 OSBORN が蒙古 Artsa Bogdo の白亜紀初期 Oshih 層より報告した．速く走ったであろうし，多分草食性と思われる．

後者は全長 1.5 m．前者によく似ているが前肢比較的小さく頭骨の状態も多少異る．1923年 OSBORN が蒙古の白亜畳初紀 Ondai Sair 層より報告した．両者とも OSBORN の復元骨格図によって描いた．スタイル多少ことなるが本質的に大差なく別属にする必要があるか疑わしい．

165. トラコドン（鴨嘴竜，かも竜） *Trachodon mirabilis* LEIDY

全長 8 m 大．頭骨長 1 m．尾長大，前肢よりも後肢大で2肺性，捕食・排せつ・産卵の時は前肢を地面につけたであろう．頭骨は低く長く吻部さながら鴨の嘴のように拡大し，上下顎とも先端には歯がない．鼻孔大きく，嘴の根もとのくびれた部分にある．2対の側頭窩は小さく，目は頭の上方につく．歯は扁平へら状で前後縁にぎざぎざがある．多数の歯が4列以上ぎっしり密列し，毬果の表面のようになる．北米モンタナ州の白亜紀後期 Judith River 層より産した．ニューヨークのアメリカ自然史博物館に骨格がある．ワイオミング州，ダコタ州等の白亜紀後期 Laramie 層にも類似種が産する．本属は *Anatosaurus* と同属とされ，この方は *annectens, copei, sashatchewanensis, edmontoni, longiceps* 等各種があり，モンタナ州やカナダアルバータの Lance 層にも産する．*Hadrosaurus* も同属とする人がある．この方は *foulkii, minor, tripas* 3種あり，北米ニュージャージー州や南カロライナ州に産する．歯よりみるとかなり硬い草を食ったらしく，見はらしのきく草原を速く走っていたと思われ，また湿地帯にも出没したとされている．ミイラ化石の中に針葉樹の葉や毬果がつまっていたので，針葉樹のような硬度の植物を食っていたことがわかった．硬度の皮膚は多くの骨質鱗片よりなり化石となって保存されている*．OSTROM, 1969 は嗅覚と視覚が発達し，肉食竜の臭気をかいで逃走したとのべている．

* そのすばらしい化石がニューヨークのアメリカ自然史博物館恐竜室に陳列されている．

〖真四肢類〗 〚爬虫類〛 〔恐竜類〕 83

163. プシッタコサウルス
　　　（おうむ竜）▶

▲ 164. プロトイグアノドン

◀ 165. トラコドン（鴨嘴竜, かも竜）

166. コリトサウルス（かんむり竜） *Corythosaurus casuarius* BROWN

　全長 10 m，尾は長大で2脚性，後肢よく発達し巨大で3趾．前肢は比較的小さく4趾．頭高く頭頂に扁平な半円形の冠がある．これは前顎骨と鼻骨よりなり，中空で潜水シュノーケルのように空気をためるのに使ったとされていた（1940 年代）．OSTROM, 1969 は肺の容量の 4% しかなく，現生爬虫類の嗅覚器の研究より，冠は伸長した鼻管つまり発達した嗅覚器を示すとした．鼻孔は前方にあったらしいが，内鼻孔は冠の側下方にあったらしい．歯は *Tracodon* に似て多数のへら状のものが密列している．脊椎骨はよく発達しがんじょうで，神経突起も長く，互いに密接する．また靱帯もよく発達していて，水中遊泳時体をかなり自由に曲げたらしい．つまり湖沼中にすんでいて，水中にもぐることもうまく，肉食竜の攻撃をさけえたようである．夜行性であったかどうかはわからない．カナダ Alberta の白亜期後期 Belly River 層より産する．ニューヨークのアメリカ自然史博物館には完全骨格で皮膚のついたままの化石がある．硬度の皮膚は *Trachodon* のものとよく似ている．本属と似たものに *Lambeosaurus* があり，この方は吻部がいっそう発達し，下方にたれ下り，冠もさらに肥厚して前方にとび出したりする．NOPSCA, 1929 は冠の有無を性差によるとした．長冠の *Parasaurolophus* PARKS は無冠の *Kritosaurus* BROWN の牡だというのである．NOPCSA 説をベルニサールの *Iguanodon* に適用すると，牝ばかりということになった．

167. パラサウロロフス（ながかんむり竜） *Parasaurolophus walkeri* PARKS

　全長 5 m 大．カンガルー形で尾長く後肢巨大な二脚性の草食竜．全体として *Corythosaurus* 的であるが，頭上の冠は頭後方へ異常に伸長し，長い棍棒状を呈する．この棒状骨は前頭骨と鼻骨より構成され，切断すると内部は4個の中空管が走っていて，外鼻孔より吸入された空気が上2管を通り，さらに下2管を逆流して内鼻孔に達するようになる．潜水時シュノーケル的に役に立ったものかもしれない．吻部は多少鴨嘴状に拡大する．歯は *Corythosaurus* に似ている．脊椎骨の発達も大同小異である．カナダ・アルバータの白亜紀後期 Belly River 層より発見，PARKS の報告がある．トロントの博物館に骨格化石が陳列されている．類似種の *P. tubicen* の方は棒状骨さらに長く内部は2管が走る．この方は *P. walkeri* よりも後期に現れた．

〚真四肢類〛 〚爬虫類〛 〔恐竜類〕　85

◀ **166**. コリトサウルス（かんむり竜）

◀ **167**. パラサウロロフス（ながかんむり竜）

168. ステゴケラス（こぶ竜） *Stegoceras validus* LAMBE
169. パキケハロサウルス（いぼこぶ竜） *Pachycephalosaurus grangeri* BROWN & SCHLIKJER

　前者は全長 1.3 m 大の小形竜で尾長く二脚性，後肢は大ですらりとしている．前肢は小さい．多分軽快に速く走ったと思われる．頭は短く頭上に肥厚した瘤があり，骨質でかたい．この石頭のようなものをどう使ったかは正確にわからない．防御にしたという意見があるが，頭でぶつかったとしても小形竜だから大した役に立つとも思えず，むしろ蟻塚のようなものを破壊するのに使ったとした方が，まだ合理的である．歯は扁平だが先がとがり粗に並んでいるので，食性も単純な草食性でなかったかもしれず，昆虫を食ったかもしれない．北米モンタナ州の白亜紀後期 Judith River 層より産する．*Troödon* ともいう．

　後者は全長 6 m 大．前者に似るが頭上の瘤はいっそう発達し，後頭部にも鼻面にも多数の小さい瘤が生えている．頭自体が破壊器官になっているけれど，体はそうでないから，防御とはいえない．北米モンタナ州の白亜紀後期より産した．防御を何でしたか，毒性の分泌液か悪臭であったかもしれない．

〖真四肢類〗〚爬虫類〛〔恐竜類〕 87

◀ 168. ステゴケラス（こぶ竜）

169. パキケハロサウルス（いぼこぶ竜）▶

【剣　竜　目】 Stegosauria（けん竜類）

170. ステゴサウルス（けん竜）　*Stegosaurus stenops* Marsh
171. ケントルロサウルス（とげ竜）　*Kentrurosaurus aethiopicus* Hennig

　前者は全長 4.4 m 大．胴太く四脚性で脚は直立．前肢は後肢より小さい．後肢は 4 趾で第 4 趾は痕跡的．前肢は 5 趾．腰部もっとも高く 2 m．頭小さく細長く，吻部とがり亀の嘴状．歯は小形扁平でエナメルに被われる．背中に 9～10 対の大形亜三角形の骨板が並び，尾には 2 対の棘が並ぶ．草食性のおとなしい竜で攻撃された時，骨板をならして，おどしたと思われ，あるいは毒液を持っていたかもしれない．胴には粗ないぼがちらばっていた．ワイオミング州のジュラ紀後期 Morrison 層より知られる．類似種の *S. ungulatus* Marsh はコロラド州の同層より知られ，Nopcsa の *S. priscus* や Hulke の *S. durobrivensis* はイギリスのジュラ紀より知られる．腰帯の構造は鳥脚亜目と似ている．

　後者は全長 4 m 大．前者よりもやせており背には前半に 7 対の骨板，後半に 7 対の棘が並ぶ．骨板は亜三角形で小さく，棘は長くて鋭い．頭骨は前者に似ている．東アフリカの Tendaguru のジュラ紀後期層より産し，東ドイツのベルリン博物館に骨格がある．

〖真四肢類〗 〘爬 虫 類〙 〔恐 竜 類〕 89

▲ **170.** ステゴサウルス（けん竜）

▲ **171.** ケントルロサウルス（とげ竜）

【鎧竜目】 Ankylosauria（よろい竜類）
172. ポラカンタス *Polacanthus foxii* Hulke
174. スコロサウルス（よろい竜） *Scolosaurus cutleri* Nopcsa

前者は全長 3 m 大．細長く尾も長い．四肢は長くてとくに大腿骨がそうである．腰部高く胴後半は四角い扁平な大きい骨板の甲に被われその表面はいぼが多い．頸より胸にかけ背に 7 対の大きな棘が並ぶ．また尾にも 11 対の三角形板が並ぶ．この棘の状態から剣竜に似ないでもないが，甲羅をかぶることと頭が肥厚して厚い骨質のたかまりになっている点では，異なっている．棘や甲羅のない 173. アンキロサウルス *Ankylosaurus* でも頭は似ている．イギリス Wight 島の白亜紀初期 Wealden 層より産し，Nopcsa の復元した図によって描いた．

後者は全長 5 m 大，体ずんぐりと太く肥厚し，低い．胴より尾にかけ骨質の甲羅に被われるが甲は 10 個以上の節にわかれる．また多くのいぼが生えており，尾端の 1 対は巨大な太い棘になっている．頭は細長く吻部には歯なく，鳥の嘴状．顎の歯はきわめて小さく扁平で稜がある．カナダのアルバータの白亜紀後期 Belly River 層より産した．ワイオミング州のジュラ紀後期 Morrison 層産の *Nodosaurus* も似たような甲羅に被われるが，棘やいぼは発達しない．イギリス・ドーセットの下部ジュラ系産 175. スケリドサウルス *Scelidosaurus* は体長 4 m，尾長く，鰐状の甲で被われる．蒙古の白亜紀後期 Djadochta 層産の *Pinacosaurus grangeri* Crlmore は後頭部に 2 対の角がある．一般に鎧竜は竜のタンクともいえるほど，ごつい武装をするが，防御もあるが，今日のアルマジロと同様，地中にもぐって昆虫などを食ったのではないかと思われる．

〖真四肢類〗〚爬虫類〛〔恐竜類〕　91

▲ 172. ポラカンタス

▲ 173. アンキロサウルス

▲ 174. スコロサウルス

▲ 175. スケリドサウルス

【角　竜　目*】 Ceratopsia（つの竜類）

176. プロトケラトプス（かぶと竜）　*Protoceratops andrewsi* GRANGER et GREGORY
177. モノクロニウス（いっかくつの竜）　*Monoclonius nasicornus* BROWN

　　前者は全長 2.4 m 大の小形種．体太短く尾もそう長くない．前肢は後肢よりやや小さいが四脚性．頭不釣合に大きく，後頭部にうすい大形のひだがあり，骨板は中央に1対の孔がある．頭上よりみると三角形で吻部は鳥の嘴のようにとがる．頬にいちじるしい突起がある．歯は臼状のものが 10 個以上並び，爬虫類としては複雑な方である．1923 年 GRANGER と GREGORY が蒙古の Shabarak Usu の白亜紀後期 Djadochta 層より報告．卵殻の集まった巣の化石で有名．卵中の胎児の化石から各種発育段階の個体が多数得られ，ニューヨークのアメリカ自然史博物館にある**．中央亜細亜探検隊長 ANDREWS の名がつけてある．

　　後者は全長 5.16 m．体重厚で四肢もがんじょう，前肢は5趾，後肢は4趾．脊柱重々しく，靱帯もよく発達，多分運動活発で強力な尾で敵をひっぱたいたと思われる．頭大きく鼻上に鋭い1本の大角を有する．後頭のひだの周縁はぎざぎざがある．眉上はすこし瘤状にたかまる．吻部は鳥の嘴状．歯は前者と同じで，たぶん硬い草を食い見晴らしのきく草原にすみ，今日のヤギュウやサイのような生態であったと思われる．カナダ・アルバータの白亜紀後期 Red River 層より産し，ニューヨークのアメリカ自然史博物館に骨格がある．

　　　*　騎竜目ともいう．
　　　**　ソビエトの恐竜展が日本で行われた時，幼体骨格化石が陳列された．

〖真四肢類〗 〚爬虫類〛 〔恐竜類〕 93

▲ 176. プロトケラトプス（かぶと竜）

▲ 177. モノクロニウス（いっかくつの竜）

178. トリケラトプス（さんき竜）　*Triceratops prorsus* M<small>ARSH</small>
179. スチラコサウルス（しちかく竜）　*Styracosaurus albertensis* L<small>AMBE</small>

　前者は全長 7.7m 大．角竜としては平均的スタイルで代表的な種である．胴太く四肢は重厚，前肢は4趾，後肢は3趾である．脊柱重々しく発達，腰骨も肩胛骨も大きくよく発達，今日のヤギュウやサイと比べても劣らない．ただヤギュウの肩部脊椎骨のような長大な突起の発達はないので，頭をどれだけふり動かしたかは問題であるが，第1・第2頚椎骨が爬虫類的でなく哺乳類的に発達するから頭を上下左右に動かす運動はうまかったと思われる．眼上の1対の角と鼻上の1本の角が武器となった*．吻部は鳥嘴状．三角錐状のとがった歯が4重以上に積重なって生えている．北米ワイオミング州の白亜紀後期 Lance 層より産し，類似種はモンタナ州やコロラド州に産する．

　後者は全長 4m 大．体格は前者に似るが後頭部のひだの後縁は伸長して3対の角となる．鼻上の1角も大きく突出し，全部で7本も角がある．頬もぎざぎざの突出があり，頭全体の印象はある種のカニのようである．カナダのアルバータの白亜紀後期 Belly River 層に産し，モンタナ州の Two Medicine 層にも産する．角竜類は種類が多く，*Triceratops* は最後まで残った．白亜紀末期に急激に滅びたのでなく，Belly River 層内で次第に数を減じて行った．生存競争の相手も敵もいなかった．繁殖に必要な個体数が漸減し繁殖集団が滅びた．ニューメキシコ州の Kirtland 層の 180. ペンタケラトプス *Pentaceratops* は眉上に1対，鼻上に1本，頬下に1対の角あり，後頭部ひだは長大にのび，角竜のうちでは最大に発達した．

　　* *Triceratops* が *Tyrannosaurus* に攻撃された時，どのような鳴声を発したか類推は目下不可能で，このような努力は無意味ともされよう．作家の筒井康隆は暴君竜「ガオーッ」*Triceratops*「ギエーッ」より暴君竜「ピーヒョロヒョロ」*Tri.*「テケテンテン」の方がパロディとして面白いと書いている（『私説博物誌』，p.128）．想像は御自由として古生物学専門家は解剖学上，生理学上の追究努力をおこたってはならない．

〖真四肢類〗 〚爬虫類〛 〔恐竜類〕 95

▲ 178. トリケラトプス（さんき竜）

▲ 179. スチラコサウルス（しちかく竜）

▲ 180. ペンタケラトプス

<翼竜綱> Pterosauria（翼竜類）

【嘴口竜目】Rhamphorhynchoidea
181. ランホリンクス　*Rhamphorhynchus gemmingi* v. Meyer
182. ディモルホドン　*Dimorphodon macronyx* Backland

　前者は全長 80 cm に達する．尾長く先端は菱形に拡がり，一種のカジとなる．後肢比較的短く5趾だが趾は長い．コウモリのように後肢の趾で枝にぶら下ったらしい．前肢は4趾だが第5趾のみ異常に太く伸長し4趾骨よりなる．これが皮膚を支えて翼を形成した．頭は細長く上下顎は大きく鋭い棘状の歯がまばらに生えていた．目は大きい．腰骨の形状は一見鳥類に似たところもある．南ドイツ・ババリヤ Eichsätdt のジュラ紀後期石版石中より産する．空中を滑走し，昆虫類を食った．

　後者は全長 112 cm 大で尾長く，末端には前者のような菱形の拡がりがない．四肢や皮翼は前者に似るが，頭大きく鼻孔・眼窩の他に2対の側頭窩がある．鋭い棘状歯が粗に生える．イギリス Dorset 州のジュラ紀初期 Lias 層より産し，1870年 Owen が本層を提唱した．なおソビエトのカラタウのジュラ系頁岩層より産した本亜目の *Batrachognathus volans* や *Sordes pilosus* は Rozetsvensky によると有毛の化石が知られている．このことは翼竜類が一般に毛を具えていたことを示し，翼竜の分類学的位置判定に重要な指針となる．カラタウは西のババリヤ，東の熱河凌源とともに世界的に保存のよいジュラ紀化石を産し，種々の植物・昆虫・魚類も知られている．

〖真四肢類〗〚爬　虫　類〛　97

◀ 181. ランホリンクス

▲ 182. ディモルホドン

【翼手竜目】 Pterodactyloidea
183. プテロダクチルス（こうもり竜） *Pterodactylus spectabilis* MEYER
184. プテラノドン（ペリカン竜） *Pteranodon occidentalis* MARSH

　前者は全長 10 cm, 翼をひろげた開張 28 cm 大. 尾がなく後肢は 5 趾で第 1 趾は縮小退化する. 前肢は 4 趾で第 5 趾が長大に伸び被膜を支える. 頭比較的大きく長三角形で嘴端部に鋭い歯が生える. 南ドイツ Eichstädt のジュラ紀後期石版石に完全な骨格化石が得られ, 本種のほか *P. elegans* WAGNER, *P. suericus* QUENSTEDT, *P. antiquu* SOEMMERING, *P. kochi* WAGLER 等種類多く, イギリスや東アフリカにも知られる. ドイツの石版石から出る *Ctenochasma* は吻部非常に長く伸長し, 鋭く長い棘状歯が密に並ぶ.

　後者は翼をひろげた長さ 6 m にも達する大形種で, 尾がなく胴は短いが, 翼は巨大である. 頭の後方棒状に伸長し, 吻部も細長くのびるが歯がない. これは海面上を飛び魚をすくって丸呑みしたものと思われる. たぶん下顎の下や頸の部分に皮膚の袋があったのであろう. 北米カンサス州の白亜紀後期層 Niobrara に産した. EATON の復元図によって描いた. 破片はオレゴン州やソビエトにも産する. カンサスからは同種の 185. **ニクトサウルス** *Nyctosaurus gracilis* MARSH が産する. この方は翼長 2.8 m で後頭部の突起はない. また新彊省ズンガリ盆地の中部白亜系より出た *Dsungaripterus weii* YOUNG は頭蓋ふくれ眼窩大で歯が発達する. 全身はよくわからない.

　なお O. ABEL, 1919 は *Pterodactylus* も海上を飛びながら魚を捕ったようにみなした復元図を描いたが, 歯よりみると昆虫等を食ったかもしれず, 魚食と決めるには問題があるかもしれない.

〚真四肢類〛 〚爬虫類〛 99

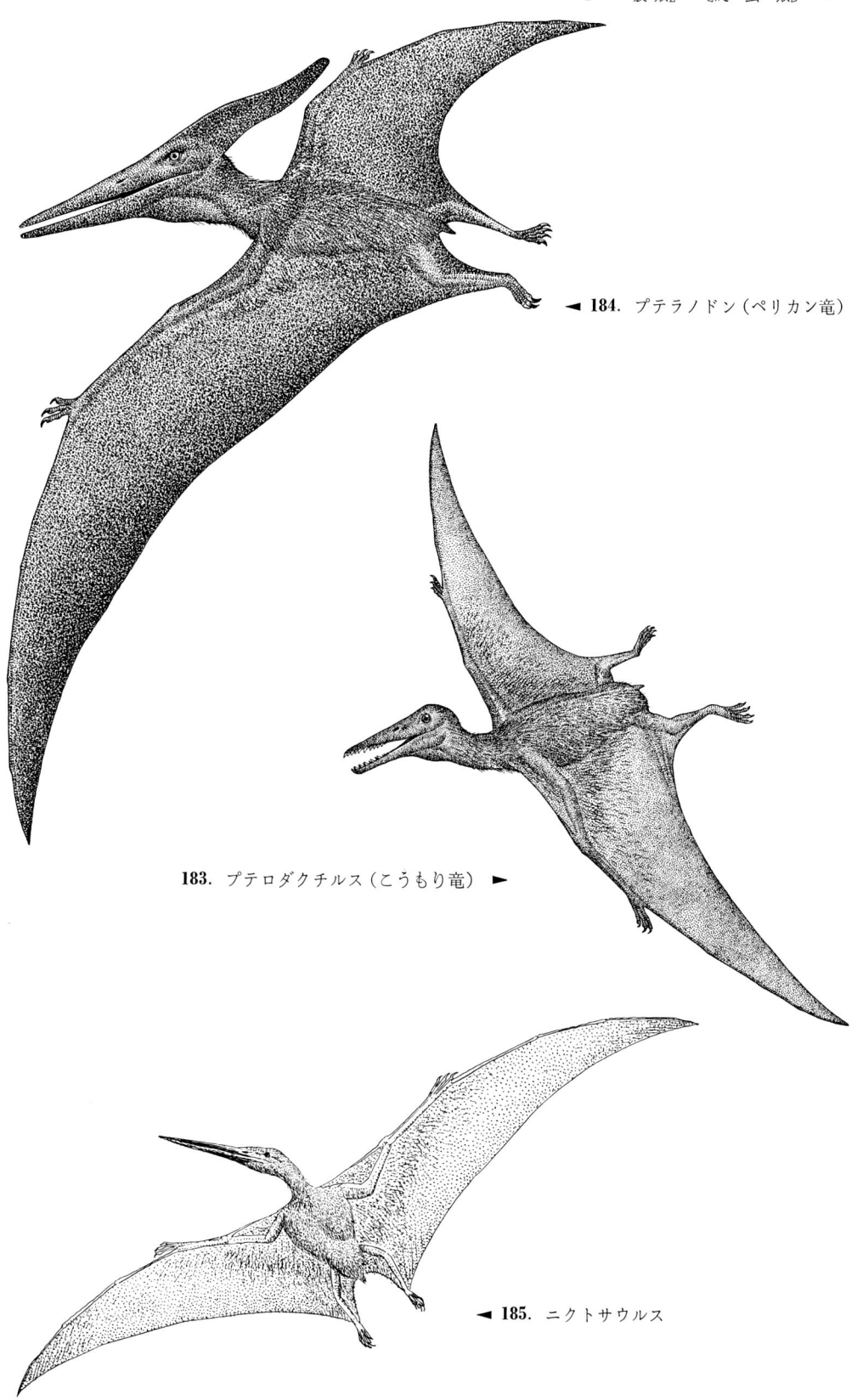

◀ **184.** プテラノドン（ペリカン竜）

183. プテロダクチルス（こうもり竜）▶

◀ **185.** ニクトサウルス

〔鳥　　類〕 Aves

＜鳥　　綱＞ Aves

古鳥亜綱　Archaeornithes

【始祖鳥目】　Archaeopterygiformes

186. アルカエオプテリクス（始祖鳥）　*Archaeopteryx lithographica* MEYER

　　全長 40 cm 大. 長い尾があり, 尾椎骨に 1 対ずつの羽根が生える. 羽翼を現代鳥のように開閉できない. 羽毛は保温のためとされる. 前肢は翼となるが, 3 本の趾がまだ残っており, 長い爪で物をつかむことができるようになっている. 胸骨の発達は貧弱で現代鳥のような楯状ひろがりがなく, 翼の力は弱かった. 頸長く, 頭骨は現代鳥のようで, 眼窩にはきょう膜骨輪を有する. 嘴の前部には鋭い円錐形の歯が並ぶ. 爬虫類でなく立派な鳥であるが, 骨格は爬虫類的要素が残っている. 骨は化骨強く充実して重いので, 飛翔時体重軽減に役立たなかった. 飛ぶ能力は大でなく, 枝から枝へ滑空する程度であったらしい. 南ドイツ・ババリヤの Eichstädt のジュラ紀後期石版石に産する. 1861 年 VON MEYER が 1 個の羽根化石を *Archaeopteryx lithographica* として報告（ミュンヘン大学標本）, 1862 年ロンドンの大英博物館の骨格（頭部がない）は *Archaeopteryx macrura* OWEN とされ, ベルリン博物館の骨格（頭部あり）は 1877 年 *Archaeornis siemensi* DAMES とされ**, 別科別属とする意見もあったが, 今日では同一種とされている. 第 4 標本が戦後発見され, 南ドイツのエルランゲン大学にある. 羽根の紋様色彩は一切わからない. 歯より見て昆虫等を食ったらしい. 始祖鳥の発生については BEEBE, 1915 は原始鳥が前後肢とも翼のある 4 翼説を唱え HEILMANN は反対で 2 翼説であった. 爬虫類と鳥類の真の中間的なものは発見さていずミッシングリンクになっている. 1970 年 HEPTONSTOOL は鳩と始祖鳥の前肢骨の強度（骨の太さ）を比較し, 翼の体重保持力は大でなく, 500 gr の体重による翼の圧力が大で, 滑空がやっとで羽ばたくと前肢骨は折れてしまうといっている. 500 gr もないとする意見もある. 尾骨も新鳥類のように衝撃の吸収力がないので, 安全に離着陸ができなかったろうとされる.

　　　*　樹上の運動はオウムやインコ類のようであったらしい. HEILMANN, 1947 は羽根の構造を論じ, 現代鳥の翼とことなり, パラシュートの役しかしなかったと説いた.
　　　**　大英博物館地学部の WATERHOUSE は 500 ポンドを出し, ベルリン大学は *A. siemensi* に 1000 ポンドを出した. 発見者の医者 HERBERLIN は 1800 ポンドを申し出ていたという.

【古　鳥　目】　Palaeognathae (Dromaeognathae)

〔ダチョウ亜目〕　Struthiones

187. ディノルニス（恐鳥）　*Dinornis maximus* OWEN

　　完全な走禽で高さ 3 m 以上. 前肢や翼はない. 尾はきわめて短く, 短い尾羽が叢生する. 大腿骨は短いが, 脛骨きわめて太く長く大発達をする. 頭は比較的小さい. ニュージーランドの第四紀におびただしくいたが, マオリ族のため全滅した. 沼沢地やマオリ族の貝塚に骨や卵殻がたくさんみつかり, 洞穴中から骨格が発見された. 皮膚・靱帯・羽根等も知られている. *Palapteryx*, *Anomalopteryx*, *Megalapteryx* 等いずれもニュージーランドで滅びた恐鳥類である. 土人はモアといい, 1879 年 OWEN の総括研究がなされた. ひととおりの骨格は大英博物館にある.

　　マダガスカル島の象鳥 *Aepyornis maximus* GEOFFROY も似たもので高さ 3 m に達した. その卵殻は長さ 30 cm である. 現在のエミユや火喰鳥に近いとされる. 更新世末に滅びたが, 元来アフリカ大陸より渡ってきたとされている. パリの博物館に骨格がある. 卵殻化石は日本にもやってきている.

　　長谷川善和 1976 は北九州の芦屋層群よりモアのに似た蹠骨化石などを報告した. それはペンギン類に似たペリカン系統の鳥という見解を抱いている. 南半球だけにいるペンギン類に対して北半球に別系統の鳥でペンギンのように進化した鳥のいたということは, 生物進化の上でいう収斂現象であり, 近年におけるきわめて注目すべき例である. なおアフリカの駝鳥の化石（卵殻）が中国の第四紀黄土層にも見つかるのは面白い.

▲ 186. アルカエオプテリクス（始祖鳥）

◀ 187. ディノルニス（恐鳥）

〔新鳥亜綱〕 Neornithes

【歯嘴趣目】 Odontognathae
【イクチオルニス目】 Ichthyornithiformes
188. イクチオルニス *Ichthyornis victor* MARSH
【ヘスペロルニス目】 Hesperornithiformes
189. ヘスペロルニス *Hesperornis regalis* MARSH

　前者は全長 23 cm 大．鳩ぐらいの大きさ．頭比較的大きく嘴に歯がある．胸骨は楯状に大きく発達する．尾は短く縮小し現代鳥のように開閉できた．翼も現代鳥的で趾はない．肉食性であったと思われる．北米カンサス州の白亜期後期の海成層に産し，MARSH は5種を区別した．MARSH の復元図によって描いた．紋様色彩不明．
　後者は全長 136 cm 大，胴細長く後肢は強大で水かきがあり，泳ぐのに適していた．前肢は退化消失している．頭骨細長く嘴に歯がある．完全な水禽で飛ぶことができず，水中にもぐることは上手であった．魚を食っていた．北米カンサス州の白亜紀後期の海成層に産し，MARSH の復元図によって描いた．現代のアビに似ているとされる．紋様色彩不明．

〖真四肢類〗 〖爬虫類〗 〔鳥　　類〕

▲ 188. イクチオルニス

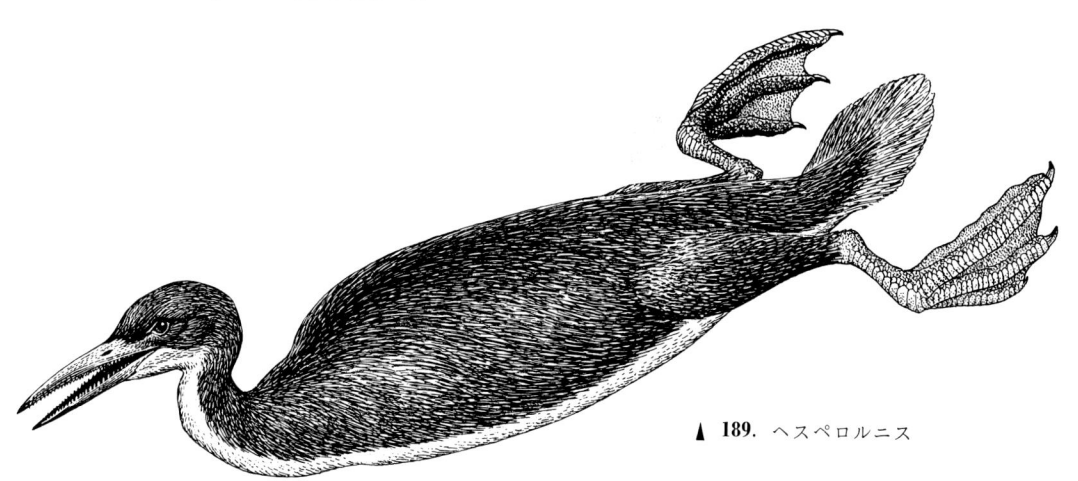

▲ 189. ヘスペロルニス

【真　鳥　目】　Euornithes
〔ディアトリマ亜目〕　Diatrymae
190．ディアトリマ　*Diatryma steini* Matthew et Granger
〔ツル亜目〕　Gruiformes
191．ホルスラコス　*Phorusrhacos inflatus* Ameghino

前者は高さ2m大，翼なく頸は太く強大．頭大きく巨大な嘴を有する．腰骨や大腿骨脛骨いずれも巨大で，脚はものすごく強く武器となったようである．北米ワイオミング州の始新統より Matthew と Granger が報告，似た種はニューメキシコ州やニュージャージー州の始新世にも産する．完全な絶滅鳥で現在鳥との類縁関係がよくわからない．

後者は高さ1.5m大．水禽で翼はきわめて小さくたぶん飛べなかったと思われる．肢は強大で長い．頭高く嘴が大きい．アルゼンチン南部パタゴニヤ地方の第三紀中新世より Ameghino が報告し，Andrews の復元図によって描いた．

〔ワシタカ亜目〕　Accipitres
192．テラトルニス　*Teratornis merriami* Miller

頭高75cm，両翼開張4m．コンドル *Vultur* の絶滅類．ロスアンジェルス市 Rancho La Brea の有名なタール沼の遺跡より産する．更新世のこのタール沼のタール層には，各種の哺乳類や鳥類の化石が豊富に産する．水を飲みにきた鳥獣は水底のタールに脚や翼をとられ溺死した．屍を食いにきた連中も同種の運命に落ち入った．タール穴（ピット）の化石鳥は各種のものがあるが最大の鳥が *Teratornis* である．カリフォルニアコンドルやラブレアコンドルのように今日の南北米産各種コンドルに属するものもあり，カリフォルニアコンドルは現生種の直祖とされている．コンドル類は腐肉を食っているが，*Teratornis* はこの類のみならず飛鳥類のうちでは最大のものである．生時は50ポンドの重量があったとされる．骨格はワシとコンドルの特徴が混じており，頭頂平らで嘴は左右より偏圧された形である．脚はコンドル的で，胴頭翼に比べて小さく弱々しい．生時嘴には肉ひだがついていたらしい．復元図は Robinson 夫妻の図を元にして描いたが，頭部の詳細は正確でない．ロスアンジェルス付近の山岳にすみ Lancho La Brea の腐屍臭が上昇気流にのって登るのをとらえ，一気に降下して沼の屍を襲ったろうが，タールの陥し穴に気づかなかったのは他の連中と同じだった．大体鳥類のように運動の速く，移動の激しいものは化石になりにくいが，このような特殊な場所では，まとまって化石となる．*Teratornis* の骨格はロサンジェルス市博物館に陳列されており，La Brea 層の化石発掘は今日でも行われていて，見学することができる．Miller が La Brea からはじめて報じたが，その後カリフォルニアの Carpinteria や McKittrick のタール層，さらにフロリダやメキシコの Nuevo Leon からも知られるようになった．

〔真四肢類〕〔爬虫類〕〔鳥　類〕　105

◀ **190**. ディアトリマ

▲ **191**. ホルスラコス

◀ **192**. テラトルニス

獣形超綱　Theromorphoidea

＜盤竜綱＞　Pelycosauria

【盤 竜 目】 Pelycosauria

193. オフィアコドン　*Ophiacodon mirus* MARSH
194. バラノプス　*Varanops brevirostris* WILLISTON

　前者は全長 1.67m 大．トカゲ形で尾長く四肢は短い．たぶん腹を地面につけて歩いたと思われる．頸短く頭は比較的大きい．頭細長く高く左右に短い．目は上方につく．上顎部広く，下顎は先端部細いが後方は次第に高くなる．円錐形の鋭い歯が多数並ぶが，場所により大いさが一様でない．口蓋にも粒状歯が一面ついている．多分水中にすみ魚を食っていたろうとされている．北米ニューメキシコ州の二畳紀初期の Abo 層より産し，ROMER の復元した図より描いた．

　後者は全長 1m 余．トカゲ状で尾長く四肢は短く弱々しい．腹を地面につけて歩いたが水中ではイモリのように自由に運動したであろう．前後肢とも 5 趾．頭は比較的小さく上よりみると三角形．多数の細かい円錐歯が並ぶ．場所により大きさがことなる．北米テキサス州の二畳紀初期 Clear Fork 層より産した．盤竜類はかなり原始的で，側頭窩は 1 対しかなく，頬竜類より分れ出たものである．

195. ハプトダス　*Haptodus saxonicus* HUENE
196. カ　セ　ア　*Casea broili* WILLISTON

　前者は全長 1m 余．尾長く四肢短く胴を地面につけて歩いた．トカゲ状で頸短く，頭はかなり大きい方であるが，高くて左右にせまい．下顎の後方厚くなり，顎全面に鋭い円錐歯が生える．側頭窩は 1 対で小さい．東ドイツ・ドレスデン近傍の二畳紀中期 Rotliegend 階より産し，HUENE の復元図によって描いた．数種ある．ニューメキシコの二畳紀初期 Abo 層産の *Sphenacodon* も本種に近い．

　後者は全長 1.1m 大．トカゲ形で尾細長く胴次第に前方に高くなり，肩部でもっとも高い．四肢短く弱々しく胴を地面につけて歩いた．頭小さいが，吻部は下方にひっこんだようになり，鼻孔の上がもっともいちじるしく突出する．比較的大形の円錐歯が密に並ぶ．頭は上方より見ると三角形で，頭骨背面は凹んだあばた面となっている．北米テキサス州の二畳紀 Clear Fork 層より産し，ROMER の復元した図によって描いた．魚を食ったのかもしれない．

〚真四肢類〛〚爬虫類〛　107

▲ 193. オフィアコドン

▲ 194. バラノプス

▲ 195. ハプトダス

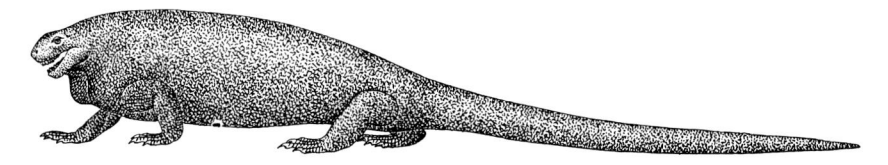

▲ 196. カセア

197. ディメトロドン（帆竜） *Dimetrodon limbatus* Cope
198. エダホサウルス *Edaphosaurus pogonias* Cope

　前者は全長 256 cm．トカゲ状で尾長く四肢は短い．腹を地面につけて歩いた．頭比較的大きく，上よりみると細長い三角形で吻部はとがる．眼窩比較的大きく頭の後方にある．下顎の後方は高くなる．円錐歯が一列に並ぶが，場所により大きさことなり，とくに上顎の第1，第5歯と下顎の第2歯が牙状に発達する．頸椎骨と胸椎骨の神経突起が異様に伸長し，帆のように皮膜でつつまれた．その機能は体温の調節のためともされているが，正確にはわからない．北米テキサス州の二畳紀初期 Clear Fork 層より産し，Romer と Price の復元した図によって描いた．

　後者は全長 326 cm 大．前者と比べると頭比較的小さく，尾が太い．頭骨上よりみると三角形で眼窩の上が，ひさし状にはり出す．頬の歯はとがった円錐歯が何列にも密に生えている．頭頂骨の松果窩は大きい．頸椎・胸椎・類椎上の神経突起は前者のように針状に伸長するが，各突起にはまた数個のいぼ状突起が生じている．北米テキサス州の二畳紀初期 Clear Fork 層より産し，Romer と Price の復元した図によって描いた．

＜獣 形 綱＞ Therapsida

【獣 形 目】 Therapsida
〔獣 歯 亜 目〕 Theriodontia

199. チタノホネウス *Titanophoneus potens* Efremov
200. ジョンケリア *Jonkeria vonderbyli* Broom

　前者は全長 2.4 m 大．全形トカゲ状だが顔はイヌ状．尾長く四肢しっかりとし蹠行性．腰部や肩部も発達し，軽快に走ったと思われる．頭細長く吻部突出，歯は牙状で前顎骨と顎骨に並列．前より6番目の歯がきわだって大きく牙となる．その後方8対の歯はそう大きくない．肉食性であるが食肉獣のような切断用の歯がなく，さながらイルカの歯のようであって，やわらかい肉を食ったらしい．側頭窩は1対で，眼窩の後上方ははり出している．5趾で第1趾が縮小する．1938 年ソビエトの Efremov がボルガ河畔ドヴィナの二畳紀後期層より報告した．

　後者は全長 4.25 m 大．胴ずんぐりと太く四肢もクマ状で蹠行性．5趾．頭は細長く，吻部拡大して上よりみると，へら状．第5歯が大きく牙状となる．その後方 14 対の歯は小さい．口蓋にも小さな3個の歯がある．歯はすべて円錐形．南アフリカの二畳紀後期 Karoo 層群上部 *Tapinocephalus* 帯（Kazanian 階上部と対比）より産する．Broom の復元図によって描いた．

〖真四肢類〗〖爬虫類〗

◀ **197.** ディメトロドン（帆竜）

▲ **198.** エダホサウルス

199. チタノホネウス ▶

◀ **200.** ジョンケリア

201. リカエノプス　*Lycaenops ornatus* Broom
202. スキムノグナタス　*Scymnognathus whaitsi* Broom

　前者は全長 125 cm 大．全形イヌのような食肉獣に似るが頭が比較的大きい．四肢は均整とれて快走したと思われ 5 趾．腕骨や跗骨の発達は爬虫類というより哺乳類的である．頭骨は細長く顎部大に発達し第 6 歯が長大となり牙となっている．第 7〜10 歯は円錐形で小さい．松果窩があるのは原始的．Colbert は本種が第四紀の剣歯虎のような攻撃的生活をしていたろうという．裸皮というより，コモド島の大トカゲのような細鱗に被われたのであろう．南アフリカの二畳紀後期 Karroo 層群上部 *Cistecephalus* 帯に産し，Colbert の復元図によって描いた．

　後者は全長 156 cm 大．前者に似るが頭比較的大きく，四肢はややすらりとしている．顎部大きく上第 6 歯と下第 5 歯が長大な牙となる．その後方歯は上顎 4 個，下顎 5 個でいずれもきわめて小さい．下顎先端部はふくれる．多分餌をひきさいて丸呑みしたのであろう．1912 年 Broom が南アフリカの二畳紀後期 Karroo 層群上部 *Cistecephalus* 帯と *Endothiodon* 帯に産し，Broili と Schröder の復元図によって描いた．

203. ディアデモドン　*Diademodon mastacus* (Seeley)
204. ツリナクソドン　*Thrinaxodon liorhinus* Seeley

　前者は全長 88 cm 大．四肢も尾も短く頭は不鈞合に大きい．5 趾．頭骨上よりみると広三角形で吻部が小さい．前歯 4 対は円錐形．第 5 歯は上下とも長大で牙状．その後方にすきま間あり，後続の 16 対の歯は稜があって哺乳類の頬歯のようである．側頭窩大きく上方にむき，松果窩がある．南アフリカの三畳紀初期 Karroo 層群最上部 *Cynognathus* 帯に産し，Blink の復元図によって描いた．いわゆる犬歯類 Cynodontia の代表者でもある．

　後者は全長 33 cm 大．体細長く尾は短い．四肢はすらりとしている．肋骨は葉状に拡大していて，水中に入ったかもしれぬことを示している．頭骨は上よりみると広三角形で，側頭窩大きく，かん骨間も発達し，顎を動かし咀嚼したことを示す．前歯は円錐形，上第 5 歯と下第 4 歯が長大で牙状．頬歯は上 6 対，下 8 対で稜があり，哺乳類のと似ている．南アフリカの三畳紀初頭 Karroo 層群上部 *Lystrosaurus* 帯に産し，Brink の復元図によって描いた．

▲ 201. リカエノプス

▲ 202. スキムノグナタス

▲ 203. ディアデモドン

▲ 204. ツリナクソドン

205. アネウゴンヒウス　*Aneugomphius ictidoceps* BROOM et ROBINSON
206. エリキオラケルタ　*Ericiolacerta parva* WATSON

　前者は全長 29 cm 大. 体細長く尾は短い. 四肢やさ形ですらりとしている. 頭比較的大きく低い. 上より見ると三角形で側頭窩が大きい. 口蓋比較的せまい. 5 対の前歯は円錐形, 第 6 歯と第 7 歯が牙状に大きく突出し, 第 6 歯の方が大きい. 獣頭類 Therocephales の代表者でもある. 南アフリの二畳紀最後期 Karroo 層群の下部 Beaufort 層の *Cystecephalus* 帯に産し, BRINK の復元図によって描いた.

　後者は全長 20 cm 大. 四肢はきゃしゃで尾短く頭は比較的大きい. 頭骨より見ると三角形で, 松果窩はない. 歯は 13 対の円筒形歯がまばらに生えているにすぎず, 弱々しい. たぶん昆虫類などの小動物を食べていたと思われる. 南アフリカの三畳紀初頭 Karroo 層群上部 *Lystrosaurus* 帯に産し, WATSON の復元図によって描いた.

〔双牙亜目〕　Anomodontia
207. モスコプス　*Moschops capensis* BROOM
208. ガレキルス　*Galechirus scholtzi* BROOM

　前者は全長 2.5 m, 肩高 1 m 大の重厚なスタイルで胴太く肥厚し, 四肢は重々しく半蹠行性. 肩胛骨きわめて大きく発達する. 腰もがんじょうであり, 今日のサイのような生活をしていたのであろう. 頭骨上よりみると三角形で重々しく頭蓋は厚い. へら状の歯が 13 対以上並び, 草食性を示している. 南アフリカの二畳紀後期, Beaufort 層下部の *Tapinocephalus* 帯に産し, 1911 年 BROOM が提唱し, GREGORY の復元した図によって描いた. 恐頭類 Dinocephales の代表者である. 南アフリカに多い多肉植物をむさぼり食ったらしい.

　後者は伸長 38 cm 大. トカゲ状で尾長く, 後肢は前肢より大きい. 5 趾. 肩と腰はそうがんじょうでなく, あるいは腹を地面につけて歩いたかもしれない. 頭骨左右に扁平で高い. 眼窩きわめて大きい. 9 対の歯は円筒形でまばらに生え, 牙はない. 昆虫とか軟かい草などを食ったであろう. HAUGHTON と BRINK は本種をふくむ Dromasauria 類を帆竜に入れたが, 原始的ではあるが, 双牙類に入れられる. 南アフリカの二畳紀後期 Beaufort 層の下部 *Tapinocephalus* 帯に産し, BROOM の復元図によって描いた.

〚真四肢類〛 〚爬 虫 類〛   113

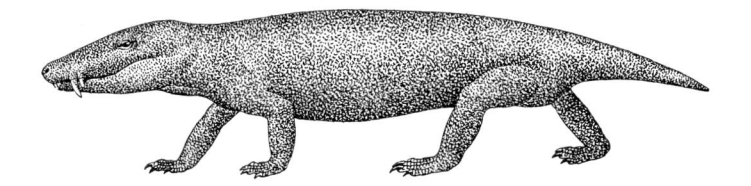

▲ 205. アネウゴンヒウス

▲ 206. エリキオラケルタ

▲ 207. モスコプス

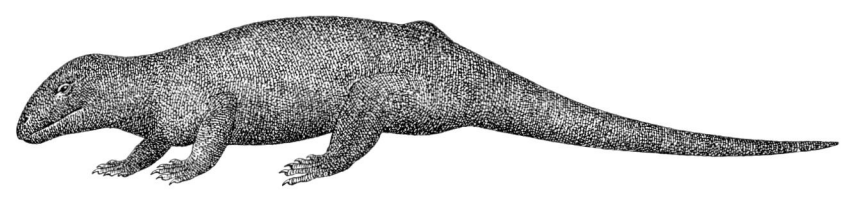

▲ 208. ガレキルス

209. エソテロドン *Esoterodon angusticeps* BROOM
210. カンネメリア *Kannemeyeria vonhoepeni* CAMP

　前者は全長 150 cm 大．全形バク状．尾短く胴はわりと肥厚する．四肢は比較的きゃしゃである．頭大きく上よりみると三角形で側頭窩が大きい．下顎肥厚し先端部は鋭く尖る．カメの口のように嘴状で歯は 10 対，口蓋内部にあり，円筒形で小さい．草食性と思われ，多肉植物を食ったらしい．南アフリカの二畳紀後期 Beaufort 層下部．*Endothiodon* 帯に産し，BROOM の復元図によって描いた．*Endothiodon* も似たものである．双牙類 Dignodont の代表者でもある．

　後者は全長 183 cm 大．重厚でカバ形．尾短く四肢は重々しく蹠行性で5趾．肩帯や腰骨はがんじょうで大きく発達する．頭骨は重々しく肥厚し，上より見ると三角形．頭蓋や後頭部はもり上っており，吻部は拡大する．1対の大きな牙はあるがその他の歯はない．藻類や多肉植物などの柔かい植物を食ったとされている．南アフリカの三畳紀初期 Beaufort 層上部の *Cynognathus* 帯に産し，PEARSON の復元図によって描いた．

211. スタレケリア *Stahleckeria potens* HUENE
212. リストロサウルス *Lystrosaurus murrayi* (HUXLEY)

　前者は全長 286 cm 大．カバ形で肥厚し重々しい．尾は短いが四肢は重厚で，とくに前肢はよく発達する．肩帯も腰帯も強じんで大きい．頭は短く後頭部横にひろがり，吻部は拡大，下顎の先も尖る．嘴は亀か鳥のようであり，歯はない．爪はよく発達する．藻類やサボテン類を食ったと思われる．ブラジル南部の三畳紀後期 Rio do Rasto 層上部より産し，HUENE の報告がある．骨格はドイツのチュービンゲン大学にある．CAMP の復元図によって描いた．

　後者は全長 113 cm 大．体低く肥厚するが尾短く，四肢も短小で，運動活発といえなかった．頭大きく上より見ると三角形で後頭部拡大する．松果窩がある．一対の牙の他には歯がない．下顎は厚い．南アフリカの Harrysmith の二畳紀初頭 *Lystrosaurus* 帯に産する．HUENE の復元図によって描いた．O. ABEL, 1922 は WATSON の復元骨格より想定し *L. latirostris* OWEN を海牛類と似た生態のものとした．本種の属する双牙類 Dicynodontia は体格重厚で上1対の牙の他歯を欠き，沼沢地にすみ軟草類を食い河馬のような生態であったとされている．

〖真四肢類〗〖爬虫類〗 115

209. エソテロドン ▶

◀ **210.** カンネメリア

▲ **211.** スタレケリア

212. リストロサウルス ▶

【イクチドサウルス目】 Ictidosauria
213. キノグナタス　*Cynognathus crateronotus* Seeley
214. オリゴキフス　*Oligokyphus minor* Kühne

　前者は全長 224 cm 大．体細長く四肢は比較的短いが，腰骨も肩帯も発達しているので，敏捷に走ったと思われる．尾は長い方である．頭不釣合に大きく，上より見ると長三角形で側頭窩大，かん骨間もがんじょうに発達する．前歯上 4 対下 3 対は円錐形で，上顎先端には前歯の内側にさらに 3 対の前歯があって 2 列になっている．頬歯は上 10 対，下 11 対で鋭く尖り付属の稜がある．松果窩は小さい．南アフリカの三畳紀初期，Karroo 層群上部 Beaufort 層中の *Cynognathus* 帯に産し，Gregory の復元図によって描いた．

　後者は全長 48 cm 大．体細長く尾も長く，四肢はきわめて短く，頭不釣合に大きい．前歯は 3 対で円錐形．牙がなく，その部分は広く無歯のすきまとなる．6 対の頬歯は臼形で 3 稜あり各稜は 3〜4 の峰がある．この状態は原始哺乳類の多峰類に似ている．本種は Ictidosausia 類の代表者で，*Tritylodon*（南アフリカ）や *Bienotherium yunnannense* Young も似たものである．後者は中国雲南省緑豊の三畳紀後期に産し，哺乳類にきわめて接近し，たぶん哺乳類発生の母体となったものと思われる．Watson (1931) は本類は頬骨に発達する孔が鼻部に行く神経血管が通ったものとし，トガリネズミ状に鼻が長く突出し，敏感なひげが生え，体毛も具えていたろうとした．

▲ 213. キノグナタス

▲ 214. オリゴキフス

『哺 乳 類』 MAMMALIA

＜哺 乳 綱＞ Mammalia

異獣亜綱 Allotheria

【梁 歯 目】 Docodonta

215. モルガヌコドン *Morganucodon watsoni* KÜHNE

　頭長 1.5〜2 cm，胴長おそらく 4 cm 内外であろう．尾は長かったかもしれない．歯は三錐目に似て 3 尖頭よりなり，乳歯も見られる．下顎の後方垂直枝の後下縁部の突起が発達し，強い稜があるし，それに接し神経や血管の走る孔が発達する．下顎と上顎の関節が発達し，吻部の鼻毛も発達していたことを示す．関節は獣形類イクチドサウリス目 Ictidosauria の *Bienotherium* や *Oligokyphus* に似てさらに発達している．この 2 種はそれぞれ雲南省とイギリスの後期三畳紀に見られるが本種はイギリス南部 Glamorgan 州 Bridgand にある Pontalun 石切場の三畳紀後期 Rhatian の裂罅層より 1949〜51 年 KÜHNE が報告，1965 年 KERMACK と MUSSETT はさらに豊富な資料で研究したが，歯式は $\frac{5 \cdot 1 \cdot 2 \cdot 4\text{-}5}{5 \cdot 1 \cdot 2\text{-}3 \cdot 4\text{-}5}$ である．頭骨は一般に単孔類に似ている．肩帯は単孔類のカモノハシ *Ornithorhynchus* やハリモグラ *Echidna* に似るが爬虫類に似た点もある．PATTERSON は本種を梁歯目に所属させた．哺乳類中もっとも原始的なグループで単孔目との関係が注意されるが有歯の原始群たる多峯目 Multituberculata, 三錐目 Triconodonta, 対錐目 Symmetrodonta 等との関係も注目され，それら異獣類の最原始的なものとし，単孔目の原獣類には入れなかった．*Docodon* は半米ワイオミング州のジュラ紀 Morrison 層より産し，*Morganucodon* に類している．DESMOND の復元図より描いたが，この種の小形原始獣の復元は不正確で困難である．満州のジュラ系より産した対錐目の *Manchurodon* の化石も下顎のみで復元されていない．梁歯目は獣形類の *Bauria* 群より分出し，単孔目も多峯目も *Tritylodon* とともに犬歯類より分出し，有袋目と有胎盤類や三錐目は獣形類のイクチドサウルス類より分出し，いわゆる哺乳類も進化的には多系であることがわかる．中生代の原始的な哺乳類の体格も生態もよくわかってない．昆虫食肉食雑食種々であろうが，大型爬虫類の横行した当時，害敵をさけるためにも夜行性のものが多かったと思われる．

獣亜綱 Theria

【後 獣 上 目】 Metatheria
【有 袋 目】 Marspialia

216. ディプロトドン *Diprotodon australis* OWEN

　肩高 1.75 cm. がんじょうで頭比較的大．鼻きく嗅覚鋭かったと思われる．四肢はサイやゾウのようでもありクマのようでもあり，5 趾で爪が発達している．後肢第 1 趾の趾骨は合して 1 本の短い骨になっている．尾は比較的長い．上門歯は扁平，下門歯は牙状．草食で根を掘りおこしたり若芽を食ったりしたと思われ，体格のわりに遅鈍温和であったらしい．今日知られる最大の有袋類である．南オーストラリア New South Wales の更新統に限られ，Kallabonna 湖畔より数頭の完全骨格が発見されている．GREGORY の骨格図より復元して描いた．

【正 獣 上 目】 Eutheria
【食 虫 目】 Insectivora

217. エンドテリウム（遠藤獣） *Endotherium niinomii* SHIKAMA

　頭長 2〜2.5 cm，胴長 5 cm 内外あったかもしれず，尾はまったく不明．もっとも原始的な食虫類であるが，一般食虫類なみに長い尾と鼻毛を有し，太った胴に比し四肢はきゃしゃであったと思われる．五趾蹠行，有爪，大形の門歯等は食虫類の特徴でもある．1933 年頃南満州早新炭坑のジュラ紀夾炭層の石炭中に保存された 1 cm 長の下顎化石は 3 個の臼歯を有し，各歯は 3 尖頭のトリゴニドと臼状のタロニドよりなり，食虫類等正獣類を示す．1943 年，問題の化石を一見して食虫類とした TEILHARD DE CHARDIN の卓見はひろく知られていない．1947 年著者記載報告当時，世界最古の有胎盤類―正獣類とし Therictoidea* に入れたがハリネズミ *Erinaceus* の属する猬上科所属の *Lalumldalestes*（蒙古の上部白亜系 Djadokta 層産）に近いとした．*Zalambdalestes* は側頭窩発達し，門歯も牙状となる．ハリネズミ *Erinaceus* を参考として復元図を描いたが，正確でないことを断っておく．沼沢地に近い温暖な森林にすみ，昆虫その他の小動物を食ったらしい．

　SABAN はやはり *Erinaceus* 類のものとみなしたが KERMACK, CLEMENS は食虫類とも汎獣類ともつかないものとした．PATTERSON, MCKENNA, KERMACK, CLEMENS 等は本種の時代がジュラ紀でなく白亜紀初期 Albian だろうとしているが，本種の歯の進化状態と *Lycoptera* 層を白亜紀とみなす俗説によっている．これは同異元素

〖真四肢類〗〖哺乳類〗 119

▲ 215. モルガヌコドン

▲ 216. ディプロトドン

▲ 217. エンドテリウム（遠藤獣）

の年代測定でもしない限り真の判定はできない．ジュラ紀判定の根拠となった Onychiopsis 植物群が見かけほど古くなく新しいのか，進化型の新しい種類がジュラ紀にすでに現れていたのかどちらかである**．
　* GREGORY, 1910 が食虫類と食肉類の肉歯類を合せて提唱したグループ有胎盤類の祖型とされた．
　** 多数の古型より少数の新型を時代判定上重視すると，あるいは Albian 説が有力になるかもしれない．

218. シカマイノソレックス *Shikamainosorex densicigulata* Hasegawa（鹿間尖鼠）

頭骨長約 2 cm, 生時頭長約 3 cm, 胴長 5 cm と思われ尾も長かったらしいが, 長さ不明. 下門歯は牙状で大, 犬歯第 4 小臼歯は小で後者は単峰, 第 1 大臼歯は最大. 3 個の臼歯は低い稜歯型. 下顎の垂直枝はあまり発達していない. 1957 年長谷川善和が栃木県葛生の上部葛生層産のものについて報告, カワネズミ *Chimaorogale* の一種としてかつて岸田久吉が *C. crassidentata* (MS) と命名したものの一部を独立属としたものである. 北米カンサスの鮮新世後期の *Paracryptothis* に近いものとみなしたが, Kretzoi, 1962 や Kowalsky & Li, 1963 はポーランドとハンガリー鮮新世の *Blarinoides* や北米第四紀の *Blarina* と近縁だとした. Sulimski, 1962 は *Anourosorex* と近縁とし, Repenning, 1967 は長谷川の意見に賛成で *Paracryptothis* 近縁説である. このように本属の類縁は国際的に意見が分れ, 問題となった. いれずにしても第三紀の古い型が本州のウルム氷期の頃まで残存していたことを示し遺存型の貴重な動物であったが, 完全に絶滅した. Kowalska & Hasegawa (1976) は, その生態はトガリネズミに似て, 湿原などの地下でミミズなどを食っていたと考えている. 鼻毛長く, 胴太く 5 趾はすらりと長く趾端太く爪が発達していたらしい. 食虫類の研究は分類学的に興味深く進化上であるが, 古生態的には目新しいことはなく地味である. 葛生以外秋吉台からも発見されている.

219. アノウロソレックス *Anourosorex japonicus* Shikama & Hasegawa（日本モグラ地鼠）

頭骨長 2.5 cm, 生時頭長約 3 cm, 胴長 5 cm 内外と思われる. 吻部やや突出し鼻毛は長い. 頸はほとんど見えずずんぐりした左胴から頭までなだらかに連なる. 四肢はきゃしゃで 5 趾. 尾は短い. 頬骨がない. 上下門歯は牙状に大きく発達するがトガリネズミ *Sorex* のように赤くない. 第 4 小臼歯と第 1 臼歯は比較的大で, 瘤型歯である. モグラのような生態で, 昆虫, ミミズ等の小動物を食った. 今日アッサム, チベット, ビルマ, 中国南部の高山地域や台湾の高山地域にすみ, 氷期の遺存種である. 1958 年著者と長谷川善和が葛生, 静岡県引佐町, 秋吉台伊佐等の洞穴堆積層より産出したものを記載報告, 現生のモグラジネズミ *A. squamipes* M.-E. や *assamensis* Andr. と区別した. 北京原人の地層にも産し, その頃より日本に渡来してきてすみついていたが, 姿を消してしまった. 葛生動物群が東南アジア高山地域の寒冷系と関連するのを示す興味ある種類である.

【霊 長 目】 Primates

220. メガラダプシス *Megaladapsis insignis* Forsyth Major

マダガスカル更新世特有の最大の霊長類で体格キツネザルに似るが, 頭長 30 cm をこす. 頭のわりには体はさほど大でなかったようである. 狐猿科の特徴でもあるが吻部が尖面一見狐状となり, 頭蓋は比較的小さい. 目もわりに小さく犬歯が発達する. 前肢に比し後肢は短い. Forsyth Major によると, マダガスカル現生のアギトザル *Indri* に近縁だという. 有史時代にまで生きていたらしく, 17 世紀南部の Fort-Dauphin 地域でトラトラトラトラという大形の動物がいたといわれるのがこれだろうという. 本種が最大種だが近縁種に *edwardsi* Grandidier がある. 沖積層より発見されている. 頭骨以外の骨格化石がほとんどわからず, 全身復元は容易でない. Kurten の復元図を参考として描いたが, Kurten 図の頭は細長く尖らず問題である.

〖真四肢類〗 〚哺乳類〛 121

▲ 218. シカマイノソレックス

▲ 219. アノウロソレックス

▲ 220. メガラダプシス

221. メソピテクス *Mesopithecus pentelici* WAGNER

旧世界のサルつまり狭鼻猿類 Cercopithecoidea は南米の広鼻猿類 Cebidae と対立する．ニホンザルやタイワンザルの類 Macaca はインド・ヒマラヤにまで分布し，ヨーロッパには鮮新世に分布していた．*Mesopithecus* は東ヨーロッパよりイラン等の鮮新世に分布し，本種はギリシャ Pikermi の鮮新統下部より産する．資料が多く GAUDRY の復元骨格も知られているので採録した．マケドニアの Veles，ハンガリの Baltavár，南ソビエトの Tiraspol，イランの Maragha にも知られている．頭骨や骨格は *Macaca* に似ている．上下の犬歯は長く牙状に突出する．尾も長いが物を巻かない．赤い頬袋や尻いぼもあったかもしれない．鼻中隔狭く鼻孔接近し下に向くのは旧世界猿の特徴である．

222. プロコンスル *Proconsul africanus* CLARK et LEAKEY

頭高約 10 cm．チンパンジー *Pan ratyrus* L. に似るが，頭蓋に縦畝がない点人類的である．東アフリカ・ケニアのヴクトリア湖にある Rusinga 島の中新統より 1951 年 LE GROO CLARK (W. E.) と LEAKEY (L. S. B.) が報じた．Consul はロンドン動物園にいたチンパンジーの一群の名で，その祖という意味を持つ．眉上隆起が見られず，下顎先端部のくびれ（類人猿の棚）も見られず，人類の祖とする人もいたが，一方下等猿類に近い点もある類人猿と人の中間的性質というより，もっとひろい基礎的性質で，ゴリラ的進化と人的進化の分出した原的プールとみなせる．ケニアには他に *nyanzae* と *major* の 2 種も知られている．

223. オレオピテクス *Oreopithecus bamboli* GERVAIS

第三紀鮮新世初期，イタリア北部にいた人的特徴のある類人猿．身長 120 cm，頭蓋容量 275〜530 cc．犬歯大きく歯隙発達せず第1小臼歯小，大臼歯は類人猿的．顔面つき出す．坐高 46 cm，オランウーターやチンパンジーと同程度．体重 40 kg 前後．地上歩行より樹上生活に適していた．肋骨・腰椎・腰骨は人的．1860 年代北イタリアのトスカナ地方 Battinero の亜炭層（800〜1600 万年前）より頭骨や歯が発見され，1871 年 GERVAIS 命名後多くの論文が出ていたが，1958 年 HÜRZLER が全身骨格を発見研究した．一時第三紀人類として騒がれたが，鮮新世のヨーロッパに多くいた森林猿 *Dryopithecus* やパキスタンのシワリク鮮新統 Nagri 層や雲南省開遠の炭田産 *Ramapithecus panjabicus** と一連のもので，多少人的性質も発現しており，独立の科に入れる人もいる．HOWELL (1970) の優れた復元図により描いた．

* 口蓋はアーチ状にそっており，よく発達した有節音を発する舌があったことを示す．変化に富んだ音声のレパートリーをもっていたらしい．

▲ 221. メソピテクス

▲ 222. プロコンスル

◀ 223. オレオピテクス

224. アウストラロピテクス *Australopithecus africanus* DART（猿人，ダート人）

南アフリカのトランスバール地方の更新世にいた猿人．頭骨低く，頭蓋容量 508 cc（A 群）と 725 cc（P 群）と2群ある．後頭部の頂筋付着部は人的．下顎にオトガイや猿の棚がなく，歯列は人的で歯隙がない．P 群の犬歯は小さい．臼歯は人に比べると大きい．DART が 1929 年 Taungs の石炭岩裂罅より報じた *africanus* と 1948 年トランスバールの Makupansgat の裂罅より報じた *A. prometheus*, 1938 年 BROOM が Kromdraai より報じた *Plesianthropus transvaalensis*, チャド湖産の *Tchadanthropus uxoris* 等は一群のもので A 群に入れる．体格きゃしゃで雑食性．オルドワイ地方の Olduvai 第1層産の *Homo habilis* LEAKEY もこれに近い．P 群は

225. パラントロパス *Paranthropus robustus* BROOM (Kromdrai 産), *P. crassidens* BROOM & ROBINSON, 1949 (Swartkrans 産), *Zinjanthropus boisei* LEAKEY (Olduvai 産) 等を一括する．最古の型はエチオピア Omo 産の *Paraustralopithecus ethiopicus* で Omo C 層の年代は 270〜300 万年前となり，Olduvai よりさらに古い*. 体がんじょうで草食性．44 体知られている．いずれも礫器を伴い猿人は狩猟をしたとされている．腰帯は人的で直立歩行を示している．Olduvai 地方でもトランスバール地方でもチンパンジー的な A 群とゴリラ的な P 群が遺存していたことは問題となっている．HOWELL, 1970 の優れた復元図により描いた．学名はさておきアフリカの猿人発見者 DART を記念してダート人 Dartian と呼んでいる (KURTEN, 1971)．雑食性の方は小形哺乳類・ダチョウの卵，亀，蛇，昆虫等を食ったとされている．大形の *Deinotherium*, *Sivatherium*, 各種の猪やヒヒ等も狩ったらしい．老年者の化石はほとんどなく青少年のみ知られるのは，生活環境が粗悪で厳しく成年前に死んだともされる．TOBIAS によると草食性の P 群の化石は進歩型の人類によって狩られた犠牲者だという．遺体の 57% は青少年である．

* 第四紀は人類の出現で特徴づけられ，Olduvai 層下限をもって下限とするが，Omo はこのジンクスを破った．人類は第三紀よりすでに現れていたことになる．

【貧歯目】 Edentata

226. ノスロテリウム *Nothrotherium shastense* SINCLAIR

肩高 100 cm. 体格重厚，頭比較的小さく下顎が発達し吻部が突出する．上顎吻部は短く，尾が長い．前肢は比較的長く歩行時は掌の背で着地する．後肢は太く蹠行性．4 趾太く発達，爪が鋭く長大．蟻塚をあばいてアリを食ったらしい．現世のアリクイと生態が似ている．南北アメリカの更新世に見られ，北米西部やブラジルに分布していたが，本種は北米種で SINCLAIR が報告し，STOCK の組立骨格図によって描いた．北米では人類と共存し，8500 年前まで生存したらしく，皮膚や靱帯が残存している．このような重々しい群を地上ナマケモノ Ground Sloth といい，重歩類 Gravigrada とも呼ぶが，*Nothrotherium* は本類のもっとも小形のものである．ネバダの洞穴に残された本種の糞を分析したところ，ユッカのような植物を食っていたがわかった．有名なロスアンゼルスの Lancho La Brea 瀝青層よりも発見されている．ニューメキシコの熔岩トンネルから発見された糞塊を 1930 年 EAMOS が研究し，顕花植物や羊歯の根を識別した．

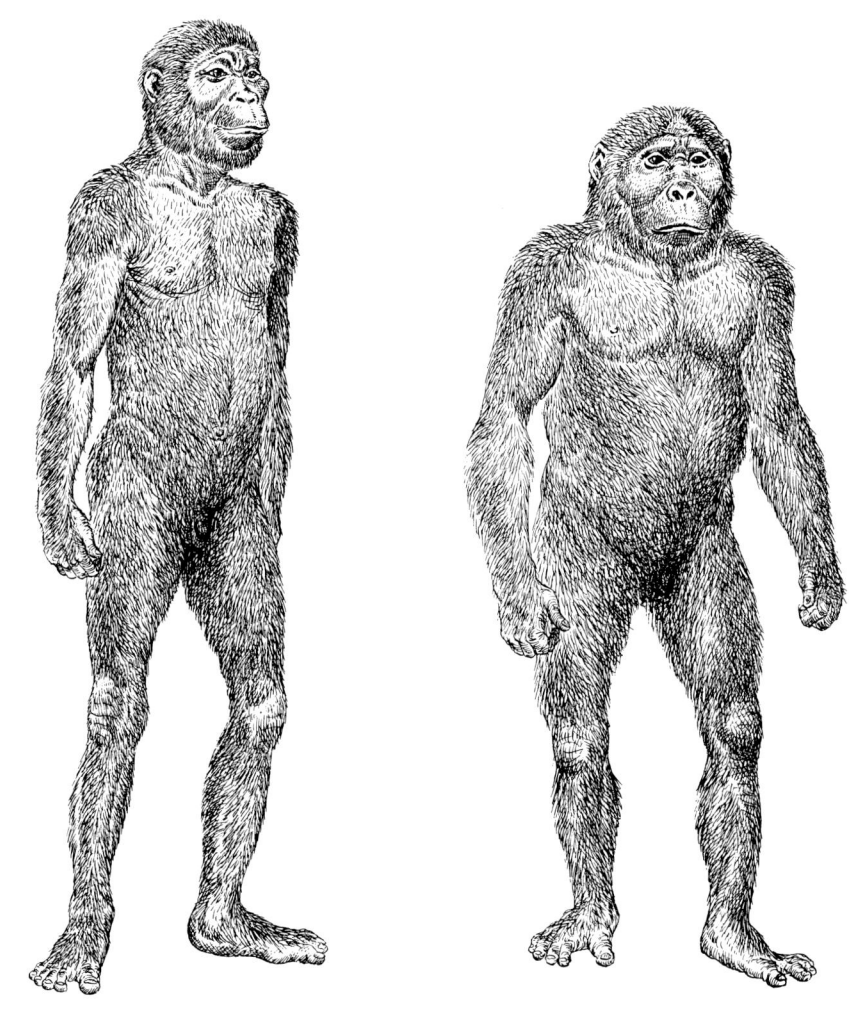

▲ 224. アウストラロピテクス　　　　▲ 225. パラントロパス

▲ 226. ノスロテリウム

227. メガテリウム *Megatherium americanum* Cuvier

　大形で重厚．全長 4.5 m をこし，2脚歩行性．太い尾を歩行に用いた．頭短くやや高い．頬は突出，吻部も尖る．歯は柱状で貧弱．熊のように立って樹木の若芽を食ったらしい．前肢は5趾だが3趾が機能的．後肢は4趾で2趾が機能的．前後肢とも機能趾は長大な鋭い爪を具えた．今日のナマケモノのような厚い毛を有したようだが爪以外に防御器官を持たず，多分夜行性で樹林中にかくれていたのかもしれない．1796年アルゼンチンはパンパスの更新統より完全な骨格が発見されマドリードに運ばれ，Cuvier が研究して有名となった．ブラジル，チリ，エクアドル，中米等にも分布しており，合衆国南東部にまで達した．

228. グロソテリウム *Glossotherium robustum* Owen

　全長 290 cm，肩高 130 cm 大．重厚で尾長く頭比較的小形．ナマケモノが地上を歩いているようなスタイルだった．四肢はがんじょうで *Megatherium* に似ている．ブエノスアイレスの更新統パンパス層より完全な骨格が発見され Owen が研究した．北米各地の更新統にも普通に見出され有名なロサンジェルスの Lancho Labrea 瀝青層よりも見出されている．*Mylodon* は異名．パタゴニアの洞穴から毛・皮・軟骨・靱帯・血塊・糞塊が発見された．Stock の組立骨格より描いたが毛はナマケモノのように房々と垂れていたらしい．本種のように南北米を通じ分布のひろいものは南米固有の渡来第1群が長年の間に進化し，更新世には逆に北方に渡来したものである．*Megalonyx jeffersoni* Leidy は本種に似て大きくやはり北米に移動した．オハイオ大学に組立骨格が陳列されている．オレゴン州から発見された骨格のレプリカが大阪市立博物館に展示されている．本種分布の北限であろう．

229. ステゴテリウム *Stegotherium tessellatum* Ameghino

　全長 80 cm 大．胴細長く尾は長大でよく発達する．頭は狭長．吻部尖り歯はきわめて小さく柱状で貧弱．5趾で爪は鋭い．たぶん蟻塚を襲っていたらしい．1887年アルゼンチンの下部中新統 Santa Cruz 層より Ameghino が報告し，似た種類が多い．今日のアルマジロの祖先型にあたるとされている．有機質の甲の化石はよくわかっていない．類縁種の *Holmesia* はテキサス，フロリダより南米太平洋岸の更新統より発見されるが，この方は甲の化石もわかっている．

〖真四肢類〗〖哺乳類〗 127

▲ 27. メガテリウム

▲ 228. グロソテリウム

▲ 229. ステゴテリウム

230. メガロクナス *Megalocnus rodens* LEIDY

体長 44 cm の小形種でキューバやハイチの更新統より産する．*Glossotherium* に類するが体格きゃしゃで四肢も細く爪も発達しない．頭は短く歯は柱状で簡単なことナマケモノに似ており，多分柔い葉を食っていたのであろう．1868 年 LEIDY が報告し，キューバの Ciego Montero の更新統産の骨格を SCOTT が組立てたニューヨークのアメリカ自然史博物館の標本の図によって描いた．たぶん毛はふさふさとしていたらしい．

231. グリプトドン *Glyptodon asper* BURMEISTER

全長 299 cm，背高 130 cm．アルマジロ状だが甲は骨質で節がない．五角形の骨格が集合して一見亀甲状の甲を作る．骨板は厚く 2 cm に達する．頭は短く高い．頭頂部にも骨質の甲を帽子状にかがっている．歯は断面王字状の柱の集合体で高く狭い．上下顎とも 8 個同様同大である．前肢は 5 趾，後肢は 4 趾，いずれも強大な爪を有する．地面を掘り昆虫を食った．アルゼンチンの更新世パンパス層より産し BURMEISTER の復元した図より描いた．OWEN の報じた種 *reticulatus* は類似種である．尾は比較的短く 9～10 節の甲の鞘をかぶっている．ブラジルやボリビアにも産する．

232. プロパラエホプロホルス *Propalaehoplophorus auslalis* (MORENO)

全長 72 cm，背高 44 cm．*Glyptodon* に似るがやや背が高く腰部がいちばん高い．骨質の甲は六角板の集合よりなり，六角板は中央に円形の部分がある．頭頂の帽子状甲片は互いに離れている．尾は細長く鞘甲の骨片は多角形で数が多い．前後肢とも 5 趾．アルゼンチン南部パタゴニアの中新世 Santa Cruz 層より産し MORENO の復元図より描いた．*Glyptodon* よりも原始的である．本種のように Santa Cruz 動物相の有力分子で南米固有の貧歯類は白亜紀以前に南米に渡来して固有化した渡来第 1 群に属する*．

　　* パナマ地峡は暁新世-始新世と中新世に海進があり，切断した．

233. スクレロカリプトゥス *Sclerocalyptus ornatus* (OWEN)．

全長 2 m，甲高 50 cm．細長くアルマジロ状．甲は筒状で節を欠く．四角形骨片の集合で，各骨片の中央に円形の大形部がある．頭は小さく細長く尖る．尾も細長く鞘甲基部 4 節は可動である．不動鞘には比較的大形の楕円状斑が散布する．大体，アルマジロの甲の節がなくなったようなものである．アルゼンチンの更新統パンパス層より産し，OWEN の研究した種で LYDEKKER の復元図より描いた．*Sclerocalyptus* 属は AMEGHINO の設定したものである．歯は *Glyptodon* 的で似ているが 1/2 大にすぎない．

〖真四肢類〗〖哺乳類〗 129

◀ 230. メガロクナス

▲ 231. グリプトドン

◀ 232. プロパラエホプロホルス

▲ 233. スクレロカリプトゥス

234. ドエディクルス *Doedicurus clavicaudatus* (OWEN)

全長 3.6 m，甲高 1.5 m．*Glyptodon* 的体格の大形種．甲は肩胛部が高い．甲は六角骨片の集合よりなるが，骨片は多孔である．頭は *Glyptodon* に似ている．尾の鞘甲は基部 6 節が可動．不動部は平滑で末端に太短い棘が放射状に集合している．前肢 3 趾，後肢は 4 趾で爪は巨大に発達する．蟻塚をあばいてアリを食ったらしい．アルゼンチンやウルグァイの更新統パンパス層に産し，SCOTT の復元図によって描いた．南米固有の渡来第 1 群のものだが，更新世まで進化が進むとパンパス動物相のように特殊化が進んでくる．

【齧歯目】Rodentia

235. ステネオフィベル *Steneofiber fossor* PETERSON

現在のビーバーの祖先型．体長 28 cm 大．頭比較的大きく門歯は牙状に大きく発達する．尾は扁平で太く短い．LEIDY の *Paleocastor* や KAUP の *Chalicomys* は異名．北米の中新世に多く，ヨーロッパの中新世にも普通に産し，鮮新世にも時に見つかっている．本種の掘ったトンネルが化石したのもあり，*Daemonelix* といわれる．ビーバーの発生進化史よりみると欧州よりも北米が故郷と思われる．ヨーロッパにいた *Trogontherium* は東アジアにも移動し，周口店の北京人層よりも産した．

236. パラミス *Paramys dericatus* LEIDY

リス状体格で坐高尾長各 40 cm．1871 年 LEIDY が北米の暁新世-始新世より報じた原始的な山ビーバー *Aplodontia* の類である．MATTHEW の復元図によって描いた．元来齧歯類の化石は少くないが，全骨格の知られた例はむしろ珍しい．更新世の洞穴層等にはおびただしく産するが全身復元は容易でない．もっとも生痕も珍しくないから古生態はかなりわかることがある．リス上科 Sciuroiaea のリス *Sciurus*，ムササビ *Petaurista* は日本からも化石が知られ，*Eutamias* やハタリス *Citellus* は東亜大陸第四系に化石が多い．ヤチネズミ *Clethionomys*，ハタネズミ *Microtus*，アカネズミ *Apodemus*，クマネズミ *Rattus* 等も普通に化石が産し，種類が多い．化石群の食物連鎖を追求するのは重要である．また古植生との関係も問題となろう．

【鯨目】Cetacea

237. バシロサウルス（原鯨） *Basilosaurus cetoides* OWEN

OWEN の *Zeuglodon* は HARLAN の *Basilosaurus* に先取された．もっとも原始的な歯鯨でエジプトの上部始新統 Fayum 層より産した骨格が知られていたが，本種は北米アラバマ州の上部始新統産を OWEN が研究し，KELLOG が復元した図により描いた．全長 16.5 m．頭比較的小形で細長く尖る．円錐形の小形前歯と三角形の大形の後歯があり，後歯は密に並ぶが前歯は疎である．肋骨はわりと短い．胴部と尾部が長く，尾椎骨は大きい．前肢は比較的小形．似た種がオーストラリア南部の始新統よりも知られている．将来日本からも発見されるかもしれない．

238. ジゴリザ *Zygorhiza kochii* REICHENBACH

Basilosaurus とともに古鯨類に属する．*Dorudon* の類で頭細長く尖り，*Basilosaurus* に比べると比較的大きい．門歯・犬歯は円錐形で疎在，前臼歯と臼歯は三角形で鋸縁を有し密在．胴や尾は *Basilosaurus* ほど長大でない．きわめて小さい後肢骨が体内にひそんでいる．北米アラバマ州の始新統より REICHENBACH が報告し，KELLOG の復元した骨格図により描いた．日本でも蘆屋層群に鯨骨格が知られているが本種等と比較検討が望まれる．歯鯨でも鬚鯨でも大形の種は歯や骨格の断片的化石で研究するのは容易でない．比較的容易なイルカ類から研究整理して行くのが無難であろう．

〚真四肢類〛〚哺乳類〛　131

▲ 234. ドエディクルス

▲ 235. ステネオフィベル

236. パラミス ▶

▲ 237. バシロサウルス

▲ 238. ジゴリザ

【食肉目】 Carnivora

238. ハイエノドン *Hyaenodon horridus* LEIDY

体長 1.1 m, 肩高 50 cm, 頭比較的大きく 28 cm 長. 体格がんじょうである種のイヌに似ている. 犬歯は牙としてやや大形. 4個の前臼歯は三角形, 3個の臼歯はナイフ状の切裁歯となる. 5趾の爪はオオカミ程度に発達した. 尾は長い. 古第三紀の原始的食肉類たる肉歯類 Creodontia のうちでは特殊化が進みハイエナ的となり, 大形で有蹄類を攻撃した. ヨーロッパや北米の始新世–漸新世にさかえ外蒙古にも分布した. 本種は北米の漸新統 White River 層より産し, SCOTT の復元図により描いた. ハイエナのように縞や斑点があったかどうかはよくわからないが, かりに斑点を描いてある.

240. オキシエナ *Oxyaena lupina* COPE

ハイエノドン科に隣接したオキシエナ科の代表者. 全長 1 m. 細長くイタチ状で尾が長い. 頭は比較的大きい. 又状の切裁歯を有し, 犬歯は大きい. 頭蓋は低い. 北米の暁新世–始新世アジアの初期始新世に分布し, 今日のグロのような生態であったとされる. 相当兇猛残忍であったらしい. ニューメキシコの下部始新統産化石より SCOTT が復元した図より描いた. SCOTT は背に粗い縦縞を描いている.

241. パトリオヘリス *Patriofelis ulta* LEIDY

オキシエナ科の進化した型でクマ大となった. 体長 1.75 m, 頭長 25 cm. 北米始新世中期の代表的猛獣で有蹄類を襲った. 牙は大きく, 臼歯はネコ科のように切裁歯として発達しネコ科に似ないわけでもなく, トラのような生態であったろう. 趾はよく開き遊泳巧みで親水性であったともされるから, あるいはカワウソのような習性をもっていたかもしれない. LEIDY の報じた本種はワイオミング州の Wasatch 層や Bridger 層より産した. WORTMAN の組立骨格図により描いた.

242. トリテムノドン *Tritemnodon agilis* MARSH

Hyaenodon より原始的でむしろイタチやキツネに似た体格で細長く全長 90 cm 大. 頭細長く尖り頭蓋は低い. 犬歯や臼歯はイヌ科のものに似ている. 尾は長い. *Sinopa* も近縁属. 本種は北米ワイオミング州の始新統下部 Bridger 層より産し SCOTT の復元図により描いた.

〖真四肢類〗 〚哺 乳 類〛 133

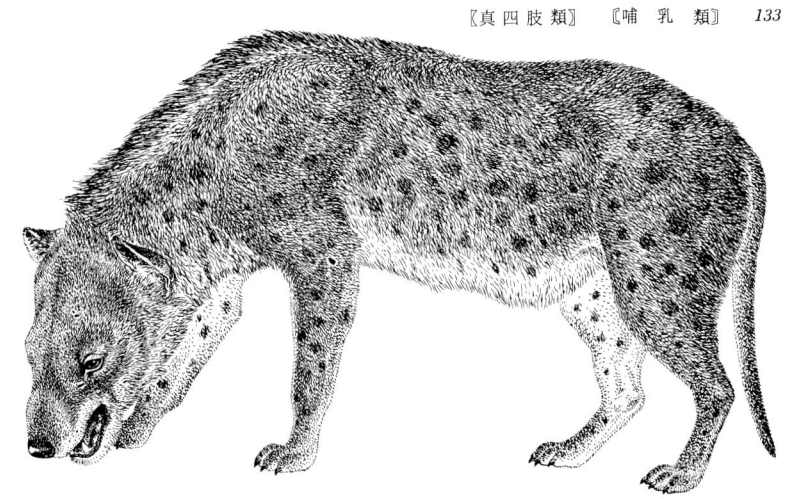

▲ 239. ハイエノドン

▲ 240. オキシエナ

▲ 241. パトリオヘリス

▲ 242. トリテムノドン

243. プセウドキノディクチス *Pseudocynodictis gregarius* Cope

イヌ科の原始的な種で全長 55 cm, 肩高 18 cm. キツネ状で尾が長い. 歯はサルやキツネに似る. ジャコウネコ科 Virverridae に似た点もある. 北米漸新世の White River 層より産し, Scott と Jepsen の復元した骨格図により描いた.

244. ホラアナグマ（洞穴熊） *Ursus spelaeus* Blumenbach

ヨーロッパの更新世にさかえた大形のクマでオーストリー, ハンガリー, ポーランド等の洞穴におびただしく群生し, 1つの洞穴から100頭以上の骨格が出たことがあり, 第二次大戦中発掘して鱗を採集したほどだった. 今日のヒグマ *U. arctos* に似るが, それよりも巨大で, 骨格はよりがんじょう, 上第1前臼歯がないので区別される. 体長 1.7 m, 肩高 96 cm. 大氷河時代の洞穴生活で骨膜炎・関節炎やくる病にかかったり歯や陰茎骨が病変をおこした化石が発見されている. クマが冬眠中毛をすりつけて磨いた洞穴壁もある. 雌の体格が次第に悪化して胎児の分娩が不良となり衰滅に向ったとされている.

イギリスのケント州 Brixham 洞穴産 1621 個の化石骨は Busk によるとクマ (354), シカ (97), サイ (67), ハイエナ (57), ウマ (30), ウシ (28), キツネ (15), ゾウ (11), シシ (7), ウサギ (1) の割で, 大型の餌は主としてシカ, サイ, ウマ, ウシであり, ハイエナ群で住居の争奪をしていたらしく, 少数のライオンやキツネもまぎれこんでいた. ハイエナの群生穴ではヤギュウ, ウマ, トナカイ, 巨角鹿等が大型の主餌となっている. Brixham ではその他鳥類や水形獣類もおびただしいのでこの方がむしろ量的には主餌となったらしい. クマ, ハイエナ, ライオン, キツネの食物鎖はそれぞれ異っているから, Brixham のような攻撃獣の複数のところでは食物塔の解析は簡単でない. Shaller, 1972 によると食肉獣の狩りの成功率はピューマ (82%) やチータ (70%) のように高いものから, ライオン (28.3%), コヨーテ (10%), オオヤマネコ (23.7%) のように低いものもあり一概にいかない. 彼らの食いかす残渣の化石の統計的処理と古生態研究* は化石発掘史の古いわりにまだ進んでいない.

* 自然の群集と主人公のメニューの差になってしまう.

245. イクチテリウム *Ictitherium robustum* Gaudry

ハイエナ科の原始的な祖先型. 体長 88 cm, 肩高 40 cm. 頭は今日のハイエナほど太短くなく, むしろ尖り気味でイタチ科のものに似るが, 歯はハイエナ的である. アジアやヨーロッパの鮮新世初期ポント階にひろく分布し, 本種はギリシャの Pikermi 三趾馬層より産した. パキスタンの Siwalik 層や中国北部の三趾馬赤土層よりも産する. *I. hipparionum* d'Orbignyt では類似種. レイヨウ(羚羊)類等を攻撃していたのかあるいはハイエナのように屍肉を食っていたのかよくわからない. サモス島やギリシヤ辺では, 大型食肉類は *Machairodus*, 中型には本種等の他, *Hyaena*, *Lycyaena* がおり, 小型には *Meles*, *Mustela* 等がいる. 三趾馬, 綺獣, シカの *Dicroceros* の他に *Palaeoryx*, *Protoryx*, *Tragoceros*, *Palaeoreas*, *Gazella* 等多種多様なレイヨウ類がいて, 豊富な草食獣群を捕食した攻撃側中型の本種が何を食ったか面白い. ゾウやサイ等の巨獣群は別の食物連鎖に属していた. O. Abel は当時の Pikermi として, 今日のアフリカ草原にシマウマやキリンが群棲しているような光景を描いている.

* O. Abel, 1922: Lebensbilder aus der Tielwelt der Vorzeit, pp. 75-165.

〖真四肢類〗〖哺 乳 類〗 135

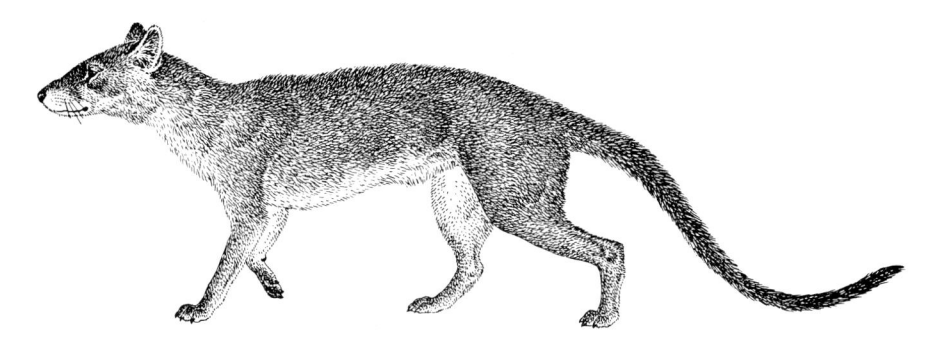

▲ **243.** プセウドキノディクチス

▲ **244.** ホラアナグマ（洞穴熊）

▲ **245.** イクチテリウム

246. ホラアナハイエナ *Crocuta crocuta spelaea* GOLDFUS

ブチハイエナ *Crocuta crocuta* の変種で，ヨーロッパの更新世にさかえ洞穴に群生した．体長 132 cm，肩高 72 cm．ずんぐりし，頭を高くつき出し頭は比較的大きく太短い．尾は短小．歯はネコ科に似て鋭く切截歯が発達し，顎力強く，骨をもばりばり嚙み砕く．イングランドの洞穴に夥産し，ピレネー等スペイン，フランスの洞穴にも多い．著者はスペイン中南部 Valeneia 付近の洞穴層より本種の糞石を採集したことがある．似た種が中国の更新世にも多く，周口店の北京原人洞から中国種 *C. sinensis* が発見されている*．*Crocuta* が日本に現れなかった原因は不明だが興味深い．ZAPFE はウイーン動物園で各種食肉獣に骨つき肉をやり比較観察し，ハイエナが骨を砕く技術に優れていて他と区別されうることを見た．SUTCLIFF は東アフリカのハイエナの巣でハイエナがはき出した骨が胃液でおかされたのを観察した．これらはアナハイエナの穴居跡でも見られる．

 * 原人洞の第 8～9 層が食肉類の多産層で共産した餌獣はまだ正確にわからない．第 1 洞全体の産出有蹄類は報ぜられているが層位ごとの統計的結果は不明である．

247. ディニクティス *Dinictis felina* LEIDY

ネコ科の原始的な種．体長 96 cm，肩高 42 cm．小形ヒョウ大で四肢は比較的短く，尾が長い．牙は長大．頭骨は今日のヒョウ類よりも長めで原始的な性質が多い．爪を立てることは今日のネコ科のものと同じ．北米の漸新世–中新世に分布し，本種は漸新統 White River 層より産し，SCOTT と JEPREN の復元骨格図より描いた．習性はヒョウに似ていたと思われる．剣歯虎の原始的な祖先型でアジアより移動してきたものとされる．*Dinictis* は，さらに *Hoplophoneus* へ進化し，剣歯虎の *Eusmilus* に移行するが，この変化は White River 層を通じ時代的に見られる．White River の有蹄類は *Titanotherium*, *Metamynodon*, *Hyracodon*, *Chalicotherium*, *Oreodon*, *Colodon*, *Leptauchenia* 等豊富で，こうしたのを餌獣としていたわけである．

248. ホラアナシシ（洞穴獅子） *Panthera spelaea* (GOLDFUS)

ライオン *P. leo* の一型．体長 2 m，肩高 1 m．ライオン，トラについで第 3 の猛獣ともされ，ヨーロッパの更新世にひろく分布し，イングランドの洞穴に群生していた．イングランド西部 Mendip 丘陵の洞穴より多く産した*．歯や骨格はライオンと区別できない．トラとライオンは毛皮が異るように，本種も独特の斑紋を持っていたかもしれない．北米には *atrox* 種がおり，東洋では周口店や日本に *youngi* 種（楊獅子）がトラと共存していた．爪を立てる習性はネコと同じであった．パリの自然史博物館に組立骨格があり，PIVETEAU の写真により描いた．周口店第 1 洞（北京原人層）ではハイエナ数千頭，オオカミ 100 頭，ヒグマとヒョウ 10～50 頭に比し，楊獅子は剣歯虎やホラアナグマとともに 10 頭以下にすぎない．概してライオンはそう多く群生することなく，少数が餌場を確保しているのである．

 * DAWKINS は第四紀氷期の Mendip を野獣のメガロポリスとさえいった．

▲ 246. ホラアナハイエナ

▲ 247. ディニクティス

▲ 248. ホラアナシシ（洞穴獅子）

249. アキノニクス *Acinonyx pardinensis* (CROIZET & JOBERT)

更新世初期ヴィラフランカ期に北イタリア，東南フランスにいたネコ科の猛獣．体格ヒョウに似る．たてがみ部の背高 83 cm．頭比較的小さく尾は長い．1828 年 CROIZET と JOBERT が *Felis* 属に入れて報告したが，SCHAUB と VIRET がヒョウグループに入れ *Acinonyx* 属を設けた．ヒョウはアフリカ中東部やインド北部，イラン等に分布するがヴィラフランカ期のヨーロッパ南部や中国北部にも分布していた．バーゼル博物館の組立骨格を SCHAUB が示した図によって描いた．

当時地中海沿岸の獣群には *Equus stenonis, Diceroshinus etruscus, Tapirus arvernensis, Sus arvernensis, Hippopotamus major, Leptobos elatus, Gazellospira torticornis, Cervus pardinensis, C. perrieri, C. ardeus, Eucladocerus senezensis* 等の有蹄類が多く，これらを餌獣としていたらしい．

250. スミロドン（剣歯虎） *Smilodon neogaeus* LUND

すこぶる長大な牙で有名な剣歯虎（サーベル歯虎）のアメリカ種は *Smilodon* 属に入れられる．本種はアルゼンチンの更新統パンパス層の産で体長 1.9 m，背高 1 m に達する．ロサンジェルスの Lancho Labrea 瀝青層の種は *californicus* BRAVARD である．下顎先端部は下方に空出し上顎犬歯の長大な牙を嚙みおろした時に対応している．牙の前後縁に鋸歯がある．この長大な牙は，いきなり餌獣に嚙みついた時さしこんだのか，それとも屍肉をひきさくのに用いたのか，いずれかの役目だとする議論があった（COPE, MATTHEW）．STOCK, 1949, MARCUS, 1960, SHOTWELL, 1964 によると攻撃獣の骨は損傷が目立つが腐肉食（肉食鳥にもある）の方は骨に損傷がない．*Smilodon* の骨は損傷があるので多分餌獣に嚙みついた方であろう．ユーラシア鮮新世初期ポント階* Pontian の剣歯虎は *Machairodus* とされ，北朝鮮にも産した．なおテキサス州 Friesenhahn 洞穴より産した *Homotherium* は長い前肢で半直立の体位をとりマンモスの幼獣をもっぱら食っていたらしいとされている．育児に熱心なゾウの成獣とどう闘ったか問題であろう．

　　* Messinian ともいわれ中新世末期ともされる．

251. アロデスムス *Allodesmus kellogi* MITCHEL

アシカ科の海獣には勇猛なトド *Eumetopias* とアシカ *Zalophus* があり，その化石は日本の海成第三紀層からも時々見つかるが，骨格の完全な化石は非常に少ない．海獣や鯨の研究で有名な KELLOG が 1922 年設けた *Allodesmus* は下顎に第 2 大臼歯が保有されているのが特徴となっている．北米カリフォルニア州 Bakersfield 付近の鮫歯丘 Sharktooth Hill の中新統は種々の海生脊椎動物化石が出るので有名で，鮫歯がもっとも多いが，ロスアンゼルス博物館が 1960 年大発掘をし，完全な本種の骨格を得た．全長 1 m 余で頭大きく尖る．鰭も比較的長大．海獣専門の MITCHEL が研究し，SHANNON の描いた復元図により描いた．骨格のレプリカは東京の科学博物館にも陳列されている．アシカよりやや大きい．

【髁節目】 Condylarthra

252. フェナコダス *Phenacodus primaevus* COPE

全長 1.65 m，肩高 52 cm 余．オオカミ大の原始的有蹄類で四肢に短く尾が長い．5 趾で蹠行性．蹄を有する．頭は細長く第 3，第 4 小臼歯や 3 個の臼歯とも一見イノシシの歯のように瘤がいちじるしい．上顎犬歯は牙状に発達する．北米の暁新世後期より始新世初期に，ヨーロッパの始新世初期にみられ，本種は 1873 年 COPE により北米ワイオミング州 Wasatch 層より発見されたニューヨークのアメリカ自然史博物館の完全骨格により記載され，SCOTT の復元図によって描いた．奇蹄類・滑距類・食虫類・霊長類等と似た点があり，ひろい意味の有蹄類の祖型にあたる．原始群は共通性綜合性が多い例である．草食性であったが体格はむしろ肉歯類のような原始的食肉類に似ている．

〖真四肢類〗〖哺乳類〗 139

◀ 249. アキノニクス

250. スミロドン（剣歯虎）▶

◀ 251. アロデスムス

252. フェナコダス ▶

253. エクトコヌス　*Ectoconus majusculus* MATTHEW

全長 1.2 m, 肩高 45 cm. ヒツジ大で尾長く顎短く頭細長い. 四肢はがんじょうで5趾. 爪を有し, バク(獏)というよりある種の食肉類に似ている. 犬歯は上下とも牙として発達し, 臼歯は多峰. 1884年 COPE が提唱し, 本種は北米下部暁新統 Puerco 層より MATTHEW が記載し, GREGORY の復元骨格図もあり SIMPSON の生態復元図により描いた. 背の縦縞は SIMPSON の考えである. 沼沢のある森林にすんでいたようにみなしている.

似た *Meniscotherium terrae-rubrae* COPE はニューメキシコ州の始新世初期 Wasatch 層に産し, アメリカ自然史博物館について復元した SCOTT, HORSFALL の図ではある種の食肉獣に似ている.

【滑　距　目】 Litopterna

254. ディアディアホラス　*Diadiaphorus majusculus* AMEGHINO

体長* 1.2 m, 肩高 66 cm. 南米の中新世-鮮新世初期にいたウマ的なグループで四肢はすらりと細長く, ウマのように3趾で中央1趾のみに蹄があり機能的となっている. アルゼンチンのパタゴニアにある中新統 Santa Cruz 層より発見され, AMEGHINO が報告した. SCOTT の復元骨格図により描いた. ただ真のウマのようなたてがみがあったかどうかはわからない. 尾もまた今日のウマのような房状かどうかもわからない. 歯はユーラシア始新世の *Hyracotherium* と似た点があり, 大陸は違っても平行的な進化をし, 趾はむしろ *Hyracotherium* よりも進化が進み, むしろ *Protohippus* に対応していた. 滑距目のような南米固有目は南米渡来第1群に属し Santa Cruz 動物相の有力な一員となった.

 * 本種のようなウマ的体制で尾長があまり意味のないものは全長を示さない.

255. トアテリウム　*Thoatherium minusculum* AMEGHINO

前種のグループでアルゼンチンの中新統 Santa Cruz 層より AMEGHINO が報告. 体格も似ているが1趾でより特殊化が進んでいた. 体長 70 cm, 肩高 42 cm, 今日のロバのような体格である. 頭細長く, 目は後方にあり, 歯はユーラシアのウマに比べると簡単で, エナメルの褶壁が少ない. SCOTT の骨格復元図により描いた. 趾の進化がウマと対応しているのが面白い. ただユーラシアのウマのように草原の硬い草を食ったかどうかは不明で, むしろ柔い草を食っていたらしい. 速く走ることと食性と関連したように説明されるウマの場合とやや異っているのは大型の肉食性敵がいなかったためかもしれない. 一面, 草原生のこの種の獣の進化の共通のパタンに従ったようにも見える.

◀ 253. エクトコヌス

254. ディアディアホラス ▶

255. トアテリウム ▶

256. テオソドン *Theosodon garrettorum* Scott

体長 1.7 m，肩高 1 m 余．頸長く頭比較的大で細長い．尾は短小．前後肢は体に比しきゃしゃで3趾はラクダ類のように開き，体格一見ラマに似る．吻部突出し，門歯は犬歯なみに尖る．臼歯は稜発達し原始的ウマに似る．鼻孔は大きく親水性生活をしたらしい．南米パタゴニアの中新統 Santa Cruz 層に多産し，完全骨格も知られる．1887 年 Ameghino の研究により世に知られ，Scott の復元骨格図により描いた．Knight の復元図では耳が長大である．食性不詳だが歯形より推察して一種の多肉植物を食ったかもしれぬが，パタゴニア中新世の植生を研究しないとわからない．この類は漸次進化して長鼻の *Macrauchenia* となった．

257. マクラウケニア *Macrauchenia patachonica* Owen

体長 3.3 m，肩高 1.8 m．一見ラマ的であるが鼻が長く伸長しゾウのように垂れる．四肢はがんじょうで趾行性．頸長く頭細長く鼻孔は頭骨の上方にありゾウ類の頭骨と似ている．臼歯はサイのそれとやや似ている．バクやゾウのように親水性の生活をしたらしく，水ラクダともいわれる．南米パタゴニアの鮮新世より更新世までに分布し更新世に滅びる前は相当の巨体となった．この獣が今日生存していたらたぶん動物園の人気者となったであろう．1840 年 Owen の報告に始まり，フランスの古生物学者 Bravard や Mendoza の議論もあり Burmeister により体制がつきとめられた．彼の復元骨格図により描いた．Sefve は本種の奇妙な鼻孔の位置よりゾウ的鼻を想定せず，頭頂の鼻孔をそのままにして，潜水時頭頂だけ水上に出したようにみなした．Scott, Horsfall のゾウ鼻を有する復元図が一般に認められている．

【南蹄目】 Notoungulata

258. トーマスハックスレア *Thomashuxleya* sp. Ameghino

体長 1.3 m，肩高 55 cm．一見バクかクマかに似るが頭比較的大きく，頸は短い．臼歯はサイのような稜歯で幅広く，犬歯は牙状に尖る．前後肢とも5趾で短く，爪を有した．尾は短い．南米パタゴニアの始新統 *Notostylops* 層に産し，1901 年 Ameghino が報じた．Simpson の復元骨格図によって描いた．*Homalodontherium* 科に属する原始的グループで草食性だが詳細は不明である．属名は進化論者の Thomas Huxley にちなんでいる*．

* 属名にフルネームを用いるのは Ameghino 独自のやり方である．日本で属名に多く使われた矢部長克の *Yabe* はあっても *Yabehisakatsua* という名はまだ提唱されていない．

〖真四肢類〗 〖哺乳類〗 143

◀ 256. テオソドン

◀ 257. マクラウケニア

◀ 258. トーマスハックスレア

259. ホマロドンテリウム *Homalodontherium cunninghami* Flower

バク(獏)大で体長 2m 余, 肩高 1.26m, 頸やや長く四肢は高く前後肢とも 5 趾で第 5 趾は縮小する. 鋭い爪を具えた. 頭のわりには頭蓋小さく, 鼻骨発達し鼻孔大, 聴覚器官も発達していた. 眼は後位にあり比較的小. 視覚より嗅覚や聴覚の方が鋭かったらしく, 遅鈍な草食獣で, 夜行性であったらしい. 臼歯はサイの歯に似た稜歯で幅広く食性もサイに似ていたと思われる. 南米パタゴニアの中新統 Santa Cruz 層に産し 1873 年 Flower が報告, シカゴの野外博物館にある組立て骨格についての Riggs の骨格図によって描いた. Scott, Horsfall の図では吻部さらに突出している. 南蹄目中のサイに匹敵し, 旧北州の古第三紀原始有蹄類が移動して来て有力な敵のないまま独自の進化発展をしてこの種の獣となった. Colhné-huapi, Deseado, Musters, Casa Mayor 等各時階より知られる 9 以上の属 (例 *Diorotherium*) は類似属である.

260. スカリッチア *Scarittia canquelensis* Simpson

体長 2.6m, 肩高 1.4m. 背の高い巨獣で, 四肢はがんじょうで高い. 尾は短小. 頭比較的短く幅広く, 臼歯はサイ(犀)歯に似て幅広の稜歯である. 5 趾だが機能趾は前肢が 4 趾, 後肢が 3 趾で蹄を有した. 南米パタゴニアの漸新世 Deseadian に産し, 1934 年 Simpson が報告, Chaffee の復元図により描いた. サイとイノシシをミックスしたような習性だったらしい. Santa Cruz 層の巨獣 *Nesodon* に近いとされる. この方は Princeton 大学に骨格あり Knight の復元図がある. 南蹄目は南米南端パタゴニアでもっとも雄大な体制に進化した. その研究はアルゼンチンの有名な古生物学者 Ameghino の独壇場であったが, 近年になってニューヨークの Simpson 一派が遠征隊を派遣し研究した. 復元その他も Ameghino 当時よりは進んだ成果を発表している.

261. アジノテリウム *Adinotherium ovinum* Owen

体長 1.3m, 肩高 48cm. 胴長く四肢短く低い. 頸短く頭は大. 鼻骨発達し, 臼歯はサイ(犀)歯に似た稜歯だが下顎歯は扁平である. 顎はがんじょうに発達した. 前後肢とも機能的に 3 趾. 後肢は前肢より長い. 尾はイノシシに似る. 習性イノシシに似ていたらしい. 本属は 1887 年 Ameghino が設定, Owen が記載した本種について Scott, Horsfall の復元図により描いた. 彼らの図では尾端が房毛になっている.

〖真四肢類〗〖哺乳類〗　145

◀ **259**. ホマロドンテリウム

◀ **260**. スカリッチア

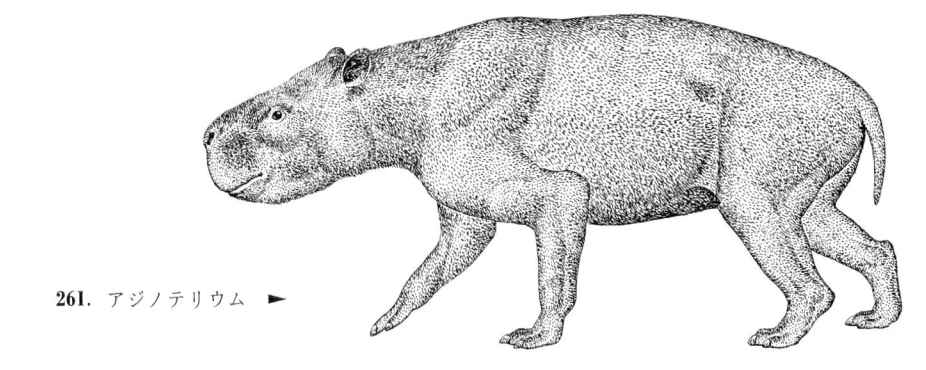

261. アジノテリウム ▶

262. トクソドン（弓歯獣） *Toxodon platense* Owen

体長 2.6 m，肩高 1.2 m．重厚な巨獣で頸短く，サイのように頭は下げて進む．頭比較的大きく，臼歯はサイ（犀）歯のような稜歯で上顎歯は外側より内側にむけ曲る．上顎歯は扁平．鼻骨高く大きい．前後肢とも機能的に 3 趾で蹄を有した．尾は短い．ウシのように肩の筋肉発達，頭を強く振ったらしいが犀角や野牛の角のような攻撃防御器官は有しなかった．前後肢とも重厚なのはゾウのようで動作もそれに近かったらしい．南米パタゴニアの更新世 Pampas 層に産し，Darwin がビーグル号航海で発見し，ラプラタの博物館に完全骨格がある．1840 年 Owen が報告，1881 年に Cope，1890 年に Lydekker らが研究して有名となった南米屈指の巨大化石獣である．Owen は Toxodon 目を提唱した．Lydekker の骨格復元図により描いた．*Nesodon* も似た種類であるが，パタゴニアの中新世 Santa Cruz 層より産する．Kurten, 1976 はカバのような水陸両生的生態だったとしている．

263. プロチポテリウム *Protypotherium australe* Ameghino

体長 50 cm，肩高 25 cm．頭短く比較的大．四肢はすらりとし前肢は 5 趾，後肢は 4 趾で爪を有する．歯は柱状で重厚，下顎は高くがんじょう．硬草を食ったらしい．尾は長い．南米パタゴニアの中新統 Santa Cruz 層に産し，1897 年 Ameghino が報告，Sinclair の復元骨格図により描いた．スタイルはキツネザルに似ないでもない．骨格や頭骨はウサギに似る点もあり Zittel は Typotheria 亜目を設けた．南米のウサギ類ともいえる．プリンストン骨格に関する Knight の復元図はウサギそっくりである．

264. インテラテリウム *Interatherium robustum* Ameghino

全長 40 cm，肩高 16 cm．すらりと細長く毛も長い．頭短く高くて幅広い．柱状の歯は扁平でウサギの歯に似る．下顎は厚く高い．硬草を食ったらしい．鼻骨発達し，嗅覚鋭かったと思われる．四肢比較的短く 5 趾で爪を有した．南米パタゴニアの中新世 Santa Cruz 層に産し，1887 年 Ameghino の報告あり，Sinclair の復元骨格図により描いた．愛嬌のあるおとなしい獣であったと思われる．今日の Hyracoidea ハイラックスに似ているともされる．

〚真四肢類〛 〚哺乳類〛 147

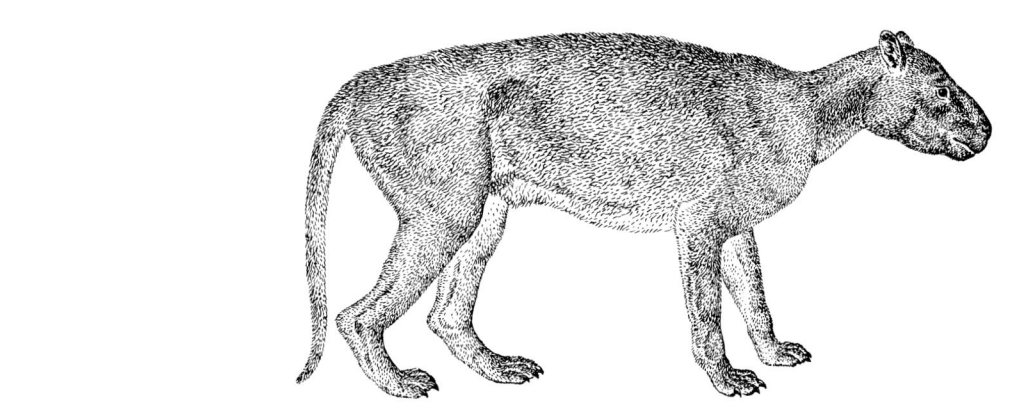

◀ 262. トクソドン（弓歯獣）

▲ 263. プロチポテリウム

▲ 264. インテラテリウム

265. ミオコキリュウス *Miocochilius anomopodus* STIRTON

　体長 77 cm, 肩高 35 cm. イノシシ型で尾長くすらりとした四肢を有した. 頭短小で狭く柱状の歯は扁平で兎歯に似ないでもない. 草食性で速く駈けたらしく, 前後肢とも2趾で蹄を有した. イノシシのように駈けウサギのように食った. 南米コロンビア La Venta の上部中新統より産し, 1953 年 STIRTON が報告した. 比較的新しく知られた. STIRTON の復元骨格図により描いた. 完全な骨格が知られている. 広大な南米では新生界のこの種の新動物を発見する機会が少なくないらしく, 専門家の意欲をそそる.

266. パキルコス *Pachyrukhos mayani* AMEGHINO

　全長 30 cm, 肩高 15 cm. ウサギ形で前肢よりも後肢が長大. 頭比較的大きく目は大きい. 頭骨はウサギのものに似, 歯も兎歯に似て柱状. 前肢は5趾, 後肢は4趾. 南米パタゴニアの中新統 Santa Cruz 層に産し, 1885 年 AMEGHINO が報告, SCOTT の復元骨格図により描いた. 北半球と隔絶した南米の南端でウサギ類と無関係に進化した本獣がウサギとそっくりなスタイルとなったのは興味深い. *Typotheria* のうちで別方向に特殊化したものといえるであろう.

【雷獣目】 Astrapotheria

267. アストラポテリウム *Astrapotherium magnum* OWEN

　体長 2 m 余, 肩高 90 cm. バク(獏)様のスタイルで頸短くなく頭は大きい. 臼歯はサイ(犀)歯のような大形の稜歯で上下犬歯は牙状に発達する. 鼻骨は小形で上位にあり鼻孔大, 長鼻を持ったらしいが, 骨格よりみて象鼻のようではなかったであろう. 前肢は5趾で趾行性, 後肢は4趾で蹠行性. 体に比し四肢は重厚でない*. 四肢骨は独特の奇妙な形態を有する. とくに趾骨は弱小である. 水陸両生の草食獣. 南米パタゴニアの中新統 Santa Cruz 層に産し, 1901 年 AMEGHINO の報告があり, RIGGS の復元骨格図により描いた. 南米特産の孤立した一群で一時は南蹄目に入れていたこともある. 南米渡来第1群に属する. Santa Cruz 各層に種々の属種が提唱されている. Casa Mayor 層の *Albertogaudrya unica* もその一つである.

　　* 大頭を支えるにしては四肢は弱々しくかぼそい.

【汎歯目】 Pantodonta

268. パントランブダ（汎歯獣） *Pantolambda bathmodon* COPE

　全長 1 m, 肩高 30 cm. ヒツジ大で細長く, 背は低く尾は長い. 頭比較的小さく下顎は高い. 頭蓋は幅広で中央稜が強い. 犬歯は牙状に尖る. 臼歯はバク(獏)歯に似て稜歯. 草食だが奇蹄類, 偶蹄類, 長鼻類, 雷獣類に似た点もある. 古第三紀の原始的グループだから他の目と共通性が多い. 前後肢とも短く5趾で, 爪を有し食肉類のに似ている. 蹠行性. 北米ニューメキシコ州の暁新統中部–始新統下部 Torrejon 層に産し, 1882 年 COPE が報告, OSBORN の復元骨格図により描いた. COPE は鈍脚目 *Amblypoda* という目を設けた. *Coryphodon* 科の代表者. 食肉類のようなスタイルで草食の遅鈍な獣であった.

〖真四肢類〗〖哺乳類〗　149

◀ 265. ミオコキリュウス

266. パキルコス ▶

◀ 267. アストラポテリウム

268. パントランブダ（汎歯獣）▶

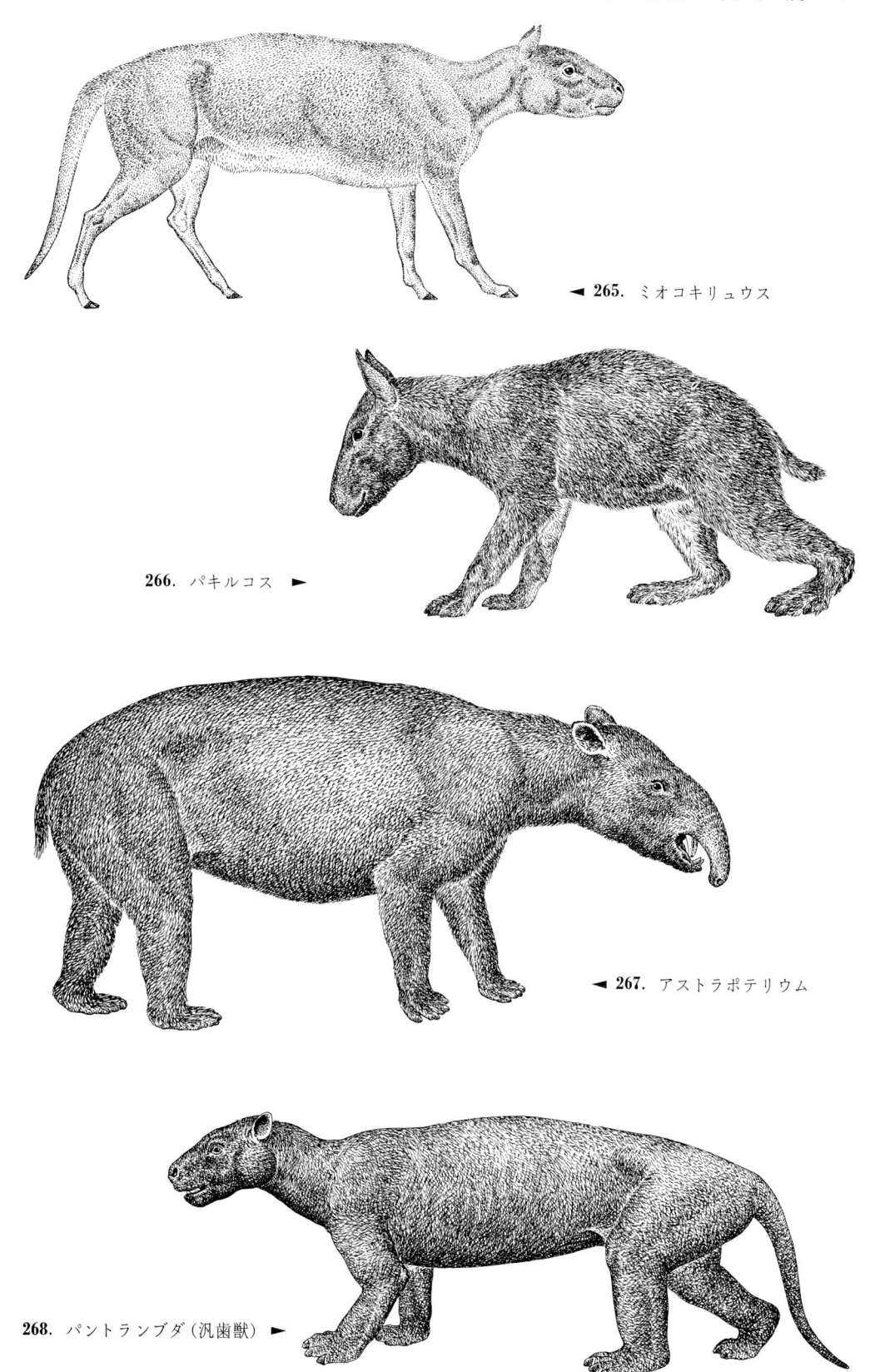

269. コリホドン（鈍脚獣） *Coryphodon testis* Cope

体長 2.5m，肩高 1m余．サイ（犀）大の重厚な巨獣で四肢はがんじょう．5趾で爪を有し趾行性．頭大きく後頭部高く下顎はがんじょう．犬歯は牙状に突出し，臼歯はバク（獏）歯に似て稜歯．雑食でサイのような運動をしたらしい．牙を武器として用いた．恐角類とともに鈍脚目に入れる考えもある．北米ワイオミング州やニューメキシコ州の始新統下部 Wasatch 層-Wind River 層に産し，1845年 Owen が報じ多くの種が知られる．本種は Cope の研究したもので彼と対立した Marsh は *C. hamatus* 種を報じた．Osborn の復元骨格図により描いた．中国江西省の始新統より *C. minchiushanensis* Chow & Tung が知られ，外蒙古の漸新統より *Hypercoryphodon thomsoni* Osborn & Granger が知られていて，古第三紀当時ベーリング陸橋を往来したことを示している．

270. バリランブダ *Barylambda faleri* Patterson

全長 2.3m，肩高 94cm．重厚で歩行時腰部が高い．頭比較的小さく尾は長大．四肢がんじょうで5趾有爪．趾行性．鼻孔大．犬歯は長大でなく臼歯はバク（獏）歯に似た稜歯である．食肉類のようなスタイルで草食の遅鈍な巨獣であった．北米コロラド州 Plateau Valley の暁新統上部に産し，1937年 Patterson が報告，その復元骨格図により描いた．似たグループに *Pantolambda* がありともに *Coryphodon* 科に入れられる．

【恐 角 目】 Dinocerata

271. ウィンタテリウム＊（恐角獣） *Uintatherium mirabile* Marsh

北米古第三紀の代表的な巨獣で体長 3.3m，肩高 1.5m．サイのようなスタイルでがんじょう．頭大きく後頭部に1対吻部に2対の角があり，上顎に巨大な牙がある．頸も肩もがんじょうで四肢は象肢に似て5趾蹠行性．臼歯は小さくV字型稜歯．頭蓋小さく遅鈍な草食獣だった．角や牙は防御器官であろう．サイのような習性であったらしく今日生存していれば動物園の人気者となったろう．このようなタンク型のグループを厚皮類 Pachydermata という．ニューヨークのアメリカ自然史博物館等に立派な頭骨の陳列がある．北米ワイオミング州の中上部始新統 Bridger 層に産し，1872年 Leidy が報告，本種は Marsh の復元骨格図により描いた．西部開拓華やかな頃活躍した Leidy や Marsh がこの名物を世に紹介したのは歴史的にみて意味深く，アメリカ古生物学の記念碑のような気がする．

＊ アメリカでユーインタテリアムという．

〚真四肢類〛〚哺乳類〛 151

▲ 269. コリホドン（鈍脚獣）

▲ 270. バリランブダ

◀ 271. ウィンタテリウム（恐角獣）

272. モンゴロテリウム（蒙古獣） *Mongolotherium plantigradum* FLEROV

全長 3 m，肩高 1 m 余．細長く尾も長い．頭比較的小さく後頭部が高い．四肢はそうがんじょうでない．上顎犬歯は長大な牙として発達するが頭骨の突起はなく角はなかった．臼歯は *Uintatherium* 的な稜歯．下顎吻部は下方にふくれて深い．ゴビ沙漠南部の始新統下部に産し，1950 年ソビエト探検隊の FLEROV が報じ，氏の復元骨格図により描いた．恐角目の原始的な種で *Uintatherium* の角のまだ発達しなかった頃のものにあたる．似た種に *Gobiatherium mirificum* OSBORN & GRANGER がある．ゴビの始新統上部 Irdin Manha 層に産し吻部がふくれる．このようなグループが古第三紀の東アジア大陸に横行していたことを日本側としても知っておく必要はある．

【火 獣 目】 Pyrotheria

273. ピロテリウム（火獣） *Pyrotherium sorandei* AMEGHINO

ゾウ(象)大の巨獣で頭長 70 cm に達する．体制や生態はゾウに似ていて *Deinotherium* 的である．頭は短く高い．吻部のび上顎 2 対と下顎 1 対の門歯は牙となる．臼歯は大で 2 稜並列し一見 *Deinotherium* の臼歯に似る．ゾウのような長鼻を持ったともされ，鼻孔は頭頂部にある．四肢重厚で 5 趾．南米パタゴニアの漸新世 Deseadian に産し*，1888 年 AMEGHINO が報告，長鼻類に入れた．パリの自然史博物館にその下顎の立派な標本がある．SCOTT の復元図により描いたが資料が少ない．パタゴニアに孤立していた一群で，このような特殊群が南米南部に発生したのは地理的隔離と進化の関係上興味がある．南米渡来第 1 群中では古い方の記録である．

    * G. SIMPSON, J. MINOPRIO, B. PATTERSON によるとアルゼンチン Mendoza の Divisaders Largo 層の哺乳類は始新世のもので南米最古の哺乳類相として重要であり，有袋類，滑距類等があるが，火獣類を欠いている．

【長 鼻 目】 Proboscidea

274. メリテリウム（暁象） *Moeritherium andrewsi* SCHLOSSER

体長 1.35 m，肩高 72 cm．ゾウ類進化の出発点にある小型種．上下第 2 の門歯は牙状となる．頭骨は長いが鼻はバクのそれに似る．小臼歯・臼歯とも 3 対で瘤状 2 稜．牙と小臼歯間に歯隙あり吻部がのびる．エジプト Fayum の始新-漸新統に産し 1901 年 ANDREWS の報告あり，OSBORN の復元図が知られていたが，エール大学の SIMONS の Fayum 探検隊がえた骨格は異様に胴が長く*，この点むしろ海生の海牛類に似ているとされる**．頭骨も海牛や *Hyrax* と似ていて親水性の生活をしていたらしい．エールの骨格レプリカは東京の国立科学博物館に展示されている．

    * 体長 2.5 m に対し肩高 64 cm，腰高 70 cm．
    ** ROMER が著者にハーバードで語ったことを記しておく．

〖真四肢類〗〖哺乳類〗　153

▲ 272. モンゴロテリウム（蒙古獣）

▲ 273. ピロテリウム（火獣）

▲ 274. メリテリウム（暁象）

275. パレオマストドン *Palaeomastodon beadnelli* ANDREWS

体長 2 m 弱, 肩高 1 m. 頭比較的大きく鼻は短い. 上下 1 対の開歯は牙となる. 小臼歯は上 3 対下 2 対. 臼歯は上下とも 3 対. 3 稜歯型で瘤歯. 牙と小臼歯間の歯隙長く吻部突出する. 犬歯を欠く. 頭高く鼻骨上位にあり鼻孔は大. エジプト Fayum の漸新統に産し 1901 年 ANDREWS が報告, OSBORN の復元図により描いた.

276. フィオミア *Phiomia* は亜属ともされる*.

　* Fayum へは日本からも発掘隊が行くべきであろう.

277. トリロホドン（三稜象） *Trilophodon angustidens* (CUVIER)

原始的なゾウいわゆるマストドン類の代表者として古くより知られてきた. 体長 4.4 m, 肩高 2 m, 頭比較的大きく長く, 鼻は短い. 上下 1 対ずつの牙は長大に発達し, 口が大. 第 2 大臼歯と第 3 大臼歯の 2 個が上下に並び機能的となる. 下顎吻部は伸長する. 先端部はシャベル状に拡がり草の根等を掘るのに適していた. 臼歯は第 2 が 3 稜, 第 3 が 4～5 稜で瘤状歯. 1 稜は咬合面で 3 葉状となり属名の起原となった. 前肢は比較的短い. ヨーロッパの中部中新統より下部鮮新統に普通に産し地中海沿岸に多い. 1825 年 CUVIER が *Mastodon* の一種としてフランス産を報告, 1857 年 FULCONER と CAUTLEY が *Trilophodon* 属を設けた. ただし BURMEISTER (1837) の *Gomphotherium* に先取されている. 本属はユーラシアより北米まで全世界的に分布し日本にもセンダイゾウ *T. sendaicus* が産する. 瘤歯マストドン *Bunomastodon* 類といわれる. OSBORN の復元図により描いた.

〚真四肢類〛〚哺乳類〛 155

275. パレオマストドン ▶

276. フィオミア ▶

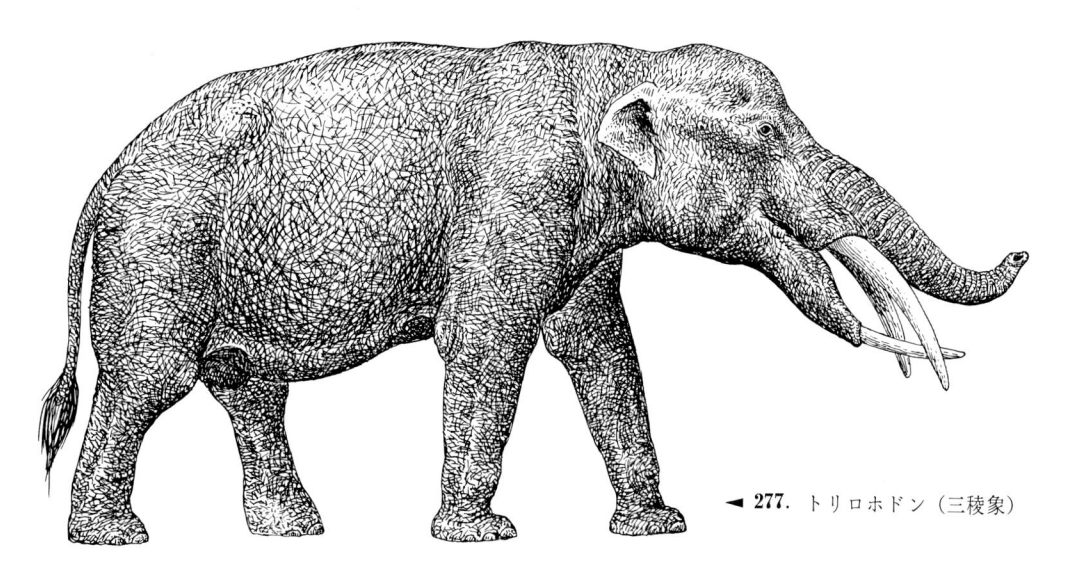

◀ 277. トリロホドン（三稜象）

278. ステゴマストドン *Stegomastodon arizonae* GIDLEY

　体長 4.5 m, 肩高 2.7 m. 体格はアフリカゾウに似るが耳や鼻の形状大きさは不明. 上顎の牙は長大で上方に曲る. 下顎に牙がない. 頬歯の各稜は三葉型で複雑. 内外峰中間峰連結して谷は側方のみにある. 吻部比較的短く頭は高く短く現代ゾウ的となる. 1912 年 POHLIG 設定. 北米の鮮新更新世, 南米の更新世に産するマストドンの特殊群. 北米アリゾナ州の鮮新統に産し 1926 年 GIDLEY 記載, 組立骨格がニューヨークのアメリカ自然史博物館にあり, KNIGHT の復元骨格図により描いた. MARGARET FRINSCH の絵はもっと胴太く頭が短い. 近似種多く *S. mirificus* LEIDY, 1858, *S. successor* COPE, 1892, *S. texanus* OSBORN, 1924 等大家の報じたのが有名. マストドン類が更新世まで残存するとどのように温存されて特殊化するかの好例である.

279. マストドン・アメリカヌス（アメリカマストドン） *Mastodon americanus* KERR

　狭義のマストドン *Mastodon** は CUVIER の設定だが BLUMENBACH の *Mammut* に先取された. アメリカマストドンは Warren *mastodon* ともいう. 体長 4.6 m, 肩高 3.4 m, 頭短く上顎の牙は長大で 2.6 m になる. 上下 2〜3 歯が同時に咬合する. 前肢割に高い. 北米更新世に類似種多く 9 種に達する. ケンタッキーの泥炭地より産した本種は 6000 年前まで生存しインデアンに滅ぼされた. 完全骨格は 1879 年ニューヨーク南方産がドイツの Frankfurt 博物館にあり, MARSH 組立骨格はエール大学に, OSBORN 組立骨格はアメリカ自然史博物館にある. KNIGHT の復元図により描いた. カンサスの更新世沼沢地の生活状態で長毛が描かれている. 旧大陸の北方マンモスに匹敵するが分類的には距ること大で, むしろ *Mastodon* 類** の残存者である. 広義の *Mastodon* は属名不詳のマストドン類に用いることもある.

　　* 女性の胸に似た歯の意味.
　　** 上下に牙があり, 臼歯は垂直交換で, 胴長く四肢短い.

280. プラチベロドン（へら象） *Platybelodon grangeri* OSBORN

　体長 2.6 m 内外. 頭長く鼻は短いが吻部伸長する. 上顎の牙は比較的短いが, 下顎牙はへら状に拡大伸長し, 左右連結してスコップ状となり, 沼沢地の泥をすくい, 草根類を掘るに適した. 臼歯は 5 稜で瘤歯. 三葉型. 中央アジアの中鮮新世に産し, 1929 年中央アジア探検に行った OSBORN が外蒙 Tung Gur 層産のを記載, 副隊長 GRENGER の名をつけた. アメリカ自然史博物館に模式標本があり, M. FLYNSCH の復元図により描いた. 口を開いたスタイルを正面より見るとグロテスクである.

〖真四肢類〗〖哺乳類〗　157

▲ 278. ステゴマストドン

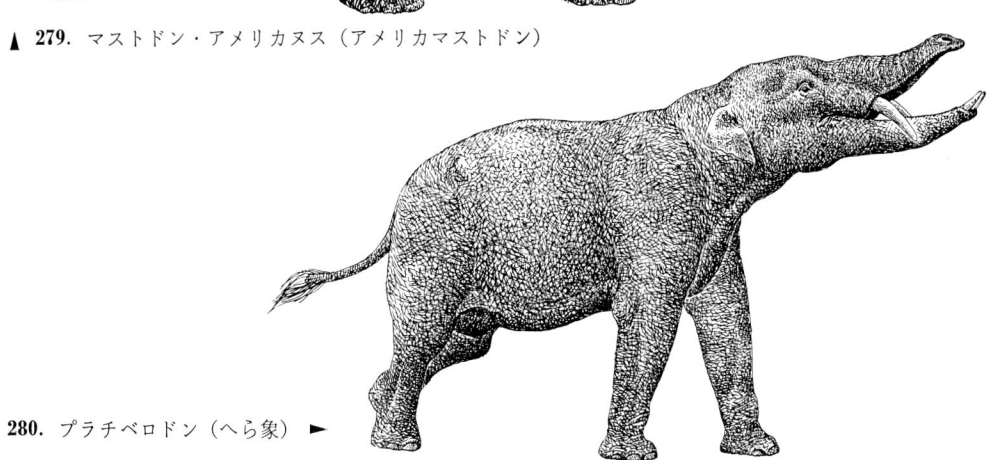

▲ 279. マストドン・アメリカヌス（アメリカマストドン）

280. プラチベロドン（へら象）►

281. アメベロドン *Amebelodon fricki* BARBOUR

体長4m強,頭短高.上顎牙はそう長くないが下顎牙は略様に扁平拡張して長大.シャベル状は *Platybelodon* よりもいちじるしい.吻部縫合部と牙を合せて下顎枝の2倍以上の長さを有する.臼歯は *Platybelodon* のそれと大差ない.北米の鮮新世に産し,ネブラスカ州の Freedom 付近の農場より産したのを 1927 年 BARBOUR が記載,ネブラスカ州立博物館に蔵せられた.BARBOUR の復元図により描いた.

282. シンコノロプス *Synconolophus dhokpathanensis* OSBORN

体長4m,頭長く牙も長大で上方に曲る.3個の臼歯のうち2個が同時に機能的に咬合する.第3大臼歯は上4稜,下5稜で1稜は左右3葉の対となり,谷をふさぎ一見複雑である.パキスタン Siwalik の鮮新統下部 Dhokpathan 層に産し,1929 年 OSBORN が記載,OSBORN の復元図により描いた.アメリカ自然史博物館に模式標本がある.

283. セリデンチヌス *Serridentinus taoensis* (FRICK)

体長3m,頭長く上下1対ずつの牙は強大だがそう長くない.下顎吻部はへら状に拡がる.臼歯は3個あるが,2個が機能的に咬合する.第3大臼歯は4稜で三葉型.瘤歯.ユーラシアの中新・鮮新世,北米の中新世に広く分布したが亜属 *Trobelodon* に入る本種は北米ネブラスカ州の中新・鮮新世に産し,1933 年 FRICK が記載した.OSBORN の復元図より描いた.*Serridentinus* としては本種よりもむしろ蒙古産の *mongoliensis* やパキスタンの Siwalik 産 *chinjiensis* の方が日本にとって重要であるが復元図が入手しにくい.エジプト漸新世の *Phiomia* より進化してきたものとみなされている.

〖真四肢類〗 〖哺乳類〗 159

▲ 281. アメベロドン

▲ 282. シンコノロプス

▲ 283. セリデンチヌス

284. コルジレリオン（アンデス象） *Cordillerion andium* Cuvier

　小形の象．体長 1.35 m, 肩高 65 cm. 頭比較的短いが牙は長く外方に曲る．第 3 大臼歯は 4～5 稜で 1 稜は片葉のみ三葉型．稜高は *Trilophon* 的．北米の鮮新世更新世と南米の更新世に産し．1824 年 Cuvier が *Mastodon* の属名下で記載，Osborn, 1926 の *Cordillerion* 属に入れられる．マストドンの進歩型で下顎は真正象的だが臼歯は原始的である．Osborn と Flynsch の復元図により描いた．種名はアンデス山脈より由来する．コルゲレラ山系の高地ゾウで軟草を食い牙は草根を掘るに用いたとされる．属名もコルジレラより由来する．類似属に *Cuvieronius* があり，Cuvier の名をとっている．南米の更新世に見られる．これらは南米渡来第 3 群に属し，鮮新世以降渡来した最新群で，しかも今日まで残っていない．第 2 群は漸新世に渡来した南米霊長類や嚙歯類の一部である．

285. アナンクス *Anancus arvernensis* Croizet & Jobert

　体長 2.5 m. 頭は短いが牙は長く直走する．第 3 大臼歯は 4 稜，中央を走る縦溝により内外葉に分れともに三葉型．瘤歯．南フランスやイギリスの鮮新更新世に分布し，南フランス Auvergne 産について 1828 年 Croizet と Jobert が *Mastodon* 属に入れ記載，1855 年 Aymasd が *Anancus* 属を設けた．Flynsch の復元図により描いた．*A. brevinostris* という亜種もある．ドイツやオーストリアのは別種とされ，中国山西省楡社の鮮新統産のは Hopwood が 1935 年 *A. sinensis* として記載，この方は日本と関係あるかもしれない．また *Pentalophodon* 属に入れる人もある．

〚真四肢類〛 〚哺 乳 類〛 *161*

▲ **284.** コルジレリオン（アンデス象）

▲ **285.** アナンクス

286. ステゴドン（東洋象） *Stegodon orientalis* OWEN

体長 4 m，頭骨は背面 3 角形に近く鼻孔が高い．牙は長く伸長し吻部は拡張する．左右の牙が接して鼻を通すことができなかったらしい（KURTEN, 1976）．臼歯は稜歯で谷深く下第 3 大臼歯は 13 稜内外ある．1870 年 OWEN が中国四川省塩井溝の洞穴産の臼歯破片について記載，その後同地産の良好標本を OSBORN が *O. grangeri* として報じた．日本にも産するが *S. orientalis* に一括してよい．華北山西省楡社盆地の鮮新統上部にも産し，西日本でも更新統基底部より産する．似た種に **287. シネンシス** *S. sinensis*, *S. bombifrons*, *S. insignis* 等があり，パキスタン Siwalik の **288. ガネサ（ガネサ象）** *S. ganesa* は巨大種であり，ジャワ Trinil 層等の *S. airawana*, *S. trigonocephalus* 等は矮小種でこの方は日本のアカシゾウ *S. akashiensis* や *S. sugiyamai*, アケボノゾウ *S. aurorae* 等と関係深い．メタセコイヤ植物相と伴っていて，その種の樹林にすんだ．このインドネシア系を *Parastegodon* 亜属に入れる考えもある．*Stegodon* の祖先型たる *Stegolophodon* は稜さらに低く数も少ない．アフリカの初期中新世と日本の中期中新世に分布し，日本には *S. pseudolatidens*, *S. tsudai* 等の種がいた．真正ゾウ発生のプールとして注目すべきグループである*．

* コロンビア大学の MAGLIO はアフリカのゾウを研究した時，*Stegotetrabelodon* PETROCCHI の属名を重要視し，日本に多い *Stegolophodon* を排棄した．命名規約上無効のやり方だった．彼は日本にもきて専門家の世話になり，種々の標本を見たのだったが，およそ礼儀をわきまえぬ一方的方法で納得できなかった．日本にくる外人専門家にもピンからキリまであるゆえ，片っぱしから歓迎するのは一考を要する．

▲ **286.** ステゴドン（東洋象）

〚真四肢類〛 〚哺乳類〛 163

▲ 287. シネンシス

▲ 288. ガネサ（ガネサ象）

289. アーキディスコドン（メリデオナリス象） *Archidiskodon meridionalis* (Nesti)

体長 4.2 m, 肩高 3.6 m. 背高くスタイルはインドゾウに似る. 牙は長大で外上方に曲る. 第 3 大臼歯は 10〜14 稜. 高稜. フランスやイギリスの末期鮮新世−初期更新世に産し, 1825 年 Nesti が北イタリア, Val d'Arno 産について *Elephas* 属のもとに記載, *Archidiskodon* Pohlig (1885) の模式とされた. インドからジャワにかけ分布の広い南方マンモス *A. planifrons* Falc. & Caut. と関係が深いとされるが, この方はインドゾウ *Elephas maximus* L. に包括させる人もある. 本種はまたヨーロッパの *antiquus* ゾウに連なるともされ, *Palaeoloxodon* に関係し *Archidiskodon* の属名価値を疑う人もある. 生態はナウマンゾウと似たものであろう. 北米種は **290. アーキディスコドン・インペラトル（インペリアルマンモス）*** *A. imperator* Leidy といわれていて, 本属は世界的に分布が広がった.

* 1.1 万年前まで生存していたとされる.

▲ 289. アーキディスコドン・メリデオナリス

▲ 290. アーキディスコドン・インペラトル（インペリアルマンモス）

291. パレオロクソドン *Palaeoloxodon antiquus* FALCONER & CAUTLEY（欧州旧象）

体長 6 m，肩高 4.8 m の巨象．頭短く高く，頭頂は 1 対の瘤状に肥大する．アフリカゾウの祖先型とされ，耳もそれに似て大形だったらしいがよくわかっていない．牙は長大で直走するが，上内方に曲る傾向がある．高稜歯で大きく第 3 大臼歯は上 14～15 稜，下 15～16 稜．各稜は咀嚼面で菱形になる傾向がある．歯形の変異がいちじるしい．ヨーロッパの更新世に普通で，類似種ナルバダゾウ *P. narmadicus* FALC. & CAUT., 1846 はインドのナルバダ更新統に，ナウマンゾウ *P. naumanni* MAKIYAMA* は日本，朝鮮，中国，台湾等の更新世に広く分布した．南・北アフリカには *P. transvaalensis* DART, *P. iolensis* POMEL がいた．ナウマンゾウは日本のもっとも代表的な化石ゾウで千葉県印旛沼産の骨格が国立科学博物館に，北海道虫類産の骨格が北海道開拓記念館にある．瀬戸内海底よりも多く産した．復元図は多くあるが本種は OSBORN と FLYNSCH BULA の復元図によって描いた．第 1～7 胸椎の神経突起長く，1927 年大英博物館で組立てられた骨格とイタリア Pignataro Intecmana 産の頭骨を総合復元した OSBORN の図によると頭頂部と肩胛部の高さは大差なく，背の高いゾウである．骨格は趾行性のようだが，生時は脂肪性の掌蹠部があり蹠行的となる．亀井節夫が組立てた虫類骨格でもこのようになっている．日本産ナウマンゾウの歯は変異に富み，*yabei*, *tokunagai*, *aomoriensis*, *setoensis* 等の種名がついているが，臼歯のみより種を推定するのは危険である**．*P. antiquus* は *Archidiskodon meridionalis* より導かれたとする考えもあった．東アジアでは *A. Planifrons* とそれより導かれたらしいゾウがあって，ナウマンゾウの多型は多系的進化を示しているのかもしれない．とにかくユーラシア大陸やアフリカの各種の化石ゾウと比較検討しない限りナウマンゾウの真の姿はわからないであろう．犬塚の頭骨研究ではナルバダゾウよりもむしろ欧州の旧ゾウに近い．

Palaeoloxodon MATSUMOTO (1924) は *P. naumanni* を模式種とし，*Elephas namadicus* FALC. & CAUT. にも適用された．欧州種は *Hesperoloxodon* OSBORN (1931) の模式種となるが，PILGRIM, POHLIG のいうように印度種とよく似ている***．印度では Siwalik 統に欠け，更新世の Narvada 統に多産する．更新世にむしろアフリカより渡来したのを示している．*P. naumanni* は *P. namadicus* と似るとされたが，むしろ北方経路で *P. antiquus* と直接関係するかもしれない．長谷川は，中国大陸から東支那海を経由した森林適応型であまり大きくない種類と考えている．

 * 槇山は頭固に *Elephas* 属を使っているが，インドゾウ *maximus* の属との類縁関係にはわざとふれていない．アフリカゾウの属 *Loxodonta* も *Elephas* に入れるとなると徹底した疎分法で科のタクソンと同位となる．
 ** これらは臼歯に立脚した型名でタクソ名となりなりにくい．このことは槇山，1938 が指摘したとおりである．
 *** *Hesperoloxodon* は *Palaeoloxodon* と異名同属となろう．

292. パルエレファス（ジェファーソンマンモス） *Parelephas jeffersoni* OSBORN

体長 4.5 m，肩高 3.3 m．背高く短頭で牙は長く内方に曲り，3 m に達するのもある．第 3 大臼歯は，上 17 稜，下 20 稜で，各稜は直走し互いに平行．北米更新世の代表的なゾウでフランクリンマンモスといわれ，1855 年 WARREN が旧北州の北方マンモス *P. primigenius* に同定したが，1924 年 OSBORN が本属に入れた．東部の後期更新統に多く，類似種にコロンビアマンモス *P. columbii* FALCONER の骨格は北米の主要な博物館に見られる*．本属は北方マンモスも関係深く旧北州の *P. trogontheri* POHLIG（欧州の更新世前期，モスバッハ期），カズサゾウ *P. proximus* MATSUMOTO（日本更新世最初期），タイワンゾウ *P. taiwanicus* SHIK., OTSUKA & TOMIDA（台湾更新世最初期に多い）等を含む．いわゆるシガゾウ** といわれるものもそうである．沖縄県宮古島の洞穴より出たのはタイワンゾウの疑いもある．*P. taiwanicus* は *P. armeniacus*** の亜種とみなしている．台湾に多く同時代北方に移動してシガゾウやカズサゾウとなったらしく，台湾と日本ですみ分けていたらしい．

 * 7700 年前まで生存していたとされている．
 ** その模式標本はナウマンゾウに属するので *P. shigensis* MAT. & OZAKI は使用できない．
 *** *P. trogontheri* の祖先型でもある．

▲ 291. パレオロクソドン

▲ 292. パルエレファス（フランクリンマンモス）

293. マンモンテウス（マンモス）（北方マンモス，ケナガマンモス） *Mammonteus primigenius* (Blumenbach)

体長 3.9 m，肩高 2.9 m. 頭短く高く牙は長大で外上方に曲る．臼歯は高稜で第3大臼歯は上下とも 24 稜，長鼻類中もっとも特殊化の進んだ板歯である．全身褐色長毛で被われるので羊毛マンモス wooly mammoth ともいわれる．国極地方の更新世後期にさかえ，シベリア，レナ河の沿岸ペレオゾフカで全身の凍結屍が化石氷中よりえられレニングラードの博物館に蔵せられる*．ヨーロッパ産はギリシャ時代より知られ**，*Elephas mammonteus* Cuvier, 1796 で知られていたのは *E. primigenius* Blumenbach, 1695 に先取された．属名 *Mammthus* Burnett, 1830 は *Mammonteus* Cumper, 1788 に先取される．ペレオゾフカ屍体の胃の内容物検査により草原の草***が主食であることがわかり，またカンバやヤナギ類，苔も食ったらしい．歯の間に食物の嚙み残しがあったからよほど急激に死んだらしい．完全屍体より習性のわかった珍しい例である．放射性炭素年代測定では 1.1 万年～4.4 万年前となった．アラスカや北米五大湖付近まで分布するが極東は比較的少なく，満州，樺太，北海道（夕張）に見出される．後期旧石器人と共存しており，ウクライナ地方ではマンモスを狩猟しその骨で住み家を作った遺跡がある．東ヨーロッパでは狩猟人に狩られた屍が山積している遺跡もある．日本では本州まで移動してきていた確証がない．満州顧郷屯には多く産するが，野牛，野馬****，毛犀，レイヨウ（羚羊），シカ，野猪，ラクダ，トラ，オオカミなどの草原系動物群で徳永・直良・遠藤・野田・鹿間らの発掘調査があった．北はジャライノールより南は大連付近までにわたってこの種の動物相が見られる．ジャライノール人その他の狩猟人と共存しており，これら後期旧石器人との関係は欧州よりシベリアにわたり普遍的に見られる．各種嚙歯類やダチョウもいたが人類との関係はなかったらしい．欧州ではトナカイと伴い 後期旧石器時代 マグダレニアン期（ヴュルム氷期 4）に多く，トナカイ時代ともいっている．ヴュルム氷期 2（ムステリアン以前）から現れたが，アンチクウスゾウの方はリス・ヴュルム間氷期以前だから，両者は共存していなかった．

　　* Pfizenmayer の発掘紀行がよく知られている．
　　** 頭骨は伝説にある巨人の頭骨とみなされていた．
　　*** チョウノスケソウ *Dryas* で代表される．
　　**** *Equus przewalshit* Pole が多い．ウマのおびただしいのは日本の動物相に見られぬ現象でもある．

294. デイノテリウム（恐獣） *Deinotherium giganteum* Kaup

体長 3 m 内外，肩高約 2.7 m. 頭短く，上顎に牙なく下顎の牙は珍妙にも下後に曲る．臼歯は瘤歯で第1大臼歯は3稜，第2，第3大臼歯は2稜で簡単．セメント質を欠く．全頰歯は垂直交換で同時咬合をする．ヨーロッパやインドの中新-鮮新世とアフリカの更新世に分布し，1829 年 Kaup が Eppelsheim の下部鮮新統より記載した．牙は象牙的でなくカバの牙に似た構造を有するので Blumenbach 等初期の研究者は本種がバクのような親水性動物だとしていた．巨体で奇妙な曲りの牙ははじめ研究者を迷わせた．生時，樹枝を折り曲げるのに使ったようにみなされている．マストドンやゾウとはかなり隔っており，独立の亜目 Deinotherioidea に入れる意見もある．東アフリカ Olduvai の Olduvai 層にも産し，骨格化石に混じって猿人の石器が見つかったので猿人に狩られたともされている．

▲ 293. マンモンテウス（マンモス）（北方マンモス，ケナガマンモス）

▲ 294. デイノテリウム(恐獣)

【重 脚 目】 Embrithopoda

295. アルシノイテリウム *Arsinoitherium zitteli* BEADNELL

体長 3.2 m, 肩高 1.9 m. 重厚でサイ(犀)大の厚皮獣. 四肢はゾウに似るが上肢より下肢が短い. 前額に 2 対の角があり, 前 1 対は扁平巨大で前方に突出する. 4 個の小臼歯, 3 個の大臼歯ともに V 字型の 2 柱よりなる. 雷獣類や汎歯類に似た点が多い. 掌骨や蹠骨は長鼻類に近い. グロテスクな巨獣で草食性, 生態はサイに似ていたようである. エジプト Fayum の漸新統に産し, 1902 年 BEADNELL が記載, 1904~6 年 ANDREWS が目を設定した. ANDREWS の復元図により描いた. Fayum 動物相中随一の巨獣といえる. 大英博物館骨格のレプリカが東京の国立科学博物館にある*.

  * 日本の *Paleoparadoxia* 骨格レプリカと交換され, 著者がロンドンで交渉に当ったが成功した例として愉快に思っている.

【海 牛 目】 Sirenia

296. ハリテリウム *Halitherium schinzi* KAUP

西太平洋熱帯域インド洋にいる人魚 Dugong=Halicore は草食性のおとなしい海獣として有名だが, その祖先型として知られる. 全長 2.4 m. ずんぐり太り頭は短い. 後肢は退化して体内にあり, 前肢は鰭となり, 掌骨は繊細. 鼻孔大で吻部突出して下方に垂れる. 下顎は厚く吻部下方に突出する. 頬歯は $\frac{3 \cdot 4}{3 \cdot 4}$ で瘤歯. デスモスチルス式の柱体の集まりより構成される. 肋骨は肥厚しバナナ状なのが特徴. ヨーロッパの漸・中新世, マダガスカルの漸新世に分布, 1838 年 KAUP 設定, スイス西北域 Laufon の中新統産骨格がバーゼルの博物館にあり, SCHAUB の写真により描いた. ベーリング海にすみ, 人類に滅ぼされたリチナ海牛 *Hydrodamalis* は長野県の鮮新統より産したが, 日本の中新統よりまだ本種のような熱帯系種が知られない. 海草を食っていたらしい. リチナは性おとなしい. 巨体で荒波にもまれながら漂っていた.

297. ハリアナッサ *Halianassa cuvieri* CHRISTOL

全長 3.2 m 内外. 頭比較的小さく, 頸は短い. 前肢=鰭も小さく後肢は退化して体内にある. 腸骨と坐骨は癒合して棒状となる. 肋骨は肥厚してバナナ状. 頭骨は前種に比し細長く, きゃしゃである. 上開歯は牙状. 頬歯は前種よりも稜歯的. 1838 年 MEYER 設定. フランスの Loire 河沿岸中新統に産し, CHRISTOL が CUVIER の名をつけて記載, パリの自然史博物館に骨格があり, COTTREAU の写真により描いた. 浅海域の底生種で海草に依存しており, 海成層の化石群集と関係深いから冷水系にしろ暖水系にしろ, 古生態の類推は困難でない.

【束 柱 目】 Desmostylia

298. デスモスチルス(束歯獣) *Desmostylus hesperus japonicus* TOKUNAGA & IWASAKI

全長 3 m 内外. 重厚な海生厚皮獣で, 四肢はがんじょう. 頸も尾も短く, 頭は扁平肥大しカバ的. 吻部拡がり, 上下門歯は牙となる. 頬歯は前臼歯 3 臼歯, ゾウのような水平交換で第 3 大臼歯は咬合されることが少ない. 円柱を束ねたような形で柱のホウロウ壁は輪状, 歯質は円盤状となる. 海草や軟いものを食ったらしい. 4 対の板状胸骨や一見齧歯類に似た腰骨, サイに似た肩胛骨, きわめて特異な腕骨や跗骨等哺乳類中特殊で類がない. 日本, ソビエト太平洋岸等北米太平洋岸等北太平洋の中新統に限り産し, 東北日本に普通に見られた. 1887 年 MARSH が設定, 北米種 *hesperus* の亜種 *japonicus* は 1914 年徳永・岩崎により記載された. 従来ウシ類等に所属させていたが, 1933 年樺太気屯で発見され長尾等が発掘した北大骨格の立派な四肢は世界を驚かせ, 1966 年著者が記載した. 岐阜県泉骨格は *Paleoparadoxia tabatai* でより原始的である. 遊泳は海牛ほど巧みでなく, カバのようにもぐっていたらしい. 1964 年カリフォルニアの Stanford 大学原子核研究所敷地工事より発見された *Paleoparadoxia* の第 2 骨格は成体で幼体の泉骨格よりはるかに大きい. またその後, 立派な頭骨がオレゴン州よりえられた. 脊柱は腰部で強く彎曲し, 後肢蹄部は体の内側に向き前肢掌部は外側に向く. 本種骨格の組立は研究者によりまちまちで意見がかなり違う. REPENNING はアシカのような体格を考えたし著者は胸部を地面につけ前肢を側方になげ出し後肢で地面をけって前進したとした*. 今ではネズミ状の歩行をしたかとも思っている**. 図は遊泳スタイルである. 頭を上下に激しく動かせたとされるが, スコップ状の下顎で海底の泥等をすくい餌を食ったためらしい. 陸上の植物はあまり食物として関係ないらしい. また深海や浅海の堆積物中に埋没しているのは表層水を泳いでいて死んだ屍が運ばれたためらしい. 冷水や暖水の地層中に分布する. 中新世の北太平洋が暖水で支配された頃にすんでいたが, 分布の南限は岐阜県とサンフランシスコ付近である.

	脛骨長/大腿骨長	第 3 蹠骨長/大腿骨長
Paleoparadoxia	0.9	0.19
Elephas	0.6	0.13
Mastodon	0.69	0.11
Hippopotamus†	0.68	0.29
Rhinoceros	0.78†~0.79	0.37
Tapirus†	0.82	0.38
Equus	0.9	0.78
Antelope	1.21	1.00

  * 今日のイボイノシシがこのような歩み方をする. 著者はローマ動物園で実見した.
  ** JAMES GRAY, 1968 は哺乳類の歩行速度を述べた時, 四肢骨の比率をかかげた. それを参考として *Paleoparadoxia* と他との比較をかかげておく. † 長谷川善和測定より算出. 有蹄類や長鼻類と対応しないことがわかる.

▲ 295. アルシノイテリウム

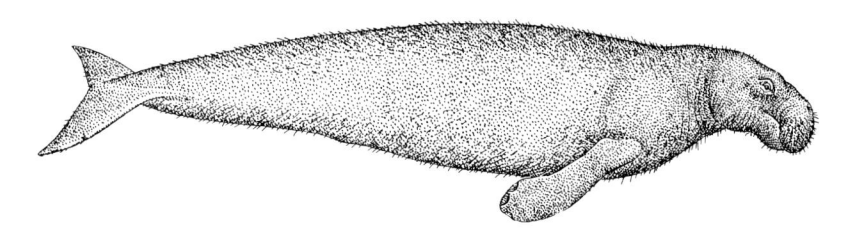

▲ 296. ハリテリウム

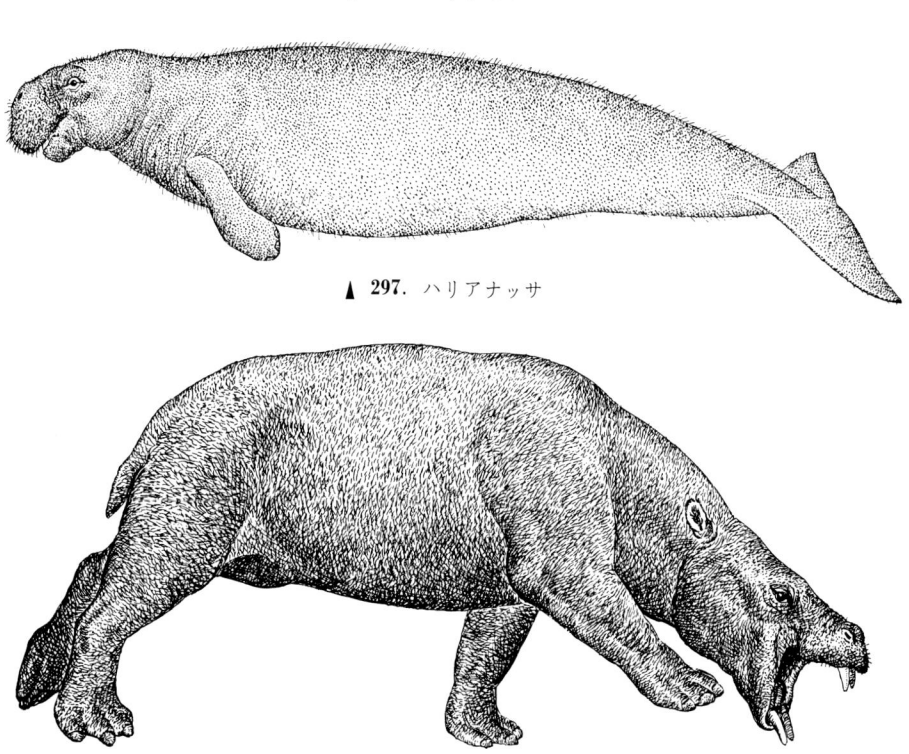

▲ 297. ハリアナッサ

▲ 298. デスモスチルス（束歯獣）

【奇蹄目】 Perissodactyla

299. パレオテリウム *Palaeotherium magnum* CUVIER

馬上科のうちの原始群に属する小獣．体長 2m 弱，肩高 1m 余．頸長く頭狭長，尾は短い．四肢はウマというよりバクに近い．短く前後肢とも 3 趾．頰歯 $\frac{4\cdot3}{4\cdot3}$ は稜歯で原始的ウマの歯に似る．ヨーロッパの始新・漸新世に分布し，1804 年 CUVIER がパリ郊外 Vitry 石膏層（始新統）産の骨格を記載復元して有名となった．模式標本はパリ自然史博物館にある．CUVIER の図により描いた．体格はバクに似るがバクのような親水性であったかどうか不詳でウマの原始的なものとしての生態を有したであろう．

300. ヒラコテリウム（暁 馬 アケボノウマ） *Hyracotherium venticolum* COPE

ウマ進化の出発点に位置する小獣．体長 45cm．頸比較的短く，前肢は 4 趾で機能的に 3 趾．後肢は 3 趾．上臼歯は 4 丘の瘤歯．下顎はそう高くない．多分軟い草を食い森林にすんだらしい．1840 年 OWEN がロンドンの London Clay（始新統）産について設定，本種は COPE が北米ワイオミング州の始新統 Wasatch 層より記載，*Eohippus* 属に入れた．STIRTON らは同属としているので北米種も旧北州の本属に入れる人が少なくない．SCOTT の復元図により描いた．背皮の縦縞は SCOTT の想定である．

301. メソヒップス *Mesohippus bairdi* LEIDY

体長 60cm，肩高 36cm．コリー犬大の小ウマ．前後肢とも 3 趾．頰歯は短歯の稜歯で外稜は W 字形．北米南ダコタ州やコロラド州の下部漸新統 White River 層に産し，1875 年 MARSH 設定，本種は LEIDY が記載，SCOTT の復元骨格図により描いた．ウマ進化の系統もこの頃は単系的で直進し，一本の流水の源流に近いところにいた．軟草を食う森林馬である．本種は漸新世後半 *Miohippus* に移行し，中新世初期さらに *Parahippus* と *Anchitherium* となり，前者は中新世後期に *Merychippus* となりこれは鮮新世以降 *Hipparion* や *Equus* 等の各属種が発生するプールとなる．漸新世のはじめと中新世末はベーリング陸橋の生じた時で，ウマのユーラシア・北米間の移動がみとめられた．岐阜県平牧層（中新世中期）の *Anchitherium hypohippoides* MATSUMOTO も北米経由というよりユーラシアに広く分布したもの*の流れと解すべきであろう．

* たとえば *A. gobiense* COLBERT.

〚真四肢類〛 〚哺乳類〛 173

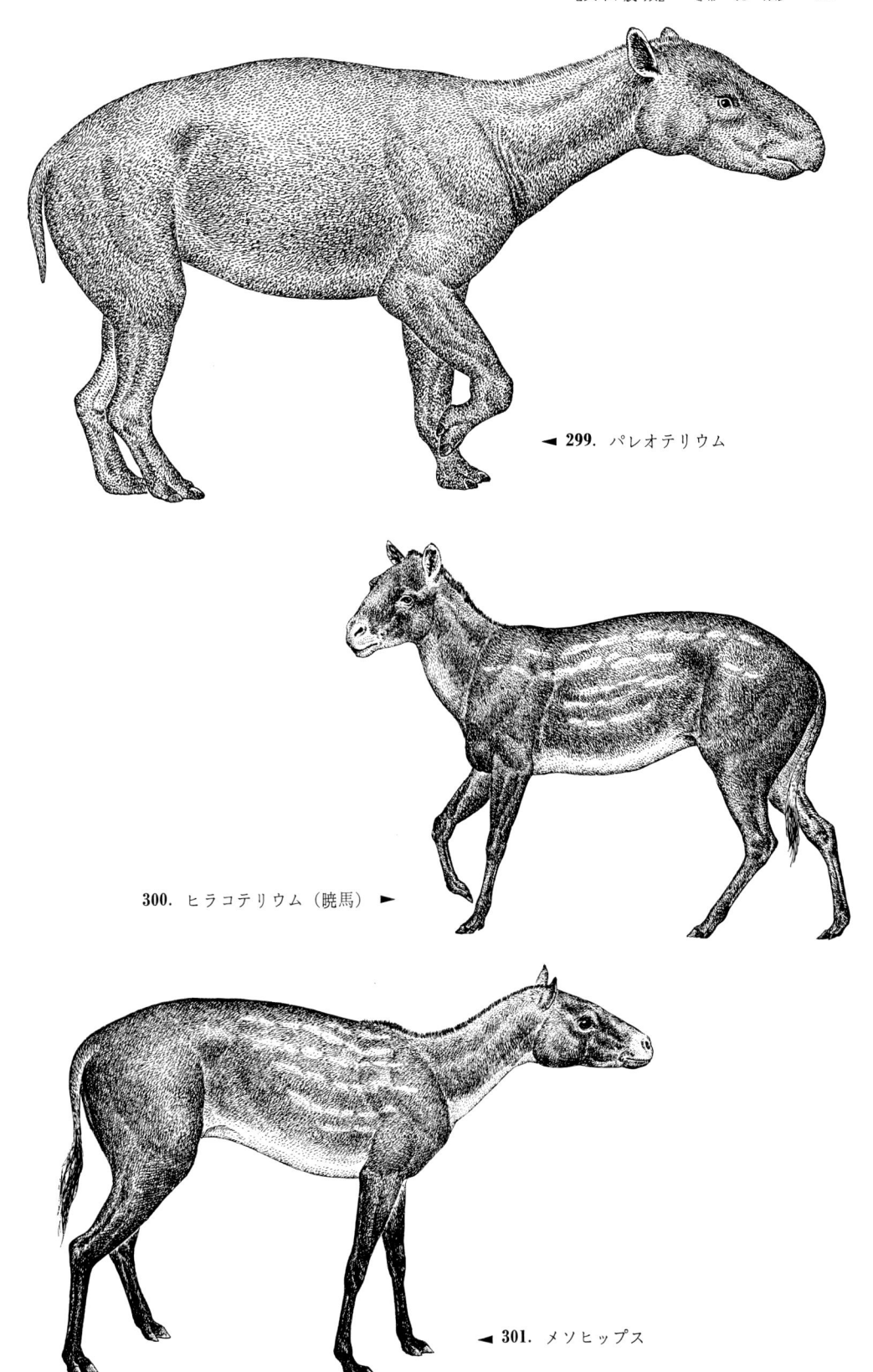

◀ **299.** パレオテリウム

300. ヒラコテリウム（暁馬）▶

◀ **301.** メソヒップス

302. ヒッパリオン（三趾馬） *Hipparion gracile* KAUP

体長 2 m，肩高 1.2 m．スタイルは現代馬的であるが前後肢とも 3 趾で機能的には中央趾のみが大きく発達し体重を支えた．ユーラシア，北米，アフリカの鮮新世に広く分布し，中国では三趾馬といわれ華北の三趾馬赤土層に多い．1832 年 CHRISTOL 設定，本種はギリシャの Pikermi 産を KAUP が記載，パリの自然史博物館に骨格がある．VIRET の骨格写真より描いた．類似種 *H. sendaicus* が仙台の竜ノ口層より産し，中国種は種類多く *H. richthofeni* 等数種以上知られる．*Merychippus* より進化し多くの属種が分出した頃のもので草原馬であり硬草を食い，頬歯も現代馬的で高いがホウロウ壁は複雑に褶曲する．後肢の第 3 蹠骨と脛骨の長さの比は 0.89 で現代馬の 0.78 より大きくレイヨウ（羚羊）の 1.0 に及ばないが，相当のスピードで走ったと思われる*．現代馬 *Equus* は本種と並列した *Pliohippus* より分出し，直接の関係はない．

* HOWELL (1944) によると競走馬は平均時速 30 マイル（1 マイルを 2 分の割）とのことである．

303. メノダス *Menodus higonoceras* COPE

北米古第三紀巨獣の代表者雷獣類 Titanotherioidea 進化の比較的初期のもので体長 2.4 m，肩高 1.5 m．重厚な厚皮獣で四肢はがんじょう．前後肢とも 3 趾で趾行性．たぶん快速に走ったらしい．頸短く短頭で吻部に 1 対の瘤状角を有し，上方に突出する．肩背部高く筋肉発達し，サイのように頭を上下に振り動かす動作が強かった．前臼歯は上下 4 対，臼歯は同 3 対．馬状の稜歯で外稜は W 字形．外観ややサイに似るが歯の構造等はウマにも近い．北米始新世にさかえ遠祖は *Hyracotherium* とされる．1849 年 POMEL 設定，LEIDY の *Titanotherium**を先取する．ネブラスカ，ダコタ，コロラド諸州の下部漸新統 White River 層に産し COPE が報告，OSBORN の骨格復元図により描いた．ミュンヘン博物館に骨格がある．

* 雷獣の意味．歴史的になじみ深い属名も命名規約により使えないのが残念である．

〖真四肢類〗 〖哺乳類〗 175

302. ヒッパリオン（三趾馬）▶

▲ 303. メノダス

304. ブロントプス *Brontops robustus* MARSH

体長 4.6 m, 肩高 2.5 m. 堂々とした貫録の厚皮獣で鼻上の1対の角は外上方に突出する*. 肩背部高く頸筋肉発達し, 四肢はサイ(犀)的. 前肢4趾, 後肢3趾で趾行性. 快速に走った. 尾は短い. 北米ダコタ州の下部漸新統 Chadson 層に産し, 1887年 MARSH 設定, MARSH と OSBORN の骨格復元図により描いた. LEIDY の *Megacerops* はシノニムである. 頬歯は前種に似る. 上犬歯は小ながら牙状に突出する. 本種は雷獣類の代表者で, ダコタでははじめインデアンがその大形化石骨を見, 雷が落ちたものとみなしていたので雷獣といわれるようになった. 類似属種が蒙古や東ヨーロッパにあり, 朝鮮鳳山炭田始新統産の *Protitanotherium koreanicum* TAKAI もその一つである.

　　* 鼻骨上の瘤状隆起はサイのそれより発達しているので, かりにサイのようなケラチン質角が隆起上にのっていれば, 巨大なものであったらしく, とてもこの図の程度ではないと思われる.

305. エンボロテリウム *Embolotherium andrewsi* OSBORN

北米の雷獣類進化の一頂点が *Brontotherium* とすれば蒙古にはそれに匹敵するものに *Embolotherium* がいた. 体長4 m をこし, 鼻上の一対の角は基部で癒合してへら状になっている. 後頭部は隆起し, 肩背部の頸筋肉の支点となる. 頬歯等は大形だが形態は *Brontops* 的である. ゴビ砂漠の漸新統 Ulan Gochu 層に産し, OSBORN が1929年アメリカ中亜探検隊長 R.C. ANDREWS の名を記念して報告. OSBORN の図により描いた.

▲ 304. ブロントプス

▲ 305. エンボロテリウム

306. モロプス *Moropus elatum* MARSH

体長 2.7m, 肩高 2m. 背の高い特異なスタイルで頭, 頸, 胴はウマに似るが, 四肢きわめて長く, 前肢は4趾, 後肢は3趾, 大きな爪を有した. この点食肉類に似ており, 半趾行性で, 巨大な爪で植物の根を掘りおこして食ったらしい*. 上下3対の前臼歯と3対の臼歯は短い稜歯で雷獣の歯に似ており, 分類的に雷獣に近いとされるが, 習性特殊でかけ離れており, はじめ化石発見の頃は頭はウマに近いとし, 四肢は貧歯類に入れたぐらいだった. COPE は曲脚目 Ancylopoda という独立目を設けたほど奇怪な獣である**. 北米の中下部中新統に産し, 1887年 MARSH 設定, 本種はネブラスカ州の中新統 Harrison 層に産する. OSBORN の復元図により描いた. MARSH は最初貧歯類 Ground Sloth に入れていたが後カーネギー博物館がネブラスカ州 Agate の骨石切場で完全骨格を得, HOLLAND と PETERSON は詳細な研究を発表, 曲脚目に入れた. 欧州の *Chalicotherium* と対応するが, それほど特殊化していない.

なお T. KUBACSKA (1962) はネブラスカ産 *Moropus* の肩胛骨・四肢骨・肋骨等に裂傷のある化石をあげており, 食肉獣によりこうむった損傷としている.

 * サボテンのような植物なら面白いが, 埋没層の古植生を知らねば正確にはいえない. SCOTT の復元図では沼沢地の水に入り水生植物を掘りおこし食っている.
 ** 今日では, 綺獣上科 Chalicotrerioidea とする.

307. カリコテリウム (綺獣) *Chalicotherium sansaniense* LARTET

体長 2.7m, 肩高 1.6m. 頭頸胴は一見バク (獏) 的であるが四肢は長く, 趾や反転する巨大な爪等は前種に似る. 頬歯は $\frac{3\cdot 3}{3\cdot 3}$ でW字形外稜の稜歯よりなる. ヨーロッパやインドの中新鮮新世に分布し, アフリカはウガンダの更新統よりも産した. フランス Sansan の中部中新統産. パリの自然史博物館に全骨格化石の印せられた岩盤がある. 1833年 Eppelsheim 頭骨について KAUP 設定, LARTET の *Macrotherium* を先取する. VIRET の写真により描いた. 1823年 CUVIER は Sansan 産四肢骨を見て大形センザンコウの類とみなし, KAUP は奇蹄類に入れたが, 1863年 GAUDRY は, Pikermi 産前後肢骨を研究, *Ancylotherium* と命名した. 1887年 FORSYTH MAJOR は, サモス産を研究, *Ancylotherium* と *Chalicotherium* を同種とした. FIRHOL は Sansan で完全骨格を発見, *Macrotherium* の四肢と *Chalicotherium* の頭が同一獣になって連ることを確かめた. 中国四川省の下部更新統洞穴層より *C. sinense* OWEN, ゴビ砂漠中新統より *C. brevirostsis* COLBERT, パキスタン Siwalik 統鮮新統より *C. sivalense* FALC. & CAUT. を産する, 類似属の *Schizotherium* は外蒙漸新世に, *Patschizotherium* は周口店北京人層に見られる, 本種の生態は *Moropus* に似たものであろうが, 現生獣には同様のものがなく, 想像もできかねる.

308. ヒラキュウス *Hyrachyus eximius* LEIDY

走るサイ Hyrachyidae の代表者. 体長 2m, 肩高 1m. 頭も頸も比較的長く角や牙の武器はない. 頬歯はサイ的稜歯で π 字形. 四肢はすらりとして細長く, 前肢4趾, 後肢3趾とも趾行性. 北米の始新世に分布, 1871年 LEIDY 設定, ワイオミング州の中部始新統 Bridger 層に産し, 完全な骨格がワシントンの国立博物館やエール大学にある. GILMORE 復元, HORSFALL の復元図により描いた. SCOTT と HORSFALL は背皮の縦縞を描いている. 原始馬群やバクとそう隔たるものでなかったといえる.

〖真四肢類〗 〚哺乳類〛 179

306. モロプス ▶

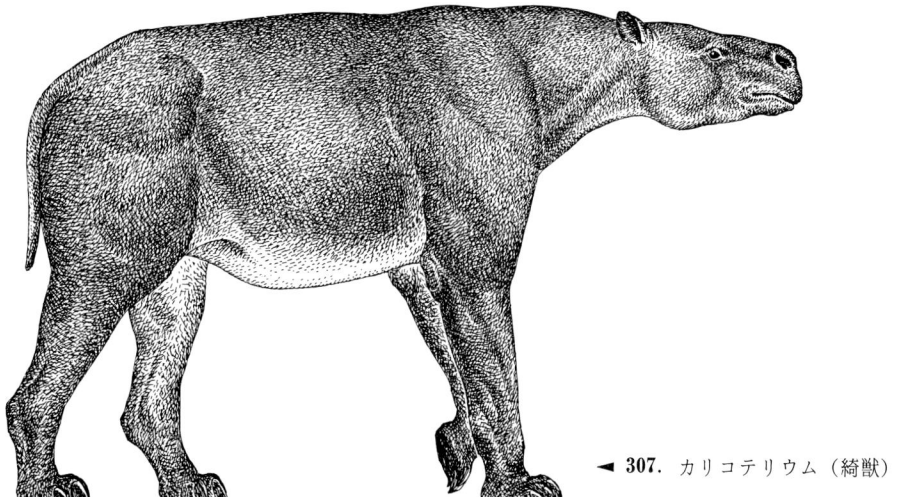

◀ 307. カリコテリウム（綺獣）

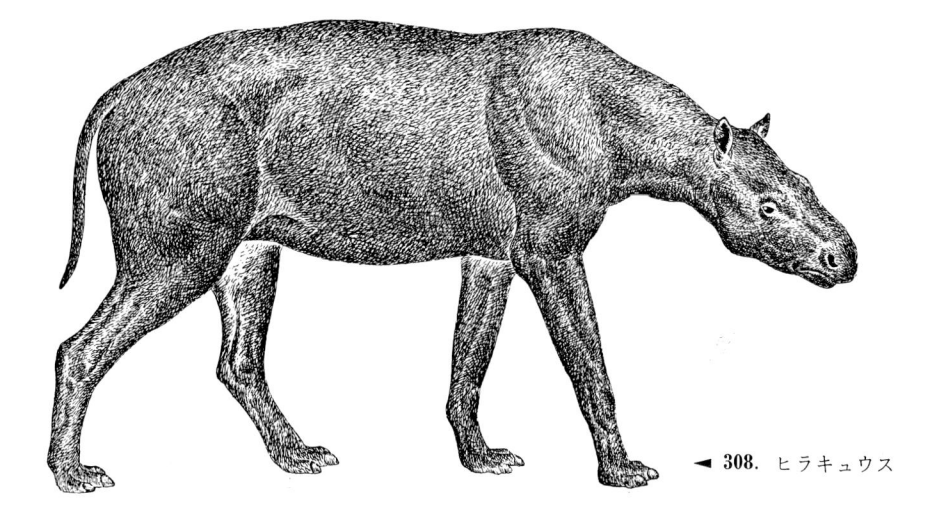

◀ 308. ヒラキュウス

309. バルキテリウム　*Baluchitherium grangeri* OSBORN

　体長 10 m 内外，肩高 5.5 m．雲つくような巨体で，地球始って以来の最大の陸生獣．頸と頭長く四肢も異常に長く柱状である．前後肢とも2趾で，趾行性．掌骨と蹠骨が長い．上門歯は牙状，吻部突出し，鼻骨の状態はウマに似，嗅覚・聴覚ともウマのようであって，快走状態はキリンとウマをつきまぜたようであったらしい．中央アジアの漸新世後期に分布．1913 年 FORSTER COOPER 設定，ベルチスタンの Aquitanian 産を OSBORN 記載，GRANGER と GREGORY の復元骨格図により描いた．*Mongoliense* OSBORN は姉妹種．*Indricotherium* は類似属で頸長い．1913 年ソビエトの BORISSIAK が設定した．この種の獣が今日生きておれば動物園の人気者となったろう．巨体を維持するにどれだけ餌を食ったか興味がある．

310. テレオケラス　*Teleoceras fossiper* COPE

　体長 3 m，肩高 1.2 m．ダックスフント型のサイで肩極端に低く胴長いわりに四肢短小．鼻上1本の小角あるのみ．水生でカバのような生活をしていたらしい．北米の中・鮮新世に分布．1894 年 HATCHER 設定，カンサス州の最下部鮮新統より COPE 記載，ニューヨークのアメリカ自然史博物館に完全骨格あり，WORTMAN の復元骨格写真により描いた．SCOTT と HORSFALL の復元図も大差ない．類似属の *Chilotherium* は華北の最下部鮮新統三趾馬赤土層に多産し，岐阜県可児郡の平牧中新統よりも松本が *pugnator* を *Teleoceras* 属下で報じたが，*Chilotherium* 属に入れた方がよい．ともに *Aceratherium* 群に入れられるが，*Teleoceras* 群として独立させる考えもある．*Aceratherium* には角がない．

〖真四肢類〗 〖哺乳類〗 *181*

▲ **309.** バルキテリウム

▲ **310.** テレオケラス

311. メトアミノドン *Metamynodon planifrons* SCOTT & OSBORN

体長 2.8 m, 肩高 1.25 m. 無角で短頭. 上下の牙は発達する. スタイルはカバに似て水生のサイとされる. 鼻骨小で吻部は短い. 北米の始新-漸新世に分布, 1941 年 H. E. WOOD 設定. 南ダコタ州中期漸新統 River Channel 層より SCOTT と OSBORN 記載, ニューヨークのアメリカ自然史博物館に完全骨格があり, OSBORN の復元骨格図により描いた. KNIGHT の図ではインドサイのような皺の多い皮膚を描いている. *Amynodon* 科に入り, *Amynodon* は東アジアの始新世にも分布, 北海道雨竜や山口県宇部炭坑, 佐賀県唐津炭田より *A. watanabei* (TOK.) が産している. *Cadurcotherium*, *Paramynodon*, *Lushiamynodon* 等東洋産の類似属も多い. 水産のサイが有力な一群であったことは今日のサイよりみて興味深い.

312. コエロドンタ（毛犀, ケブカサイ） *Coelodonta antiquitatis* BLUMENBACH

体長 3 m, 肩高 1.6 m. 頭大で吻部発達し, 鼻上と眼上に角を有した. 重厚で一部の化石よりみて, 褐色の長毛で被われたことがわかっている. ユーラシアの更新世に分布, 欧州のリス氷期, リス・ウルム氷期に多かった. 1831 年 BRONN が設定, 本種は BLUMENBACH が *Rhinoceros* 属のもとで報告, エニセイ河の化石氷とガリシヤの油田より完全屍体が得られ, パリの自然史博物館その他に骨格があり珍しくない. 満州ハルピンの顧郷屯層にも多い. FISCHER の *C. tichorhinus* は異名同種. 本種の復元図はマンモスとともに多く流布している. が, やはり BURIAN の図がいちばん優れているかもしれない. ツンドラに適応したがベーリングを渡って北米には移動できなかった. 近縁の *Elasmotherium sibiricum* FISCHER は複雑な臼歯と 1 本の長大な鼻角を持ち, シベリアに分布していた. この獣こそ幻の一角獣を思わせるものだった.

313. ヘラレテス *Helaletes nanus* MARSH

体長 75 cm, 肩高 2.7 cm. 細長く四肢もすらりとしてきゃしゃ. 鼻骨発達し上位にある. 頰歯は稜歯で π 字型. バクの祖先型. 北米後期始新世に分布. 1872 年 MARSH 設定. ワイオミング州中部始新統 Bridger 層より MARSH 記載, SCOTT と FORSFALL の復元図により描いた. ワシントン国立博物館に骨格がある. *Desmatotherium* SCOTT は異名同属ともされる. 類似属の *Lophiodon* は北鮮, 外蒙, 日本（宇部）等の始新統にも発見されており, その他の属種が多い. 多くは断片的な歯や顎の化石で全身の図はわからない. FORSFALL の図では森林中で低いヤシ科植物を食っている.

▲ 311. メトアミノドン

▲ 312. コエロドンタ（毛犀，ケブカサイ）

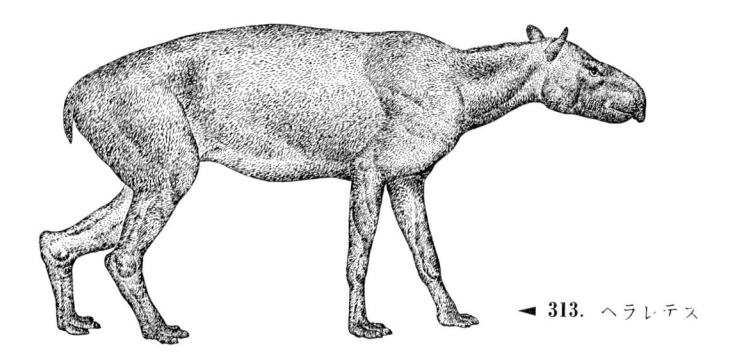

◀ 313. ヘラレテス

【偶 蹄 目】 Artiodactyla

314. アルケオテリウム（朔獣） *Archaeotheium scotti* SINCLAIR

体長 2.6 m, 肩高 1.7 m. 体格イノシシ状. 頭大きく後頭部広く左右に肥大し, 頬部下方に突出し, 下顎下部に3対の瘤がある. 容貌グロテスク. 前後肢とも2趾で趾行性. 前臼歯は三角状で尖り, 臼歯は瘤状歯で4~6丘よりなる. 門歯は牙状. 1850年 LEIDY 設定. 北米漸新世初期に分布. 南ダコタ州 River Channel 層より SINCLAIR 記載, SCOTT の復元図により描いた. *Entelodon, Dinolyyus, Elotherium* 等類似属種多く朔獣類といわれ, 今日のカバ類の祖群ともされる. *Eoentelodon yunnanensis* CHOW が雲南省の始新統より産している.

315. アノプロテリウム *Anoplotherium commune* CUVIER

炭獣科に属するバク大の小形獣で尾長く頸も短い. 体格やや食肉類に似ている. 頭細長く高目で頬歯は瘤歯で外稜は W 字型. 四肢は短く, 尾をうまく用いてよく泳いだらしい. 沼沢地にすみ軟草を食った. ヨーロッパの後期始新世に多く, パリのモンマルトルの石膏層より産したのを 1804 年 CUVIER が報じ, 古くよりよく知られる. パリの自然史博物館に模式標本がある. CUVIER の復元図により描いた.

316. エロメリクス *Elomeryx brachyshynchus* OSBORN & WORTMAN

体長 2.9 m, 肩高 1.4 m. ヤギ状の小獣で頸短く頭は細長く尾も長い. スタイルも頭も歯も炭獣科 Anthracothesiidae の特徴を有する. 犬歯は牙状. 頬歯は瘤歯で上臼歯外稜は W 字状. 前肢4趾, 後肢3趾とも趾行性. ヨーロッパや北米の漸・中新世に分布, 1894年 MARSH 設定, 1895年 DEPERET の設けた *Brachysdus* と異名同属ともされる. 本種は北米の漸新統 White River 層に産し, SCOTT と FORSFALL の復元図により描いた. *Brachyodus* はヨーロッパ, 北アメリカ, インド, 極東と分広く, 長崎県北松浦池野炭坑の佐世保層より *japonicus* MATSUMOTO を出したが, 歯のみで全身はわからない. 背の縦縞は SCOTT の想定であるが, 現生偶蹄類の幼獣にそのような斑紋が現れることがあるので発生原則をあてはめて, こんな描法をとったのであろう. 沼沢地にすんだらしい.

▲ 314. アルケオテリウム（朔獣）

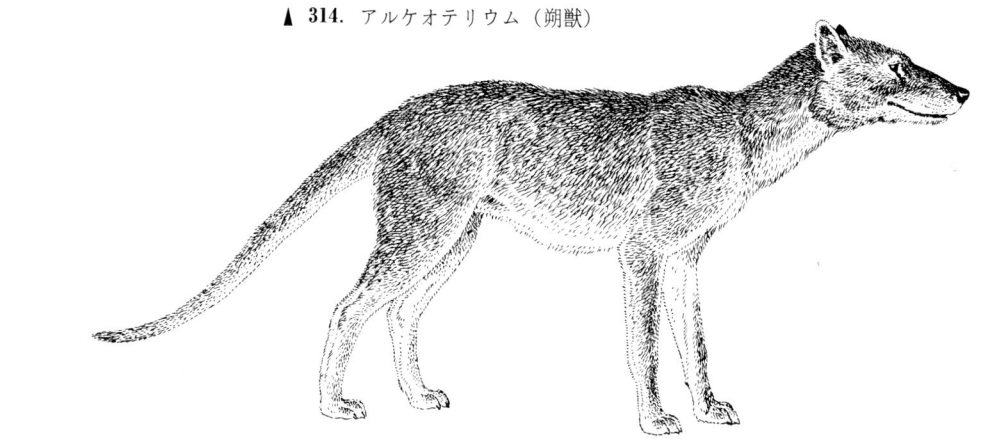

▲ 315. アノプロテリウム

▲ 316. エロメリクス

317. カイノテリウム（晦獣）　*Cainotherium laticurvatuns* Gregory

体長 27 cm，肩高 12 cm の矮小獣．全形一見して原的シカ類に似る．頭も頸も短い．頬歯は稜歯で上大臼歯外稜は W 字型．四肢はすらりとして細長く前後肢とも 2 趾で趾行性，おそらく快走したであろう．ヨーロッパの漸中新世に分布，1828 年 Bravard 設定，Agassiz の *Caenotherium* に先取する．フランス Limagne の漸新統上部 Aquitanian 産について Geoffroy 記載，Hürzeler の復元骨格図により描いた．晦獣科 Cainotheriidae の代表者．きわめて原始的な偶蹄類で炭獣類と関係深いが，こうした原始群の分類は人により意見の差がいちじるしい．

318. プロメリコケルス　*Promerycocherus carikeri* Peterson

体長 1.6 m，背低く胴が長い．頭短く幅広く後頭部左右に肥大し，前面から見ると三角形に見える．犬歯は牙状に突出．頬歯はシカのような稜歯である．四肢きわめて短く前後肢とも 4 趾で趾行性．北米の漸中新世に分布，1901 年 Douglass 設定．ネブラスカ州の Lower Harrison 層に産し Peterson 記載，その復元骨格図により Knight の復元図も参考として描いた．カバとも類縁を説く人もある．John Day 層産 *superbus* 種の Scott 図では吻部ふくれる．岳歯科 Oreodontidae に属する．本種よりも特殊化の進んだ後期中新世の *Pronomotherium laticeps* では Scott 図によると吻部突出，長鼻が垂れ下る．

319. エポレオドン　*Eporeodon major cheki* Schlaikjer

体長 1 m 余，肩高 44 cm．頭比較的大きく幅広い．頭蓋に比し下顎は深い．犬歯は牙状で頬歯は稜歯．臼歯外稜は W 字型である．鼻骨張り出し吻部突出する．尾は長く四肢はすらりと細い．前後肢とも 4 趾で趾行性．北米の初期中新世に分布，1875 年 Marsh 設定，ワイオミング州の John Day 層産で Schlaikjer が亜種 *E. cheki* を記載，Schlaikjer と Thorpe の復元骨格図により描いた．*Oreodon=Merycoidodon* に近縁で，似た属が多い．この方は Scott と Forsfall の図では背に縦縞が描かれている．White River 層に多い．野猪のような生態を想定している．

320. レプタウケニア　*Leptauchenia decora* Leidy

体長 70 cm，肩高 35 cm．体は細長いが頭短小で横に肥大．四肢は短い．下顎は深く重厚，頬歯は稜歯．北米の漸新世に分布，1856 年 Leidy 設定，オレゴン州の John Day 層や White River 層に産し，プリンストン大学に骨格あり，Scott と Forsfall の復元図により描いた．Scott のは親水性の生活が描かれ，背皮に鹿紋状の斑点を描いており，カバのような生態を想定している．

〖真四肢類〗 〖哺乳類〗 187

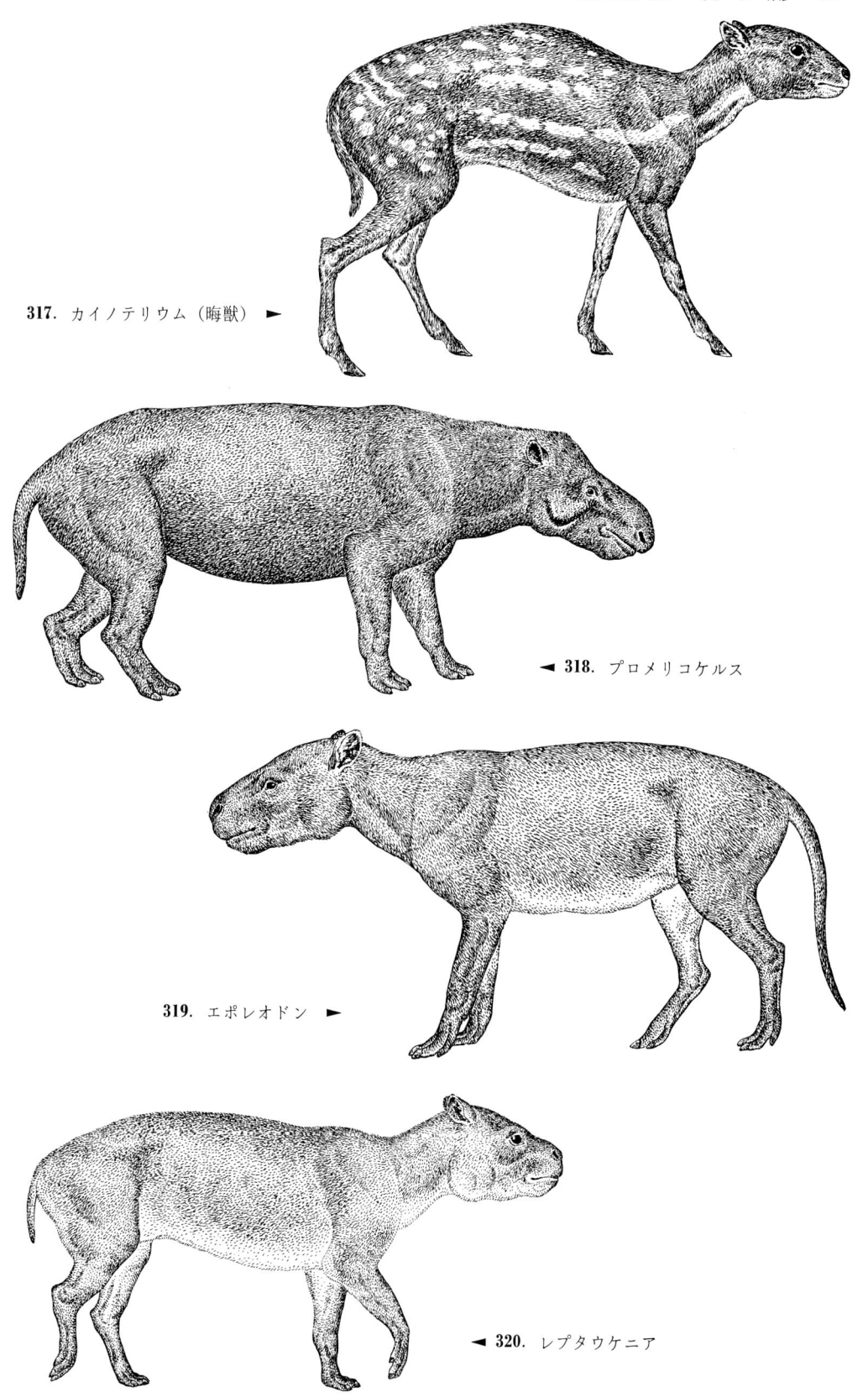

317. カイノテリウム（晦獣）▶

◀ 318. プロメリコケルス

319. エポレオドン ▶

◀ 320. レプタウケニア

321. アグリオカエルス *Agriochaerus antiquus* LEIDY

全長 2 m, 肩高 59 cm. 頸は短いが尾，長く胴細長い．頭は比較的小さい．前後肢ともすらりとして4趾は爪を有し食肉類のに似ている．犬歯は牙状に突出し大きい．頬歯は *Mericoidodon* に似て稜歯であるから，草食性を示している．前肢第1趾は退化して小さく，残り4趾で地についた．北米の漸新世に分布，1850〜51年 LEIDY 設定．ネブラスカ州の White River 層産．骨格はニューヨークのアメリカ自然史博物館にあり，SCOTT の復元骨格図により描いた．SCOTT, FORSFALL の図では耳さらに大きく背に白斑紋を描いている．保護色としては妥当である．ネコ的体格だが柔い草を食っていたらしい．*Oreodon* 群の中で Agriochaeridae を作り，Oreodontidae の *Bothriodon* に近いともされる．偶蹄目非反芻群の古いグループにはこのような獣もいたのであり，特殊化の進まない総合型ともみなされる．

322. ペブロテリウム *Poëbrotherium labiatum* COPE

ラクダ科，体長 76 cm, 肩高 44 cm. ラマのスタイルで胴やや長く尾は短い．頸は長く頭は短い．四肢はすらりと細長く前後肢とも2趾で半趾行性．臼歯はラクダのそれに似て稜歯だが比較的簡単である．北米の漸新世に分布，1847年 LEIDY 設定，ネブラスカ州の White River 層産を COPE が記載，SCOTT の復元骨格図により描いた．南米に今日すむラマ類の祖であろう．

323. アルチカメルス *Alticamelus altus* MATTHEW

ラクダ類であるがキリンのように頸きわめて長く，全高3.5 m に達する．上第1, 第2門歯を欠くが4個の前白歯があり，臼歯はラクダ状の稜歯で簡単．前後肢とも2趾でかなり隔たり，半趾行性．北米の中鮮新世に分布，1901年 MATTHEW 設定，コロラド州中部中新統 Loup Fork 層産の骨格はニューヨークのアメリカ自然史博物館にあり，SCOTT の復元図により描いた．キリンと同じく高い灌木類の葉を食ったらしい．

〖真四肢類〗〔哺　乳　類〕　189

◀ 321. アグリオカエルス

▲ 322. ペブロテリウム

◀ 323. アルチカメルス

324. オキシダクチルス *Oxydactylus longipes* Peterson

ラクダ科，体長 2.3 m，肩高 1.3 m．頸長く背高く細長い四肢はすらりとして前後肢2趾の半趾行性．頭細長く今日のラクダ類の祖型にあたる．北米の中新世に分布，1904 年 Peterson 設定，その復元骨格図により描いた．前種に近縁である．

325. シンディオケラス *Syndyoceras cooki* Barbour

体長 70 cm，肩高 60 cm．全形シカに似るが，額部に1対の棒状角があり，鼻上にも同様の角があってグロテスクである．矮鹿（マメシカ）類に属する小形種で真鹿類のような鹿角は生れない．上臼歯は4丘稜歯．北米の中新世初期に分布，1905 年 Barbour 設定．Bruce Horsfall の復元による Scott の図により描いた．類似属の **326. シンテトケラス** *Synthetoceras* Slirton (1932) の鼻上角はさらに長く直上に伸長する．シカ類の角でこの種の鼻上角が発生したのは例外的に注目すべき現象である．

327. レプトメリックス *Leptomeryx eansi* Leidy

体長 60 cm の矮小シカ．上下犬歯は小ながら牙状となることキバノルと同じ．四肢は細長く2趾で趾行性．北米の漸新世に分布，1853 年 Leidy 設定，Scott の復元骨格図により描いた．この種の多奇もない原始的普通種は種類が多く，その研究は地味なものである．

▲ 324. オキシダクチルス

〚真四肢類〛 〚哺乳類〛　*191*

◂ **325**. シンディオケラス

◂ **326**. シンテトケラス

◂ **327**. レプトメリックス

328. ステファノケマス *Stephanocemas thomsoni* COLBERT

体長 64 cm, 肩高 37 cm. 小形の矮鹿で犬歯はキバノル *Capreolus* のように牙状に突出する. 角の先に角冠が同時に又状に4分岐しいずれも短い. ヨーロッパの中期中新世, アジアの後期中新世に分布し, 1936 年 COLBERT 設定, ゴビ砂漠の Tung Gur 層産, COLBERT の目より描いた. 全身復元図は正確でない. 類似属の *Lagomeryx complicidens* YOUNG は陝西省の始新統に産し, 角幹はもっと長く直立し, 角冠分岐はさらに多く8分岐する.

329. ニッポニケルバス （昔鹿, 日本昔鹿） *Cervus* (*Nipponicervus*) *praenipponicus* SHIKAMA

大きさ体格とも今日のニホンシカ *Cervus* (*Sika*) *nippon* TEM. に似ているが, 角の第1枝分岐点が高いので区別される. 第1枝や角幹の走り方は東南アジア現生のチタル *Axis* や水鹿 *Rusa* と似る点もあるが, 分岐点高位では *Sika* に近い. 性質はニホンシカに似たらしい. 更新世初期より東アジアに広く分布, 日本でもウルム氷期まで続いてさかえたが, 更新世末 *Sika* に入れかえられた. 分岐点の極端に高い姉妹種はカズサジカ *kazusensis* MATSUMOTO, 低位で *Sika* に接近した姉妹種はタカオジカ *Takaoi* OTSUKA & SHIK. である. 瀬戸内海底の更新世後期の地層にはナウマンゾウと伴いおびただしく産するが, 2姉妹種よりはるかに多い. むしろ量的には有勢なムカシエゾシカ *C.* (*Sika*) *paleoezoensis* OTSUKA & SHIK. (ニホンシカと似る) と競合した. 栃木県葛生, 山口県秋吉台等の更新世の洞穴層にも普通に産する. 本種は 1936 年著者が葛生産等をタイプとして提唱, 新亜属 *Depéretia* をフランスの DEPÉRET にちなみつけたが, この方は帆立貝の *Deperetia* TAPPNER (1922) に先取され無効となり, KREZOI, 1941 が *Nipponicervus* をつけてくれた. 葛生層産の *C. urbanus* SHIK. は第1枝分岐点異常に高く, 角表面の溝もいちじるしいが, 中国山西省榆社の更新世初期産 *Trassaerti* SHIK. とともに *kazusensis* の変異範団におさまるらしい. 大塚が島原手島口之津層（更新初期）より報じた *shimabarensis* OTSUKA も同じである. 鹿角の化石の断片的標本で種種を設けることがいかに危険であるかの例である. 松本提唱の新種にはこの種のものが少なくない.

高尾寿の収集*でわかるように小豆島沖海底のシカ化石群9種の 33% (頭数) はムカシエゾシカ, 21% はニッポンムカシジカ, 18% はグレイシカ *C.*(*S.*) cf *greyi* (ZD.), 9% はカズサジカ, 7% はタカオジカ, 4% はナツメジカ *C.*(*S.*) *natsumei* MAT., 3% は安陽四不像, 1% はヤベオオツノジカであり, ムカシエゾシカ, ニッポンムカシジカ群集といえることが大塚裕之と著者の研究によりわかった. シカ 93 頭はナウマンゾウ 31 頭**より多い. 野牛 2〜4 頭**, トラ 1 頭** の割合の動物群 community で, 更新世後期西南日本低地森林帯動物相 Fauna の代表的なものであった.

 * 漁師の網にかかったものを長年かけて集めたもの. 瀬戸内海にはこの種の収集が少なくない.
 ** 長谷川善和の算定による. オオカミ級の中獣, ネズミ級の小獣の見つからないのは網にかからなかったためらしいが, 花泉や口之津の経験では元来化石として残っていない可能性もある. この方もまた問題で原因がよくわからない.

〖真四肢類〗 〚哺 乳 類〛 *193*

◀ 328. ステファノケマス

329. ニッポニケルバス（昔鹿，日本昔鹿）▶

330. ユウクテノケロス *Cervus (Euctenoceros) senezensis* DEPÉRET

シカの属 *Cervus* には *Sika*, *Preudaxis*, *Nipponicervus*, *Axis*, *Rucervus*, *Rusa* 等多くの亜属があるが *Euctenoceros* もその一つで角冠の分枝が雄大で4分枝とも長く上方に曲る．全身像は正確にわからぬが今日のニホンジカと大差なく，大きさも大体同大であるらしい．南フランス Senèze の更新世初期 Villafranchian の地層より DEPÉRET 記載，この頃にはヨーロッパでも極東でもシカの種類が多かった．パリの自然史博物館に角付き頭骨の標本あり，VIRET の写真により描いた．

331. メガロケロス（巨角鹿，オオツノジカ） *Megaloceros hibernicus* OWEN

体長 2m 以上，肩高 2m の大形シカで両角の拡がりは 3.5m に達する．眉叉は小さいが角冠はへら状に大きく拡張し，数個の分枝がある．この点ヘラシカ *Alces* に似ているが，ヘラシカの方は眉叉がない．長毛で被われる．ヨーロッパの更新世後期に分布，アイルランドの泥炭地より完全骨格が得られ，ヨーロッパ各地の博物館に蔵せられる．OWEN, 1844 の *Megaceros* 属を用いるものもあるが，*Megaloceros* BROOKES, 1827 に先取される．類似種の *M. giganteus antecedens* BERCKHOMER では眉叉がやや扁平になる．ウシ大の巨姿に圧倒される．本種は定向進化 Orthogenesis の好例としてよく引用されている．ソビエト産の骨格レプリカは静岡県三保のソビエト館に展示されている．

〖真四肢類〗 〖哺乳類〗 195

330. ユウクテノケロス ▶

◀ **331.** メガロケロス
（巨角鹿，オオツノジカ）

332. シノメガケロイデス *Sinomegaceroides yabei* (SHIKAMA)（矢部巨角鹿）

体長・角高とも 2.5 m，肩高 1.6 m，後方に伸長する両角の拡がり 92 cm．体格前種に似る．眉叉大きく拡張し，扁平なへら状に眉上に拡がる．周口店産の *Sinomegaceros pachyosteus* YOUNG も眉叉が大きいが，この方は眉叉と角冠がほぼ平行な面であるのに，本種では眉間が小さく，角冠もあまり大きく拡がらない．日本の後期更新世に広く分布し，栃木県葛生や山口県秋吉台の洞穴，層群馬県富岡や岩手県花泉，長野県野尻湖等のウルム氷期末期の泥炭層等に産する．富岡のは寛政9年（1797）完全な角が発見され，丹波元簡の鑑定書が書かれ，藩主前田侯より富岡蛇宮神社へ寄贈，今日に至る．秋吉台よりかなり充分な骨格が知られ，長谷川善和，小野慶一，大塚裕之らの復元組立て骨格が国立科学博物館，山口博物館その他にある．満州のウルム氷期には類似種の *S. ordosianus* YOUNG が分布するが，角の拡がり方が多少違う．*Sinomegaceroides* を *Sinomegaceros* の亜属とする考えもある．松本の *S. kinryuensis*, *S. erpentinus* ともに異名同種で *S. yabei* に先取される．命名規約を無視して新学名をつけても無効な例である*．

* 1938: *Cervus (Sinomegaceros) yabei* SHIKAMA. Jap. Jour. Geol. Geogr.. 16 (1～2)（葛生標本）
1941: ――, SHIKAMA. Fossil Deer in Japan（葛生標本）
1949: ――, SHIKAMA. Sci. Rep. Tohoku Imp. Univ. ser. 2, 23（葛生標本）
1956: *Megaceros kinryuensis* MATSUMOTO & MORI. 動物学雑誌（花泉標本）
1958: *Sinomegaceros (Sinomegaceroides) yabei* (SHIK.). Sci. Rep. Yok. Nat. Univ. 2 (7)（山口，葛生，吐中，花泉標本）
1962: ――, SHIK. & TSUGAWA. Bull. Nat. Sci. Mus. 6 (1)（富岡，葛生，吐中，花泉標本）
1963: *Megaceros serpentinus* MATSUMOTO & MORI. Bull. Nat. Sci. Mus. 7（富岡標本）
その後松本，森は野尻湖標本も *Megaceros* の新種として発表したが，命名規約上は後年のものでさらに有効性は乏しい．*yabei* のタクソン（1958, 1962）は文献に詳述してある．1962 と 63 年文献は，出版物も標本も同じで執筆者のみ異る．編集者の良識問題でもある．

333. エラフルス（四不像，安陽四不像） *Elaphurus menziesianus* (SOWERBY)

大きさ大形のエゾシカ大．現生の四不像 *E. davidianus* MILNE-EDWARDS に似るが，角冠扁平で，いぼ状突起がいちじるしく発達する．中国河南省安陽の殷代遺跡*より多く発掘され異様な角のため新種を認定されていたが，人によっては今日の *E. davidianus* の変異とみなす意見もある．瀬戸内海底，五島沖，香港沖等よりも得られる．ウルム氷期の頃から現世にかけ東アジアに広く分布したらしい．本属は更新世初期より中国の *E. bifurcatus* TEILHARD & PIVETEAU，日本の *E. shikamai* OTSUKA** 等があり，これらより進化して生れたもののようである．角幹と眉叉の走り方が他属の鹿角と根本的にちがっている．今日の四不像ははじめ中国に多くいたが熱河の離宮内のもののみ残り，他は滅びたのをイギリスの BEDFORD 侯荘園で保護飼育してきたという有名なシカである．

* 家畜のほか各種野獣（バクやゾウ）があるが，王が動物園のように飼育していたらしい．
** 下部大阪層群明石累層中より産した *E. akashiensis* SHIK. と似ているが，完全化石なので，当分 *E. shikamai* を使う．

334. シバテリウム（シバノツカイ，シバ獣） *Sivatherium giganteum* FALCONER & CAUTLEY

キリン科，体長 2.5 m，肩高 1.4 m．オカピ形で頭比較的大，後頭部にへら状の巨大な角を有する．角は先端分岐する．眼上の額に1対の瘤状小角がある．パキスタン Siwalik の上部中新統より産し，1835 年 FALCONER と CAUTLEY が設定，MURIE の復元図により描いたが，オカピ状の縞は藪内の想定である．頬歯は稜歯でシカのそれとよく似ている．グロテスクなかっこうにかかわらず，おとなしい獣であったらしい*．属名はインドのシバ神にちなんでいる．東アフリカの更新世にも見られ，Olduvai では猿人に狩られた．ユーラシア大陸の中鮮新世動物相がアフリカ大陸の更新世に残存した証拠の一つとなっている．

* この種の獣が今日生きていればどんな名をもらったか，筒井康隆に伺いたいぐらいである．

〖真四肢類〗〖哺乳類〗　197

◀ **332.** シノメガケロイデス

333. エラプルス（四不像，安陽四不像）▶

334. シバテリウム
　　　（シバノツカイ，シバ獣）▶

335. ヘランドテリウム　*Hellandotherium duvernoyi* GAUDRY & LARTET

キリン科，体長 2 m，肩高 1.3 m．肩背部もり上り頸長く頭細長く尾は短い．角を欠く．四肢細長く前後肢とも 2 趾で半趾行性．オカピの類縁種だが外観はむしろラクダ類に近い．ギリシャ Pikermi の上部中新統より産し 1860 年 GAUDRY 設定，GAUDRY と LARTET が記載，GAUDRY の復元骨格図により描いた．マケドニア，ハンガリー，南部ソビエト，イランの Maragha からパキスタン Siwalik まで分布，ステップ性の動物相に属する．類似属の *Samotherium* の方は頭頂に 1 対の角がある．今日のキリン *Camelopardalis* の頸が長いのはキリン類としては例外的なもので頸の長いのはキリン類とはいえない．オカピは森林生だが本種は草原生でキリンと似ている．Pikermi の化石層は火山灰層と粘土層の互層で，火山灰降灰による埋没もあるが，草食獣の大群が何かに驚いて驀進し，崖より墜落，沼沢地に埋没したともされている (ABEL, 1922)．

336. トラゴケラス　*Tragoceras amaltheus* GAUDRY

ウシ科，体長 1.7 m，肩高 1 m 余．レイヨウ（羚羊）形で頭頂の 1 対の角は後上方に直走する．頬歯はレイヨウ型で稜歯．尾短く四肢はすらりと細長く 2 趾で趾行性．ヨーロッパや極東の中新世後期に広く分布，ステップ性の獣で群生した．1861 年 GAUDRY 設定，ギリシャ Pikermi より GAUDRY 記載，その復元骨格図により描いた．華北の三趾馬赤土層には SCHLOSSER 報告の *T. greganius*，*T. kokeni*，*T. spectabilis*，*T. sylvaticus*，*T. palaeosinensis* 等種類が多い．今日のアフリカ草原のおもかげをしていたであろう．

337. ネモルハエドゥス（ニキチンカモシカ）　*Nemorhaedus nikitini* SHIK.

ウシ科，体格も大きさも今日のカモシカ *Capricornis* に似る．分類的には朝鮮産のカウライカモシカ *Nemorhaedus* の類である．セロウ *Nemorhaedus* は今日カシミール以東ヒマラヤよりビルマのアラカン山脈，マレー四川省よりウスリー，アムールに及び朝鮮は分布の東端にあたる．栃木県葛生の洞穴層より出たからウルム氷期の頃には日本にも来たわけである．角はカモシカより短く丸い．臼歯はシカのような月歈歯だが，さらに鋭角的ですらりとしている．シカとちがい角は頭骨よ出た骨心の周囲に角質の鞘がはまる．一般のレイヨウ（羚羊）類の特徴でこの点，ウシと似ている．今日レイヨウ類は種類豊富でもっともさかえているグループの一つである*．セロウは北方系で高山地帯にすみ野生のヒツジ *Ovis* と似ている．毛皮や涙腺に特徴があるが，化石ではまったく不明．アフリカ草原等の発達したレイヨウに比べると比較的原始的な種類である．珍獣の化石として面白い．

上部葛生層動物群は 50% が絶滅種で本州に現生するもの 18%，中国大陸に現生本州で絶滅したもの 28%，周口店北京人動物群と共通のもの 23%，ハルピン顧郷屯の黄土動物群と共通のもの 28%，満州アムール系 59% に達し，寒冷系の大陸的動物相の一部であったが，本種はジャコウシカやトガリネズミとともにその表徴種でもあった．大陸内部のステップ動物相でなく，東南アジア等の熱帯降雨林動物相と連続するモンスーン型動物相に接近するが寒冷気候のため朝鮮型動物相に近くなる（朝鮮現生と共通 32%）．本種とニッポンムカシジカは生態的に同位で量的には全体の 13% の有蹄類に入るが，植物に依存し，オオカミ，トラ，ヒョウに食われた食物連鎖の一部を占める**．葛生地方は海抜高度の低い低山地帯であるが***，今日東アジアの高山帯にすむ本種のような獣が生存していた．ネズミ，キジ，カエル，ヘビ，アナグマ，イタチ，キツネのような食肉獣のような複雑な食物連鎖の構成員とはまったく異り，その化石埋没機構もおのずから別である．

* 満州顧郷屯等の黄土動物群では *Gazella* が普通に産する．
** 葛生動物群は魚以外の脊椎動物 58 種 347 匹．シカ，ネズミ，アナグマ，モグラ，キジ，カエルが卓越．小形種が多く，ナウマンゾウやサイのような大形種はまれである．サルはかなりいるが，イノシシのほとんどないのがいちじるしい．
*** 当時は下末吉海進が終り，下末吉ロームの層の堆積した頃である．

〖真四肢類〗〔哺乳類〕 199

◀ **335**. ヘランドテリウム

336. トラゴケラス ▶

◀ **337**. ネモルハエドゥス（ニキチンカモシカ）

338. ビソン（ムカシヤギュウ） *Bison occidentalis* Lucas

体長 2 m, 野牛の一種で肩背部もり上る. 今日の西洋野牛 *B. europaeus* の祖型に *B. priscus* Bojanus があり, 北米更新世には *B. antiquus* Leidy* や *B. latifrons* Harlon がいた. 本種は北半球の更新世後期に見出され, 満州や日本にも分布し瀬戸内海底より時々角心が得られるが, 顧郷屯動物群の有力メンバーであった. 北米では前まで生存していたらしい. 角はかなり大きく側上方に突出する. Hay の復元図により描いた. 長毛を有した 7800 年か否かはっきりしない. 今日の野牛類よりも角は大きい. 華北の下部更新統三門統に *B. paleosinensis* Teilhard & Piveteau が知られる. 概して名の一般的なわり全身像復元は進んでいない. 岩手県花泉の最上部更新統の泥炭層にハナイズミモリウシ *Leptobison kinryuensis* Mat. & Mori が知られるが, これも全身はわからない. その角心は本種に比しかなり小さい. 遺骨は多いから努力が望まれる. 一般にウシ類の角は骨質の角心の上にケラチン質の角鞘がのるが, 化石は角心のみで, これより角鞘を復元するのは簡単でない. 台湾左鎮の下部更新統にはスイギュウ *Bubalus* が多いが, その角心は断面三角形で容易に区別される. ジャワには化石が多いが日本では少ない.

* 8200 年前まで生存していたとされている.

〖真四肢類〗〖哺乳類〗 201

◀ 338. ビ ソ ン
　　（ムカシヤギュウ）

索　引

数字は図版番号を示す．

ア

アウストラロピテクス　224
アーキディスコドン　290
アーキディスコドン・インペラトル　290
アキノニクス　249
アグリオカエルス　321
アケボノウマ（暁馬）　300
アケボノゾウ（暁象）　274
アジノテリウム　261
アストラポテリウム　267
アトポケファラ　33
アナンクス　285
アネウゴンヒウス　205
アノウロソレックス　219
アノプロテリウム　315
アメベロドン　281
アリガトレラス　128
アルケオテリウム　314
アルケオプテリクス　186
アルケロン　88
アルシノイテリウム　295
アルチカメルス　323
アレオスケリス　99
アロサウルス　140
アロデスムス　251
アンキロサウルス　173
アンデス象　284
アンドリアス　60
アンヒケントルム　28
安陽四不像　333

イ

イグアノドン　157
イクチオステガ　61
イクチオルニス　188
イクチテリウム　245
イスキオダス　25
いっかくつの竜　177
いぼこぶ竜　169
インテラテリウム　264
インペリアルマンモス　290

ウ

ウィンタテリウム　271
歌津魚竜　91
ウタツサウルス　91
ウロコルディルス　57
ウンディナ　55

エ

エオギリヌス　62
エクセリア　48
エクトコヌス　253
エダホサウルス　198
エドモントサウルス　162
エポレオドン　319
エラスモサウルス　108
エラフルス　333
エリオプス　63
エリキオラケルタ　206
エリスロスクス　123
エリテロドン　209
エロニクチス　26
エロメリクス　316
猿　人　224
遠藤獣　217
エンドテリウム　217
エンボロテリウム　305

オ

欧州旧象　291
おうむ竜　163
オオツノジカ　331
オキシエナ　240
オキシダクチルス　324
オステオレプス　52
オフィアコドン　193
オフィオプシス　38
オフィデルペトン　59
オフタルモサウルス　94
オルゴキフス　214
オルニトレステス　138
オレオピテクス　223

カ

晦　獣　317
カイノテリウム　317
カコプス　64
火　獣　273
カスマトサウルス　122
カセア　169
ガネサ　288
ガネサ象　288
かぶと竜　176
カマロサウルス　149
雷　竜　150
鴨嘴竜　165
かも竜　165
カリコテリウム　307
ガレキルス　208
カンネメリア　210
かんむり竜　166

キ

キクロバチス　24
綺　獣　307
奇台天山竜　154
キノグナタス　213
きのぽり竜　155
ギポサウルス　136
キャンプトサウルス　156
弓歯獣　262
恐角獣　271
恐　亀　88
恐　獣　294
恐　鳥　187
巨角鹿　331
キンボスポンディルス　92

ク

クセナカンタス　20
クテヌレラ　16
クライトロレピス　31
クリプトクライダス　104

グリプトドン 231
クリマチウス 18
グロソテリウム 228
クロノサウルス 107

ケ

ケチオサウルス 148
ケナガマンモス 293
ケファラスピス 1
ケファロクセナス 30
ケファロニア 114
ケブカサイ 312
ゲムエンディナ 17
ケラトサウルス 141
ケレシオサウルス 102
ゲロトラックス 67
ケントルロサウルス 171
ケロドンタ 312
原　鯨 237
剣歯虎 250
建設馬門溪竜 153
けん竜 170

コ

こうもり竜 183
コエロドンタ 312
コッコステウス 14
コトラシア 71
こぶ竜 168
コムプソグナタス 135
コリトサウルス 166
コリホドン 269
ゴルゴサウルス 142
コルジレリオン 284

サ

サウリクチス 34
朔　獣 314
サルジニオイデス 42
サルトポスクス 120
さんき竜 178
三趾馬 302
三稜象 277

シ

ジェファーソンマンモス 292
シカマイノソレックス 218
鹿間尖鼠 218
ジゴリザ 238
始祖鳥 186

しちかく竜 179
シネンシス 287
シノメガケロイデス 332
シバ獣 334
シバテリウム 334
シバノツカイ 334
四不像 333
ジョンケリア 200
シンコノロプス 282
シンディオケラス 325
シンテトケラス 326

ス

スカウメナキア 50
スカリッチア 260
スキムノグナタス 202
スクアチナ 22
スクトサウルス 80
スクレロカリプトゥス 233
スクレロモクルス 121
スケリドサウルス 175
スコロサウルス 174
スタレケリア 211
スチラコサウルス 179
ステゴケラス 168
ステゴサウルス 170
ステゴテリウム 229
ステゴドン 286
ステゴマストドン 278
ステネオフィベル 235
ステノプテリジウス 95
ステファノケマス 328
ストルティオミムス 139
スピノサウルス 145
スミロドン 250

セ

セイムリア 70
セリデンチヌス 283
センリュウガメ（潜竜亀） 85

ソ

ゾウガメ（象亀） 87
束歯獣 298

タ

駝鳥竜 139
ダート人 224
タニストロフェウス 117
ダペディウス 35

タラシウス 29

チ

チエルファチア 44
チタノホネウス 199
チランノサウルス 143
チロサウルス 119

ツ

ツリナクソドン 204

テ

ディアディアホラス 254
ディアデクテス 76, 77
ディアデモドン 203
ディアトリマ 190
ティエンシャノサウルス 154
ディオルニス 187
ディケロピゲ 27
ディニクチス 15
ディニクティス 247
デイノテリウム 294
ディプテルス 49
ディプロベルテブロン 72
ディプロカウルス 58
ディプロドクス 151
ディプロトドン 216
ディメトロドン 197
ディモルホドン 182
テオソドン 256
テコドントサウルス 146
デスマトスクス 124
デスモスチルス 298
手取竜 115
テドロサウルス 115
テラトルニス 192
テレオケラス 310
テレオサウルス 130
テロダス 7

ト

トアテリウム 255
ドエディクルス 234
東洋象 286
とかげ竜 157
トクソドン 262
とげ竜 171
トーマスハックスレア 258
トミストマ 129
トラゴケラス 336

索　引

トラコドン　165
トラコプテルス　32
トリアソケリス　83
トリアドバトラクス　74
トリケラトプス　178
トリテムノドン　242
トリロポサウルス　97
トリロホドン　277
ドレパナスプス　5
鈍脚獣　269

ナ

ながかんむり竜　167

ニ

ニキチンカモシカ　337
ニクトサウルス　185
ニッポニケルバス　329
ニッポノサウルス　160
日本昔鹿　329
日本竜　160
日本モグラ地鼠　219

ネ

ネモルハエドゥス　337

ノ

ノスロテリウム　226

ハ

ハイエノドン　239
パキケファロサウルス　169
パキルコス　266
バクトロサウルス　158
バシロサウルス　237
パトリオヘリス　241
ハプトダス　195
パラサウロロパス　167
パラノトサウルス　101
バラノプス　194
パラミス　236
パラントロパス　225
ハリアナッサ　297
ハリテリウム　296
バリランブダ　270
パルエレファス　292
バルキテリウム　309
パレイアサウルス　79
パレオマストドン　275
パレオテリウム　299

パレオロクソゾン　291
汎歯獣　268
パントランブダ　268
帆　竜　197

ヒ

ビソン　338
ヒッパリオン　302
ヒドロテロサウルス　109
ヒプシロホドン　155
ヒボダス　21
ヒラキュウス　308
ヒラコテリウム　300
ビルケニア　10
ピロテリウム　273

フ

フィオミア　276
フェナコダス　252
フォリドフォラス　39
プシッタコサウルス　163
プセウドキノディクチス　243
ブットネリア　66
プテラスピス　4
プテラノドン　184
プテリクチス　12
プテロダクチルス　183
プテロレピス　9
フラエンケラスピス　6
ブラキオサウルス　147
プラコケリス　111
プラコダス　110
ブラジロサウルス　90
プラタクス　47
プラチベロドン　280
プラテオサウルス　144
ブランキオサウルス　68
ブルーミア　100
プレウラカンタス　19
ブレシオサウルス　105
フレボレピス　11
プロガノチリス　84
プロコムプソグナタス　134
プロコロホン　78
プロコンスル　222
プロサウロロフス　161
プロチポテリウム　263
プロトイグアノドン　164
プロトケラトプス　176
プロトロサウルス　98

プロトサウルス　118
プロトスクス　126
プロパラエホプロホルス　232
プロメリコケルス　318
ブロントサウルス　150
ブロントプス　304

ヘ

ヘスペロルニス　189
ヘノーダス　112
ペブロテリウム　322
ヘミキクラスピス　2
へら象　280
ヘラレテス　313
ヘランドテリウム　335
ペリカン竜　184
ベリコプシス　46
ヘロープス　152
ペンタケラトプス　180

ホ

暴君竜　143
ホウライミズウオ　43
北方マンモス　293
ボスリオレピス　13
ホプロプテリクス　45
ホボスクス　133
ホマロドンテリウム　259
ホメオサウルス　113
ホラアナハイエナ　246
ホラアナグマ　244
ホラアナシシ　248
ポラカンタス　172
ホルスラコス　191
ホロプチクス　54

マ

マクラウケニア　257
マストドン・アメリカヌス　279
マストドンサウルス　65
マチカネワニ　129
マメンキサウルス　153
マンチュロサウルス　159
マンモス　293
マンモンテウス　293

ミ

ミオコキリュウス　265
ミオバトラクス　73
ミキソサウルス　93

ミクロドン　37
ミクロブラキス　56
ミクロホリス　69
ミストリオサウルス　131
ミストリオスクス　125
ミヤタマルガメ（宮田丸亀）　86

ム

ムカシアカガエル　75
ムカシカスザメ　23
ムラエノサウルス　106
ムカシサカタザメ　23
昔鹿　329
ムカシヤギュウ　338

メ

メガテリウム　227
メガロケロス　331
メガラダプシス　220
メガロクナス　230
メソサウルス　89
メソヒップス　301
メソピテクス　221
メトアミノドン　311

メトリオリンクス　127
メノダス　303
メリデオナリス　289
メリテリウム　274

モ

蒙古獣　272
毛犀　312
モスコプス　207
モノクロニウス　177
モルガヌコドン　215
モロプス　306
モンゴロテリウム　272

ラ

ラナルキア　8
ラビドサウルス　81
ラリオサウルス　103
ランホリンクス　181

リ

リカエノプス　201
リコプテラ　41
リストロサウルス　212

リノパチス　23
リビコスクス　132
リンコディプテルス　51

レ

レピドタス　36
レプタウケニア　320
レプトメリックス　327
レプトレピス　40

ヤ

ヤベイノサウルス　116
矢部巨角獣　332
矢部竜　116
ヤモイチウス　3

ユ

ユウクテノケロス　330
ユウリノサウルス　96
ユーステノプテロン　53
ユーノトサウルス　82
ユンナノサウルス　137

INDEX

Numerals indicate an each plate number.

A

Adinotherium ovinum 261
Agriochaerus antiquus 321
Alligatorellas beaumonti 128
Allodesmus kellogi 251
Allosaurus fragilis 140
Alticamelus altus 323
Amebelodon fricki 281
Amphicentrum granulosum 28
Anancus arvemensis 285
Andrias schenchzeri 60
Aneugomphius ictidoceps 205
Ankylosaurus 173
Anoplotherium commune 315
Anourosorex japonicus 219
Aoinonyx pardinensis 249
Archaeopteryx lithographica 186
Archaeotherium scotti 314
Archelon ischyros 88
Archidiscodon imperator 290
Archidiskodon meridionalis 289
Areoscelis gracitis 99
Arsinotherium zitteli 295
Astrapotherium magnum 267
Atopocephara natsoni 33
Australopithecus africanus 224

B

Bactrosaurus johnsoni 158
Baluchitherium aranaeri 309
Barylambda faleri 270
Basiloseurus cetoides 237
Berycopsis elegans 46
Birkenia elegans 10
Bison occidentalis 338
Bothriolepis canadensis 13
Brachiosaurus brancei 147
Branchiosaurus amblystomus 68
Brasilosaurus sanpauloensis 90
Brontops robustus 304
Brontosaurus excelsus 150
Broomia perplexa 100
Buttneria perfecta 66

C

Cacops aspidephorus 64
Cainotherium laticurvatuns 317
Camarosaurus lentus 149
Camptosaurus dispar 156
Casea broili 196
Cephalaspis lyelli 1
Cephalonia lotziana 114
Cephaloxenus macropterus 30
Ceratosaurus nasicornis 141
Ceresiosaurus calcagnii 102
Cervus (Nipponicervus) praenipponicus 329
Cervus (Euctenoceros) renezensis 330
Cetiosaurus oxoniensis 148
Chalicotherium sansaniense 307
Chasmatosaurus ranhoepeni 122
Cleithrolepis minor 31
Climatius reticulatus 18
Coccosteus decipiens 14
Coelodonta antiquitatis 312
Comprognathus longipes 135
Cordillerion andium 284
Coryphodon testis 269
Corythosaurus casuarius 166
Crocuta crocuta spelaea 246
Cryptocleidus oxoniensis 104
Ctenurella gladbachensis 16
Cyclemys miyatai 86
Cyclobatis major 24
Cymbospondylus petrinus 92
Cynognathus cratcronotus 213

D

Dapedius pholidotus 35
Deinotherium giganteum 294
Desmatosuchus haplocerus 124
Desmostylus hesperus japonicus 298
Diadectes phaseolinus 76, 77
Diademodon mastacus 203

Diadiaphorus majusculus 254
Diatrima steini 190
Dicellopyge sp. 27
Dimetrodon limbatus 197
Dimorphodon macronyx 182
Dinichthys intermedius 15
Dinictis felina 247
Dinornis maximus 187
Diplocaulus magnicornis 58
Diplodocus carnegii 151
Diplovertebron punctatum 72
Diprotodon australis 216
Dipterus valenciennesi 49
Doedicurus clavicaudatus 234
Drepanaspis gemuendensis 5

E

Ectoconus majusculus 253
Edaphosaurus pogonias 198
Edmontosaurus regalis 162
Elaphurus menziesianus 333
Elasmosaurus platyurus 108
Elomexyx brachyshynchus 316
Elonichthys robisoni 26
Embolotherium andrewsi 305
Endotherium niinomii 217
Eogyrinus wildi 62
Eporeodon major cheki 319
Ericiolacerta parva 206
Eryops megacephalus 63
Erythrosuchus africanus 123
Esoterodon angusticeps 209
Eunotosaurus africanus 82
Eustenopteron sp. 53
Eurhinosaurus longirostris 96
Exellia velifer 48

F

Fraenkelaspis heintzi 6

G

Galechirus scholtzi 208
Gemuendina stuertzi 17
Gerrothorax shaeticus 67
Gyposaurus sinensis 136
Glossotherium robustum 228
Glyptodon asper 231
Gorgosaurus libratus 142

H

Halianassa cuvieri 297
Halitherium schinzi 296
Haptodus saxonicus 195
Helaletes nanus 313
Hellandotherium duvernoyi 335
Helops zdanskyi 152
Hemicyclaspis murchisoni 2
Henodus chelyops 112
Hesperornis regalis 189
Hipparion gracile 302
Holoptychius flemingi 54
Homalodontherium cunninghami 259
Homoeosaurus jourdani 113
Hoplopteryx lewesiensis 45
Hyaenodon horridus 239
Hybodus hauffianus 21
Hydrotherosaurus alexandrae 109
Hypsilophodon foxi 155
Hyrachyus eximinus 308
Hyracotherium venticolum 300

I

Ichthyornis victor 188
Ichthyostega sp. 61
Ictitherium robustum 245
Iguanodon bernissartensis 157
Interatherium robustum 264
Ischyodus schübleri 25

J

Jamoytius kerwoodi 3
Jonkeria vonderbyli 200

K

Kannemeyeria vonhoepeni 210
Kentrurosaurus aethiopicus 171
Kotlassia prima 71
Kronosaurus 107

L

Labidosaurus homatus 81
Lanarkia spinosa 8
Lariosaurus 103
Lecertilia 115
Lepidotus elevensis 36
Leptanchenia decora 320
Leptolepis dubia 40
Leptomeryx eansi 327

Libycosuchus brevirostris 132
Lycaenops ornatus 201
Lycoptera middendorfi 41
Lystrosaurus murrayi 212

M

Macranchenia patachonica 257
Mamenchisaurus constructus 153
Mammonteus primigenius 293
Mandschurosaurus amurensis 159
Mastodon americanus 279
Mastodonsaurus giganteus 65
Megaladapsis insignis 220
Megaloceros hibernicus 331
Megalocnus rodens 230
Megatherium americanum 227
Menodus higonoceras 303
Mesohippus bairdi 301
Mesopithecus pentelici 221
Mesosaurus brasiliensis 89
Metamynodon planifrons 311
Metriorhynchus jackeli 127
Microbrachis pelikani 56
Microdon wagneri 37
Micropholis stowi 69
Miobatrachus roneri 73
Miocochilius anomopodus 265
Mixosaurus cornalianus 93
Moeritherium andrewsi 274
Mongolotherium plantigradum 272
Monoclonius nasicornus 177
Morganucodon watsoni 215
Moropus elatum 306
Moschops capensis 207
Muraenosaurus leedsi 106
Mystriosaurus bollensis 131
Mystriosuchus planirostris 125

N

Nemorhaedus nikitini 337
Nipponosaurus sachalinensis 160
Nothrotherium shastense 226
Nyctosaurus gracilis 185

O

Oligokyphus minor 214
Ophiacodon mirus 193
Ophiderpeton amphiuminus 59
Ophthalmosaurus icenicus 94
Ophiopsis serrata 38

Oreopithecus bamboli 223
Ornitholestes hermanni 138
Osteolepis macrolepidotus 52
Oxyaena lupina 240
Oxydactylus longipes 324

P

Pachycephalosaurus grangeri 169
Pachyrukhos magani 266
Palaeoloxodon antiquns 291
Palaeomastodon beadnelli 275
Palaeotherium magnum 299
Pantolambda bathmodon 268
Paramys dericatus 236
Paranothosaurus amsleri 101
Parasaurolophus walkeri 167
Pareiasaurus baini 79
Parelephas jeffersoni 292
Patriofelis ulta 241
Pentaceratops 180
Panthera spelaea 248
Phenacodus primaevus 252
Phiomia 276
Phlebolepis elegans 11
Phobosuchus hatcheri 133
Pholidophorus bechli 39
Phorusrhacos inflatus 191
Placochelys placodonta 111
Placodus gigas 110
Platax altissimus 47
Plateosaurus eslenbergiensis 144
Platybelodon grangeri 280
Plesiosaurus 105
Pleuracanthus senilis 19
Plotosaurus bennisoni 118
Poëbrotherium labiatum 322
Polacanthus foxii 172
Polymerichthys nagurai 43
Procompsognathus triassicus 134
Procolophon trigoniceps 78
Proconsul africanus 222
Proganochelys quenstedti 84
Promerycocherus carikeri 318
Propalaehoplophorus auslalis 232
Prosaurolophus maximus 161
Protoceratops andrewsi 176
Protiguanodon mongoliensis 164
Protorosaurus speneri 98
Protosuchus richardsoni 126
Protypotherium anstrale 263

Pseudocynodictis gregarius 243
Psittacosaurus mongoliensis 163
Pteranodon occidentalis 184
Pteraspis rostrata toombsi 4
Pterichthys milleri 12
Pterodactylus spectabilis 183
Pterolepis nitidus 9
Pyrotherium sorandei 273

R

Rana architemporaria 75
Rhamphorhynchus gemmingi 181
Rhinobatis bugesiacus 23
Rhynchodipterus elignensis 51

S

Saltoposuchus longipes 120
Sardinioides crassicaudus 42
Saurichthys ornatus 34
Scarittia canquelensis 260
Scaumenacia curta 50
Scelidosaurus 175
Sclerocalyptus ornatus 233
Scleromochlus taylori 121
Scolosaurus cutleri 174
Scutosaurus karpinskii 80
Scymnognathus whaitsi 202
Senryuemys kiharai 85
Serridentinus taoensis 283
Seymouria baylorensis 70
Shikhamainosorex densicigulata 218
Sinomegaceroides yabei 332
Sivatherium giganteum 334
Smilodon neogaeus 250
Spinosaurus aegyptiacus 145
Squatina minor 22
Stahleckeria potens 211
Stegoceras validus 168
Stegodon Ganesa 288
Stegodon orientalis 286
Stegodon sinensis 287
Stegomastodon arizonae 278
Stegosaurus stenops 170
Stegotherium tessellatum 229
Steneofiber fossor 235
Stenopterygius quadriscissus 95
Stephanocemas thomsoni 328
Struthiomimus altus 139
Styracosaurus albertensis 179
Synconolophus dhokpathanensis 282

Syndyoceras cooki 325
Synthetoceras 326

T

Tanystropheus langobardicus 117
Tedorosaurus aswaensis 115
Teleoceras fassiper 310
Teleosaurus cadomensis 130
Teratornis merriami 192
Testudo 87
Thecodontosaurus antiquus 146
Thelodus scoticus 7
Theosodon garrettorum 256
Thoatherium minusculum 255
Thomashuxleya sp. 258
Thoracopterus niederristi 32
Thrinaxodon liorhinus 204
Tienshanosaurus chitaiensis 154
Titanophoneus potens 199
Tomistoma machikanense 129
Toxodon platense 262
Trachodon mirabilis 165
Tragoceras amaltheus 336
Trarasius problematicus 29
Triadobatrachus massionoti 74
Triassochelys dux 83
Triceratops prorsus 178
Trilophodon angustidens 277
Trilophosaurus buettneri 97
Tritemnodon agilis 242
Tselfatia formosa 44
Tylosaurus dyspelor 119
Tyrannosaurus rex 143

U

Uintatherium mirabile 271
Undina penicillata 55
Urocordylus scalaris 57
Ursus spelaeus 244
Utatsusaurus hataii 91

V, X

Varanops brevirostsis 194
Xenacanthus decheni 20

Y, Z

Yabeinosaurus tenuis 116
Yunnanosaurus fuangi 137
Zygorhiza kochii 238

あとがき

　本書の刊行が企画されたのは十年以上も前のことであろうか．なかなかできないと聞いてから数年も経つうちにすっかり忘れてしまい，もう出ないのではないかと思っていた．昨年暮に鹿間先生が亡くなられ，お通夜の折に朝倉書店から，近日是非見ていただきたいものがあるのでよろしくとの話を伺った．そして暫くして持って来られたのが本書の原稿であり，そして，これが先生による最後の本でもある．著者は日本における古脊椎動物学者として世界的な方であり，絵もこの分野ではまたとない藪内画伯の手によるもので，当を得た企画であったと思う．欲を言えば，こうした古生物の復元の基本となった骨格の復元図を並列しておけば，なお良いのではなかったかと思う．著者の解説もかなり専門的に記述されており，広範囲に活用できるであろう．新しい研究成果に基づいて変更のあった部分などは，潜越ではあるが，すでに著者が亡くなられて相談もできないため，魚類については上野輝彌博士がその他のものについては筆者が若干の訂正をしたところもある．しかしそれは極めて少なく，極力著者の考えはそのまま残すようにした．

　この本の復元図の原図がそれぞれ多くの研究者や画家によって描かれたものであることは著者の記述の中でそれぞれ原作者の名前が出てくるので理解できるが，惜しむらくはその原典のリストがないことである．おそらく著者はリストを作成される予定であったと思うと，残念なことである．しかし，この種の本が出版されるのはおそらく世界で最初のものであり，古代動物の復元図をまとめて見ることができるのは非常に便利であろう．中には何十年も前に描かれたものが原図となっていることが判るが，そうした古いものはかえって歴史的意味あいもあって興味深い．若干の動物の細部については，原作にないものがある．しかし，図鑑のたてまえ上，明確に描かれているが，新しい化石の発見によって将来さらに修正されることもあるかもしれない．それでもこの本の価値が失なわれることはなかろう．

　著者の鹿間時夫先生は，幼少の頃から化石や鉱物などに興味をもっておられ，高等学校に行く頃には，すでに研究者としての素養を充分に身につけておられたと聞いている．一人息子の先生は家業を継がずに，当時一軒の家を建てる程のお金を両親から貰って朝鮮半島から満州方面に，それも三葉虫にあこがれて化石採集の旅に出たといわれる．日本でもっとも化石について詳しい先生で，『日本化石図譜』などもその一つの道標である．趣味は大変に広く，食道楽でもあり，旅に出れば専門の仕事の他に必ず別の分野の事柄に興味をもたれ，忙しい先生であった．例えば，こけしの専門家として知られ，大量のこけしの収集をされ，こけしを系統的に整理解説したこけしの本を出された．系統学を中心に研究をしてきた古生物学者としてごく自然のなりゆきであったと思うが，興味深い．

　学者としては，日本古生物学会の会長をされ，古脊椎動物学者として海外から高く評価されていた．世界的に権威のあるアメリカの古脊椎動物学会の名誉会員となっておられた．G. G. SIMPSON とか A. F. ROMER といった大先生と伍して偶せられていた．アジアにおけるもう一人の，この分野で

の指導者であった中国科学アカデミーの古脊椎動物与古人類研究所長の楊鐘健博士も今年の2月に亡くなられたことを亡き先生にお報らせしておかなくてはならない．

　日本では，恐竜展などで判るように一般の人々にきわめて親しみの深い分野でありながら，研究面ではあらゆる意味で立遅れている．こうした時に優れた先達を失なうことは学問的に大きな損失である．しかしながら，こうした著書によって一人でも多くの方が古代の生物に興味をもち，学問的な理解も得られるならば本書を出版した目的が達せられたものといえよう．

　1979年4月

長谷川善和
横浜国立大学教授

著者略歴

しか ま とき お
鹿間時夫

1912 年	京都市に生まれる
1936 年	東北帝国大学卒業
1942 年	満洲国立新京工業大学教授
1950 年	横浜国立大学教授
1971 年	日本古生物学会会長
1975 年	古脊椎動物学会(SVP)名誉会員
1978 年	横浜国立大学名誉教授
1978 年 12 月, 死去	

主な著書

『日本化石図譜』日本鉱物趣味の会 1943;『古生物潭（上・下）』日本鉱物趣味の会 1949, 1950;『古生物学（下）』朝倉書店 1957;『石になったものの記録』角川書店 1960;『進化学』朝倉書店 1961;『日本化石図譜』朝倉書店 1964;『新版古生物学 III』(編) 朝倉書店 1975

古脊椎動物図鑑　　　　　定価はカバーに表示

1979 年 5 月 21 日　初版第 1 刷
2004 年 4 月 15 日　　第 6 刷（普及版）

著　者　鹿　間　時　夫
挿　図　藪　内　正　幸
発行者　朝　倉　邦　造
発行所　株式会社　朝倉書店
　　　　東京都新宿区新小川町6-29
　　　　郵便番号　162-8707
　　　　電　話　03(3260)0141
　　　　FAX　03(3260)0180
　　　　振替口座東京 6-8673 番
　　　　http://www.asakura.co.jp

〈検印省略〉

© 1979〈無断複写・転載を禁ず〉　　中央印刷・渡辺製本

ISBN 4-254-16249-9　C 3644　　　Printed in Japan

生命と地球の進化アトラス

I 地球の起源からシルル紀
A4変型判148ページ 定価(本体8500円+税)
ISBN 4-254-16242-1 C3044

1 はじめに──地球史の始まり
地球の起源と特質
- ●化石のでき方 ●化学循環

生命の起源と特質
- ●五つの界

始生代(45億5000万年前から25億年前)
- ●藻類の進化

原生代(25億年前から5億4500万年前)
- ●初期無脊椎動物の進化

2 古生代前期──生命の爆発的進化
カンブリア紀(5億4500万年前から4億9000万年前)
- ●節足動物の進化

オルドビス紀(4億9000万年前から4億4300万年前)
- ●三葉虫類の進化

シルル紀(4億4300万年前から4億1700万年前)
- ●脊索動物の進化

II デボン紀から白亜紀
A4変型判148ページ 定価(本体8500円+税)
ISBN 4-254-16243-X C3044

3 古生代後期──生命の上陸
デボン紀(4億1700万年前から3億5400万年前)
- ●魚類の進化

石炭紀前期(3億5400万年前から3億2400万年前)
- ●両生類の進化

石炭紀後期(3億2400万年前から2億9500万年前)
- ●昆虫類の進化

ペルム紀(2億9500万年前から2億4800万年前)
- ●哺乳類型爬虫類の進化

4 中生代──爬虫類が地球を支配
三畳紀(2億4800万年前から2億500万年前)
- ●爬虫類の進化

ジュラ紀(2億500万年前から1億4400万年前)
- ●アンモナイト類の進化 ●恐竜類の進化

白亜紀(1億4400万年前から6500万年前)
- ●顕花植物の進化 ●鳥類の進化

III 第三紀から現代
A4変型判148ページ 定価(本体8500円+税)
ISBN 4-254-16244-8 C3044

5 第三紀──哺乳類の台頭
古第三紀(6500万年前から2400万年前)
- ●哺乳類の進化 ●食肉類の進化

新第三紀(2400万年前から180万年前)
- ●有蹄類の進化 ●霊長類の進化

6 第四紀──現代に至るまで
更新世(180万年前から1万年前)
- ●人類の進化

完新世(1万年前から現在まで)
- ●現代における絶滅

定価は2004年3月現在

朝倉書店
〒162-8707 東京都新宿区新小川町6-29／振替00160-9-8673
電話03-3260-7631／FAX03-3260-0180
http://www.asakura.co.jp eigyo@asakura.co.jp